教育部高等学校统计学类专业
教学指导委员会推荐用书

21世纪统计学系列教材

应用随机过程

（第5版）

张　波　商　豪　邓　军　编著

Applied Stochastic Processes

(Fifth Edition)

中国人民大学出版社
· 北京 ·

图书在版编目（CIP）数据

应用随机过程/张波，商豪，邓军编著．—5版．—北京：中国人民大学出版社，2020.1
21世纪统计学系列教材
ISBN 978-7-300-27817-9

Ⅰ．①应… Ⅱ．①张… ②商… ③邓… Ⅲ．①随机过程-高等学校-教材 Ⅳ．①O211.6

中国版本图书馆CIP数据核字（2020）第007482号

教育部高等学校统计学类专业教学指导委员会推荐用书
21世纪统计学系列教材
应用随机过程（第5版）
张 波 商 豪 邓 军 编著
Yingyong Suiji Guocheng

出版发行 中国人民大学出版社
社　　址 北京中关村大街31号　　**邮政编码** 100080
电　　话 010－62511242（总编室）　　010－62511770（质管部）
010－82501766（邮购部）　　010－62514148（门市部）
010－62515195（发行公司）　　010－62515275（盗版举报）
网　　址 http://www.crup.com.cn
经　　销 新华书店
印　　刷 涿州市星河印刷有限公司
规　　格 185 mm×260 mm　16开本
印　　张 16.25 插页1
字　　数 373 000
版　　次 2001年5月第1版
2020年1月第5版
印　　次 2023年6月第8次印刷
定　　价 39.00元

总序

Preface

改革开放以来，高等统计教育有了很大的发展。随着课程设置的不断调整，有不少教材出版，同时也翻译引进了一些国外优秀教材。作为培养我国统计专门人才的摇篮，中国人民大学统计学系自 1952 年创建以来，走过了风风雨雨，一直坚持理论与应用相结合的办学方向，培养能够理论联系实际、解决实际问题的高层次人才。随着新知识经济和网络时代的到来，我们在教学科研的实践中，深切地感受到，无论是自然科学领域、社会科学领域的研究，还是国家宏观管理和企业生产经营管理，甚至人们的日常生活，信息需求量日益增多，信息处理技术更加复杂，作为信息技术支柱的统计方法，越来越广泛地应用于各个领域。

面对新的形势，我们一直在思索，课程设置、教材选择、教学方式等怎样才能使学生适应社会经济发展的客观需要。在反复酝酿、不断尝试的基础上，我们决定与统计学界的同仁，共同编写、出版一套面向 21 世纪的统计学系列教材。

这套系列教材聘请了中科院院士、中国科技大学陈希孺教授，上海财经大学数量经济研究院张尧庭教授，中国科学院数学与系统科学研究所冯士雍研究员等作为编委。他们长期任中国人民大学的兼职教授，一直关心、支持着统计学系的学科建设和应用统计的发展。中国人民大学应用统计科学研究中心 2000 年已成为国家级研究基地，这些专家是首批专职或兼职研究人员。这一开放性研究基地的运作，将有利于提升我国应用统计科学研究的水平，也必将进一步促进高等统计教育的发展。

这套教材是我们奉献给新世纪的，希望它能促进应用统计教育水平的提高。这套教材力求体现以下特点：

第一，在教材选择上，主要面向经济类统计学专业。选材既包括统计教材也包括风险管理与精算方面的教材。尽管名为统计学系列教材，但并不求大、求全，而是力求精选。对于目前已有的内容较为成熟、适合教学需要、公认的较好的教材，并未列入本次出版计划。

第二，每部教材的内容和写作，注意广泛吸收国内外优秀教材的成果。教材力求简明易懂、内容系统和实用，注重对统计方法思想的阐述，并结合大量实际数据和实例说明统计方法的特点及应用条件。

第三，强调与计算机的结合。为着力提高学生运用统计方法分析解决问题的能力，教材所涉及的统计计算，要求运用目前已有的统计软件。根据教材内容，选择使用 SAS、SPSS、TSP、STATISTICA、EViews、MINITAB、Excel 等。

感谢中国人民大学出版社的同志们，他们怀着发展我国应用统计科学的热情和提高统计教育水平的愿望，反复论证，使这套教材得以出版。感谢参与教材编写的同行专家、统计学系的教师。愿大家的辛勤劳动能够结出丰硕的果实。我们期待着与统计学界的同仁，共同创造应用统计辉煌的明天。

易丹辉

于中国人民大学

前言

Foreword

近几十年来，随机过程无论在理论上还是应用上都有了蓬勃的发展。它的基本知识和方法，不仅是数学、概率统计专业所必需的，也是通信、控制、生物、社会科学、工程技术及经济领域的应用与研究所需要的。高等院校的学生、工程技术人员、金融工作者更迫切需要学习和掌握有关随机过程的知识。随机过程所包含的内容丰富而深远，针对不同的读者选取的内容和难度都会有所不同。本书的初衷是面向更广泛的非数学专业学生，故着重于对随机过程的基本知识和基本方法的介绍，特别是注重实际应用，尽量回避测度论水平的严格证明。读者只要具有高等数学及概率论的基础知识便可阅读和理解本书的大部分内容。本书各章都配有与社会、经济、管理以及生物等专业相关的例子和习题，以帮助学生加深对基本理论的理解，提高应用随机过程解决问题的能力。为了便于有兴趣的读者进一步学习，书后列出了一些参考文献。

本书第 5 版保留了前四版的体系，主要是在内容上进行一些局部调整和修改。在第 1 章预备知识中，删去了关于概率测度的积分这一部分，重写了数字特征这一部分，增加了计算数字特征的典型例题。在第 5 章 Markov 链中，修正了定理 5.3.2，给出了关于 n 步转移概率的极限性质的结论。在第 8 章随机积分中，考虑到随机微分方程有专门的课程讲解，故删去了 8.5 节。另外，删减了部分晦涩难懂的例题，增加了一些有用且典型的例题，每章均补充了一些与正文内容联系紧密的习题。同时，改正了前四版出现的一些印刷错误，更新了一些符号。

全书可分为五个板块。第一板块（第 1，2，3，5 章）是预备知识和随机过程最基本的内容，一般教材都包含这部分内容；第二板块（第 4 章）介绍更新过程，这一内容在许多教材中都没有单独讨论，考虑到它在人口理论和保险论中的应用，将其单独作为一章讲授；第三板块（第 6，7，8 章）介绍经典的鞅论、Brown 运动与随机积分；第四板块（第 9，10 章）介绍随机过程在金融和保险精算中的应用；第五板块（第 11 章）则相对独立，介绍 Markov 链 Monte Carlo 方法及其在贝叶斯估计中的简单应用。书末附有全部习题的详细解答，供读者参考。

笔者得以完成本书，首先要感谢许多同仁的鼓励、支持和帮助。易丹辉教授、顾岚教授、张景肖教授在百忙之中审阅了初稿并提出许多宝贵意见，纠正了一些不妥之处。肖宇谷副教授对本书提出了许多修正意见，蒋远营博士和徐美萍博士为本书的修订倾注了大量的心血，对新增内容进行修改，挑选新例题，反复验算习题，字斟句酌。许多同仁和读者在全国各高校统计专业、经济和金融等专业使用本教材，他们根据多年经验和体会，提出了大量宝贵的修改意见和建议，在此表示诚挚的谢意！此外还要感谢中国人民大学统计学院的支持，将本书列入学院“双一流”建设教材。

编著者

目 录 Contents

第1章 预备知识

随机过程通常被视为概率论的动态部分。在概率论中研究的随机现象，都是一个或有限多个随机变量的规律性。在讨论中心极限定理时也不过是对随机变量序列的讨论。但在实际问题中，我们还需要研究一些随机现象的发展和变化过程，即随时间不断变化的随机变量，而且所涉及的随机变量通常是无限多个，这就是随机过程的研究对象。随机过程以概率论作为其主要的基础知识，为此，我们首先对本书中经常用到的概率论基本知识作简要的回顾。

1.1 概率空间

随机试验是概率论的基本概念，试验的结果事先不能准确地预言，但具有如下三个特征：

(1) 可以在相同的条件下重复进行；

(2) 每次试验的结果不止一个，但预先知道试验的所有可能的结果；

(3) 每次试验前不能确定哪个结果会出现。

随机试验的可能结果称为样本点或基本事件，记为 ω。样本点的全体称为样本空间，记为 Ω。样本空间 Ω 称为必然事件，空集$\varnothing$称为不可能事件。Ω 的子集 A 由基本事件组成，通常称为事件。但是在实际问题中，人们通常不是对样本空间的所有子集都感兴趣，而是关心某些事件及其发生的可能性大小。我们用下面的概念来刻画这种事件。

定义 1.1.1 设 Ω 是一个样本空间（或任意一个集合），$\mathscr{F}$ 是 Ω 的某些子集组成的集合族。如果满足

(1) $\Omega\in\mathscr{F}$；

(2) 若$A\in\mathscr{F}$，则$A^c=\Omega\setminus A\in\mathscr{F}$；

(3) 若$A_n\in\mathscr{F}$ ($n=1,2,\cdots$)，则$\bigcup_{n=1}^{\infty}A_n\in\mathscr{F}$，

则称$\mathscr{F}$为Ω上的一个σ代数，$(\Omega,\mathscr{F})$称为可测空间。

如果$\mathscr{F}$是Ω上的一个σ代数，则

(1) $\varnothing\in\mathscr{F}$；

(2) 若$A_n\in\mathscr{F}$ ($n=1,2,\cdots$)，则$\bigcap_{n=1}^{\infty}A_n\in\mathscr{F}$。

以Ω的某些子集为元素的集合称为（Ω上的）集类。对于Ω上的任一非空集类$\mathscr{C}$，存在包含$\mathscr{C}$的最小σ代数，即$\{\bigcap\mathscr{H}|\mathscr{H}$为包含$\mathscr{C}$的$\sigma$代数$\}$，称为由$\mathscr{C}$生成的$\sigma$代数，记为$\sigma(\mathscr{C})$。

定义 1.1.2 设$\Omega=\mathbb{R}$。由所有半无限区间$(-\infty,x)$，$x\in\mathbb{R}$生成的σ代数称为$\mathbb{R}$上的Borel σ代数，记为$\mathscr{B}(\mathbb{R})$，其中的元素称为Borel集合。类似地，可定义$\mathbb{R}^n$上的Borel σ代数$\mathscr{B}(\mathbb{R}^n)$。

定义 1.1.3 设$\{A_n,n=1,2,\cdots\}$为一集合序列。令

$$\limsup_{n\to\infty}A_n=\bigcap_{n=1}^{\infty}\bigcup_{k=n}^{\infty}A_k\text{；}\quad \liminf_{n\to\infty}A_n=\bigcup_{n=1}^{\infty}\bigcap_{k=n}^{\infty}A_k$$

分别称其为$\{A_n\}$的上极限和下极限（上极限有时也记为$\{A_n$，i. o.$\}$）。显然有

$$\limsup_{n\to\infty}A_n=\{w|\ \forall n\in\mathbb{N},\exists k\geqslant n,\text{使 }w\in A_k\}=\{w|w\text{ 属于无穷多个 }A_n\}$$
$$\liminf_{n\to\infty}A_n=\{w|\ \exists n\in\mathbb{N},\forall k\geqslant n,\text{有 }w\in A_k\}=\{w|w\text{ 至多不属于有限多个 }A_n\}$$

从而恒有

$$\liminf_{n\to\infty}A_n\subset\limsup_{n\to\infty}A_n$$

若

$$\liminf_{n\to\infty}A_n=\limsup_{n\to\infty}A_n$$

则称$\{A_n\}$的极限存在，并用$\lim\limits_{n\to\infty}A_n$表示，即令

$$\lim_{n\to\infty}A_n=\liminf_{n\to\infty}A_n=\limsup_{n\to\infty}A_n$$

特别地，若对每个n，有$A_n\subset A_{n+1}$（相应地，$A_n\supset A_{n+1}$），则称$\{A_n\}$为单调增（相应地，单调降）序列。对单调增或单调降序列$\{A_n\}$，我们分别令$A=\bigcup_n A_n$或$A=\bigcap_n A_n$，称A为$\{A_n\}$的极限，通常记为$A_n\uparrow A$或$A_n\downarrow A$。

下面来看一个例子。

例 1.1.1

设某人反复抛掷硬币，观察硬币朝上的面是正面还是反面。$\Omega=\{$所有由抛掷结果“正面”和“反面”组成的序列$\}$，$\mathscr{F}=\{\Omega$的所有子集$\}$，记A_n为第n次抛掷的结果是“正面”的事件，则

$$\limsup_{n\to\infty} A_n=\{有无限多个抛掷结果是“正面”\}$$
$$\liminf_{n\to\infty} A_n=\{除有限多个外,抛掷结果都是“正面”\}$$

定义 1.1.4 设 $(\Omega,\mathscr{F})$ 是可测空间，$P(\cdot)$ 是定义在 $\mathscr{F}$ 上的实值函数。如果

(1) $P(\Omega)=1$；

(2) $\forall A\in\mathscr{F}$，$0\leqslant P(A)\leqslant 1$；

(3) 对两两互不相容事件 A_1，A_2，…（即当 $i\neq j$ 时，$A_i\cap A_j=\varnothing$），有

$$P\left(\bigcup_{i=1}^{\infty}A_i\right)=\sum_{i=1}^{\infty}P(A_i)$$

则称 P 是 $(\Omega,\mathscr{F})$ 上的概率，$(\Omega,\mathscr{F},P)$ 称为概率空间，$\mathscr{F}$ 中的元素称为事件，$P(A)$称为事件 A 的概率。

由定义易知事件的概率有如下性质：

(1) 若 A，$B\in\mathscr{F}$，则 $P(A\cup B)+P(A\cap B)=P(A)+P(B)$。

(2) 若 A，$B\in\mathscr{F}$，且 $A\subset B$，则 $P(B-A)=P(B)-P(A)$（可减性）。

(3) 若 A，$B\in\mathscr{F}$，且 $A\subset B$，则 $P(A)\leqslant P(B)$（单调性）。

(4) 若 $A_n\in\mathscr{F}$，$n\geqslant 1$，则 $P\left(\bigcup_{n\geqslant 1}A_n\right)\leqslant\sum_{n\geqslant 1}P(A_n)$（次 σ 可加性）。

(5) 若 $A_n\in\mathscr{F}$ 且 $A_n\uparrow A$，则 $P(A)=\lim_{n\to\infty}P(A_n)$（从下连续）。

(6) 若 $A_n\in\mathscr{F}$ 且 $A_n\downarrow A$，则 $P(A)=\lim_{n\to\infty}P(A_n)$（从上连续）。

如果概率空间 $(\Omega,\mathscr{F},P)$ 的 P 零测集（即零概率事件）的每个子集仍为事件，则称为完备的概率空间。为了避免 P 零测集的子集不是事件的情形出现，我们把概率测度完备化。令 $\mathscr{N}$ 表示 Ω 的所有 P 零测集的子集的全体，由 $\{\mathscr{F},\mathscr{N}\}$ 生成的 σ 代数（即包含 $\mathscr{F}$ 和 $\mathscr{N}$ 的最小 σ 代数）称为 $\mathscr{F}$ 的完备化，记为 $\overline{\mathscr{F}}$。$\overline{\mathscr{F}}$ 中的每个集合 B 都可以表示为 $B=A\cup N$，其中 $A\in\mathscr{F}$，$N\in\mathscr{N}$，且 $A\cap N=\varnothing$。定义

$$\overline{P}(B)=\overline{P}(A\cup N)=P(A)$$

则 P 就被扩张到 $\overline{\mathscr{F}}$ 上。

容易验证，$\overline{P}$ 是 $\overline{\mathscr{F}}$ 上的概率测度，集函数 $\overline{P}$ 称为 P 的完备化。本书假定 P 是完备的概率测度。

1.2 随机变量与分布函数

定义 1.2.1 设 $(\Omega,\mathscr{F},P)$ 是（完备的）概率空间，X 是定义在 Ω 上取值于实数集 $\mathbb{R}$ 的函数，如果 $\forall x\in\mathbb{R}$，$\{\omega:X(\omega)\leqslant x\}\in\mathscr{F}$，则称 X 是 $\mathscr{F}$ 上的随机变量，简称随机变量。函数

$$F(x)=P\{\omega:X(\omega)\leqslant x\},\quad -\infty<x<\infty$$

称为随机变量 X 的分布函数。

注：在上面的定义中，如果 X 是广义实值函数，即 X 可以取∞，则需要加上条件：X 是几乎处处有限的，即 $P\{\omega: |X(\omega)|=\infty\}=0$ 。否则，会出现按上面定义的分布函数是假分布的情况。

定义 1.2.2 两个随机变量 X 与 Y，如果满足 $P\{\omega\in\Omega: X(\omega)\neq Y(\omega)\}=0$ ，则称它们是等价的。

两个等价的随机变量可视为同一个。

定理 1.2.1 下列命题等价：

(1) X 是随机变量；

(2) $\{\omega: X(\omega)\geqslant x\}\in\mathscr{F}, \forall x\in\mathbb{R}$；

(3) $\{\omega: X(\omega)>x\}\in\mathscr{F}, \forall x\in\mathbb{R}$；

(4) $\{\omega: X(\omega)<x\}\in\mathscr{F}, \forall x\in\mathbb{R}$。

为简单起见，习惯上将 $\{\omega: X(\omega)\geqslant x\}$ 记为$\{X\geqslant x\}$，其他记号类似。

定理 1.2.2 (1) 若 X，Y 是随机变量，则 $\{X<Y\}$，$\{X\leqslant Y\}$，$\{X=Y\}$ 及 $\{X\neq Y\}$ 都属于 $\mathscr{F}$；

(2) 若 X，Y 是随机变量，则 $X\pm Y$ 与 XY 亦然；

(3) 若 $\{X_n\}$ 是随机变量序列，则 $\sup\limits_n X_n$，$\inf\limits_n X_n$，$\limsup\limits_{n\to\infty} X_n$ 和 $\liminf\limits_{n\to\infty} X_n$ 都是随机变量。

映射 $\boldsymbol{X}$：$\Omega\to\mathbb{R}^d$，表示为 $\boldsymbol{X}=(X_1, X_2, \cdots, X_d)$，若对所有的 $k(1\leqslant k\leqslant d)$，$X_k$ 都是随机变量，则称 $\boldsymbol{X}$ 为随机向量。

复值随机变量 Z 定义为两个实值随机变量 X 和 Y 的线性组合 $X+iY$。

给定随机变量 X，可以生成 Ω 上的 σ 代数，即包含所有形如 $\{X\leqslant x\}$，$x\in\mathbb{R}$ 的最小 σ 代数，记为 $\sigma(X)$。类似地，可定义由随机变量 $X_1, X_2, \cdots, X_n$ 生成的 σ 代数 $\sigma(X_1, X_2, \cdots, X_n)$。

在实际中，常用的随机变量有两种类型：离散型随机变量和连续型随机变量。

离散型随机变量 X 的概率分布用如下分布列描述：

$$p_k=P\{X=x_k\}, \quad k=1,2,\cdots$$

其分布函数为：

$$F(x)=\sum_{x_k\leqslant x} p_k$$

连续型随机变量 X 的概率分布用概率密度 $f(x)$ 描述，其分布函数为：

$$F(x)=\int_{-\infty}^{x} f(t)\,\mathrm{d}t$$

对于随机向量 $\boldsymbol{X}=(X_1, X_2, \cdots, X_d)$，它的联合分布函数定义为：

$$F(x_1, x_2, \cdots, x_d)=P\{X_1\leqslant x_1, X_2\leqslant x_2, \cdots, X_d\leqslant x_d\}$$

这里 $d\geqslant 1$，$x_k\in\mathbb{R}(k=1,2,\cdots,d)$。

定理 1.2.3 若 $F(x_1, x_2, \cdots, x_d)$ 是随机向量 $\boldsymbol{X}$ 的联合分布函数，则

(1) $F(x_1,x_2,\cdots,x_d)$ 对每个变量都是单调不减的；

(2) $F(x_1,x_2,\cdots,x_d)$ 对每个变量都是右连续的；

(3) 对 $i=1,2,\cdots,d$, $\lim\limits_{x_i\to-\infty}F(x_1,x_2,\cdots,x_i,\cdots,x_d)=0$, $\lim\limits_{x_1,x_2,\cdots,x_d\to+\infty}F(x_1,x_2,\cdots,x_d)=1$。

如果 $f(x_1,x_2,\cdots,x_d)=\dfrac{\partial^d F}{\partial x_1\partial x_2\cdots\partial x_d}$ 对所有的 $(x_1,x_2,\cdots,x_d)\in\mathbb{R}^d$ 存在，则称函数 $f(x_1,x_2,\cdots,x_d)$ 为 $\boldsymbol{X}$ 的联合概率密度函数，并且

$$F(x_1,x_2,\cdots,x_d)=\int_{-\infty}^{x_1}\int_{-\infty}^{x_2}\cdots\int_{-\infty}^{x_d}f(t_1,t_2,\cdots,t_d)\mathrm{d}t_d\cdots\mathrm{d}t_2\mathrm{d}t_1$$

设 $F(x_1,x_2,\cdots,x_d)$ 为 X_1, X_2, …, X_d 的联合分布函数，$1\leqslant k_1<k_2<\cdots<k_n\leqslant d$，则 $X_1,X_2,\cdots,X_{k_n}$ 的边际分布函数定义为：

$$\begin{aligned}&F_{k_1,k_2,\cdots,k_n}(x_{k_1},x_{k_2},\cdots,x_{k_n})\\=&F(\infty,\cdots,\infty,x_{k_1},\infty,\cdots,\infty,x_{k_2},\infty,\cdots,\infty,x_{kn},\infty,\cdots,\infty)\end{aligned}$$

下面是一些常见的分布。

1. **退化分布**：若随机变量 X 只取常数 c，即

$$P\{X=c\}=1$$

则 X 并不随机，但我们把它看作随机变量的退化情况更为方便，因此称之为退化分布，又称单点分布。

2. **Bernoulli 分布**：在一次试验中，设事件 A 出现的概率为 $p(0<p<1)$，不出现的概率为 $1-p$，若以 X 记事件 A 出现的次数，则 X 的可能取值仅为 0，1，其对应的概率为：

$$P\{X=k\}=p^k(1-p)^{1-k},\quad k=0,1$$

这个分布称为 Bernoulli 分布，又称两点分布。

3. **二项分布**：在 n 重 Bernoulli 试验中，设事件 A 在每次试验中出现的概率均为 $p(0<p<1)$，以 X 记在 n 次试验中事件 A 出现的次数，则 X 的可能取值为 0，1，…，n，其对应的概率为：

$$P\{X=k\}=\binom{n}{k}p^k(1-p)^{n-k},\quad k=0,1,\cdots,n$$

称为以 n 和 p 为参数的二项分布，简记为 $X\sim B(n,p)$。

Bernoulli 分布可以看作 $n=1$ 时的二项分布，这对应于一次独立试验的情形。

4. **Poisson 分布**：若随机变量 X 可取一切非负整数值，且

$$P\{X=k\}=\mathrm{e}^{-\lambda}\frac{\lambda^k}{k!},\quad k=0,1,\cdots$$

式中，$\lambda>0$，称 X 服从参数为 λ 的 Poisson 分布，记为 $X\sim P(\lambda)$。

5. **几何分布**：在 Bernoulli 试验序列中，设事件 A 在每次试验中出现的概率均为 $p(0<p<1)$，以 X 记事件 A 首次出现的试验次数，则 X 的可能取值为 1，2，…，其对应的概

率为：

$$P\{X=k\}=p(1-p)^{k-1}, \quad k=1,2,\cdots$$

称为几何分布。

几何分布是一种等待分布，具有无记忆性。在离散型分布中，只有几何分布具有这种特殊的性质。

6. **Pascal 分布**：在 Bernoulli 试验序列中，设事件 A 在每次试验中出现的概率均为 $p(0<p<1)$，以 X 记事件 A 第 r 次出现的试验次数，则 X 的可能取值为 r，$r+1$，…，其对应的概率为：

$$P\{X=k\}=\binom{k-1}{r-1}p^r(1-p)^{k-r}, \quad k=r,r+1,\cdots$$

称为 Pascal 分布。

对 Pascal 分布略加推广，即去掉 r 是正整数的限制，就得到负二项分布。

7. **负二项分布**：对于任意实数 $r>0$，称

$$P\{X=k\}=\binom{k+r-1}{k}p^r(1-p)^k, \quad k=0,1,2,\cdots$$

为负二项分布。

负二项分布通常用于替换 Poisson 分布。同 Poisson 分布一样，它也在非负整数上取值，但因为它包含两个参数，所以相比 Poisson 分布其变化更灵活。Poisson 分布的方差和均值相等，但负二项分布的方差大于均值，这说明当某类数据集观测到的方差大于均值时，负二项分布要比 Poisson 分布更合适。

8. **离散均匀分布**：如果分布列为：

$$p_k=\frac{1}{n}, \quad k=1,2,\cdots,n$$

则称为离散均匀分布。

9. **连续均匀分布**（简称均匀分布）：如果密度函数为：

$$f(x)=\begin{cases}(b-a)^{-1}, & 若\ a\leqslant x\leqslant b\\ 0, & 其他\end{cases}$$

式中，$a<b$，则称为区间 $[a,b]$ 上的均匀分布。

10. **正态分布**：如果密度函数为：

$$f(x)=\frac{1}{\sigma\sqrt{2\pi}}\cdot\exp\{-(x-\mu)^2/2\sigma^2\}, \quad x\in\mathbb{R}$$

则称为参数为 μ 和 σ 的正态分布，也称为 Gauss 分布，记为 $X\sim N(\mu,\sigma^2)$。

11. ***d* 维正态分布**：设 $\boldsymbol{X}=(X_1,X_2,\cdots,X_d)$，$\boldsymbol{\mu}=(\mu_1,\mu_2,\cdots,\mu_d)$，$\boldsymbol{\Sigma}$ 是 d 阶正定矩阵，并且其行列式为 $|\boldsymbol{\Sigma}|$。如果联合密度函数为：

$$f(\boldsymbol{x})=(2\pi)^{-\frac{d}{2}}|\boldsymbol{\Sigma}|^{-\frac{1}{2}}\exp\left\{-\frac{1}{2}(\boldsymbol{x}-\boldsymbol{\mu})'\boldsymbol{\Sigma}^{-1}(\boldsymbol{x}-\boldsymbol{\mu})\right\}$$

则称为 d 维正态分布，记为 $\boldsymbol{X}\sim N_d(\boldsymbol{\mu},\boldsymbol{\Sigma})$。

12. **Γ 分布**：如果密度函数为：

$$f(x)=\begin{cases}\dfrac{\lambda^s}{\Gamma(s)}x^{s-1}\mathrm{e}^{-\lambda x}, & x\geqslant 0\\ 0, & x<0\end{cases}$$

则称为以 $s>0$，$\lambda>0$ 为参数的 Γ 分布，其中 Γ 函数定义为：

$$\Gamma(s)=\int_0^{+\infty}\mathrm{e}^{-x}x^{s-1}\mathrm{d}x,\quad s>0$$

13. **指数分布**：如果在 Γ 分布中令 $s=1$，即密度函数为：

$$f(x)=\begin{cases}\lambda\mathrm{e}^{-\lambda x}, & x\geqslant 0\\ 0, & x<0\end{cases}$$

则称为指数分布。

14. **χ^2 分布**：如果在 Γ 分布中取 $s=\dfrac{n}{2}$，n 是正整数，$\lambda=\dfrac{1}{2}$，即

$$f(x)=\frac{1}{2^{\frac{n}{2}}\Gamma\left(\frac{n}{2}\right)}x^{\frac{n}{2}-1}\mathrm{e}^{-\frac{x}{2}},\quad x>0$$

则称为自由度是 n 的 χ^2 分布。

1.3 数字特征、矩母函数与特征函数

随机变量完全由它的概率分布描述，而确定分布函数一般来说是相当麻烦的。在实际问题中，有时只需知道随机变量的某些数字特征就够了。本节我们首先引入 Riemann-Stieltjes 积分。

1.3.1 Riemann-Stieltjes 积分

设 $g(x)$，$F(x)$ 为有限区间 $(a,b]$ 上的实值函数，$a=x_0<x_1<\cdots<x_n=b$ 为 $(a,b]$ 的一个分割，令

$$\Delta F(x_i)=F(x_i)-F(x_{i-1}),\quad \xi_i\in[x_{i-1},x_i],\quad 1\leqslant i\leqslant n,\quad \lambda=\max_{1\leqslant i\leqslant n}\{x_i-x_{i-1}\}$$

当 $\lambda\to 0$ 时，极限

$$\lim_{\lambda\to 0}\sum_{i=1}^{n}g(\xi_i)\Delta F(x_i)$$

存在，且与分割的选择以及 $\xi_i\in[x_{i-1},x_i]$ 的取法无关，则称该极限为函数$g(x)$关于$F(x)$在 $(a,b]$ 上的 Riemann-Stieltjes 积分，记为

$$\int_a^b g(x)\mathrm{d}F(x)=\lim_{\lambda\to 0}\sum_{i=1}^{n}g(\xi_i)\Delta F(x_i) \tag{1.3.1}$$

当 $F(x)=x$ 时，Riemann-Stieltjes 积分即为 Riemann 积分。关于 Riemann-Stieltjes 积分存在的条件，这里不做进一步的讨论，只给出一个简单的充分条件：若函数 $g(x)$ 连续，$F(x)$ 单调，则 Riemann-Stieltjes 积分式（1.3.1）存在。本书中用到的 $g(x)$ 为连续函数，$F(x)$ 为分布函数，因此积分的存在性不成问题。为了后面的需要，将积分推广到无限区间上：

$$\int_a^{+\infty}g(x)\mathrm{d}F(x)\triangleq\lim_{b\to+\infty}\int_a^b g(x)\mathrm{d}F(x)$$

$$\int_{-\infty}^{b}g(x)\mathrm{d}F(x)\triangleq\lim_{a\to-\infty}\int_a^b g(x)\mathrm{d}F(x)$$

$$\int_{-\infty}^{+\infty}g(x)\mathrm{d}F(x)\triangleq\lim_{\substack{a\to-\infty\\ b\to+\infty}}\int_a^b g(x)\mathrm{d}F(x)$$

与 Riemann 积分不同的是

$$\int_{a-}^{a}\mathrm{d}F(x)=\lim_{\delta\to 0+}\int_{a-\delta}^{a}\mathrm{d}F(x)=F(a)-F(a-)$$

当 $F(x)$ 在 $x=a$ 处有跳跃时，上式的值等于 $F(x)$ 在 a 点的跃度。当 $F(x)$ 是一个阶梯函数时，式（1.3.1）成为一个级数，即设 $F(x)$ 在 $x=x_i$ 处有跃度p_i（$i=1$，2，…），则

$$\int_{-\infty}^{+\infty}g(x)\mathrm{d}F(x)=\sum_{i=1}^{+\infty}g(x_i)p_i$$

以下列举 Riemann-Stieltjes 积分的一些基本性质：

(1) 线性性质：$\int_a^b[\alpha g_1(x)\pm\beta g_2(x)]\mathrm{d}F(x)=\alpha\int_a^b g_1(x)\mathrm{d}F(x)\pm\beta\int_a^b g_2(x)\mathrm{d}F(x)$；

(2) 区间可加性：$\int_a^b g(x)\mathrm{d}F(x)=\int_a^c g(x)\mathrm{d}F(x)+\int_c^b g(x)\mathrm{d}F(x)$；

(3) $\int_a^b\mathrm{d}F(x)=F(b)-F(a)$，其中 a，b 均可为有限数或无穷大；

(4) $\int_a^b g(x)\mathrm{d}[\alpha F_1(x)+\beta F_2(x)]=\alpha\int_a^b g(x)\mathrm{d}F_1(x)+\beta\int_a^b g(x)\mathrm{d}F_2(x)$；

(5) 若 $g(x)\geqslant 0$，$F(x)$ 单调不减，$b>a$，则 $\int_a^b g(x)\mathrm{d}F(x)\geqslant 0$。

1.3.2 数字特征

定义 1.3.1 (1) 取值为 $\{s_k\}$ 的离散型随机变量的数学期望定义为：

$$E(X)=\sum_k s_k P\{X=s_k\}=\sum_k s_k p_k$$

如果 $\sum |s_k| p_k < \infty$。

例 1.3.1

（匹配问题）在一次聚会中，n 个人将自己的帽子放到房间中央，打乱后每人随机取一个。设随机变量 X 表示取到自己帽子的人数，求 X 的期望和方差。

解 引入新的随机变量 X_i 刻画第 i 个人取帽子的情况。

$$令\ X_i=\begin{cases}1, & 若第\ i\ 个人取到了自己的帽子\\ 0, & 其他情形\end{cases}\quad (i=1,\cdots,n)$$

则有

$$X=\sum_{i=1}^{n} X_i$$

易知

$$P\{X_i=1\}=\frac{1}{n},P\{X_i=0\}=1-\frac{1}{n}$$

故有

$$E(X_i)=\frac{1}{n},Var(X_i)=E(X_i^2)-[E(X_i)]^2=\frac{1}{n}-\frac{1}{n^2}$$

由数学期望的性质有

$$E(X)=E\Big[\sum_{i=1}^{n} X_i\Big]=\sum_{i=1}^{n} E[X_i]=n\times\frac{1}{n}=1$$

由方差的运算性质有

$$Var(X)=Var(\sum_{i=1}^{n} X_i)=\sum_{i=1}^{n} Var(X_i)+2\sum_{1\leqslant i<j\leqslant n} Cov(X_i,X_j)$$

为了计算协方差 $Cov(X_i, X_j)$，考察 X_i，X_j 的含义，可知其取值和分布律为：

$$X_iX_j=\begin{cases}1, & 若第\ i\ 个人和第\ j\ 个人都取到了自己的帽子\\ 0, & 其他情形\end{cases}$$

易知 X_iX_j 的分布律为：

$$\begin{aligned}P\{X_iX_j=1\}&=P\{X_i=1,X_j=1\}\\ &=P\{X_i=1\}\cdot P\{X_j=1|X_i=1\}\\ &=\frac{1}{n}\cdot\frac{1}{n-1}\end{aligned}$$

$$P\{X_iX_j=0\}=1-\frac{1}{n}\cdot\frac{1}{n-1}$$

故有

$$E(X_iX_j)=1\cdot P\{X_iX_j=1\}+0\cdot P\{X_iX_j=0\}$$
$$=\frac{1}{n}\cdot\frac{1}{n-1}$$
$$Cov(X_i,X_j)=E(X_iX_j)-E(X_i)\cdot E(X_j)$$
$$=\frac{1}{n}\cdot\frac{1}{n-1}-\frac{1}{n}\cdot\frac{1}{n}$$

故

$$Var(X)=\sum_{i=1}^{n}(\frac{1}{n}-\frac{1}{n^2})+2\sum_{1\leqslant i<j\leqslant n}[\frac{1}{n(n-1)}-\frac{1}{n^2}]$$
$$=n(\frac{1}{n}-\frac{1}{n^2})+2\cdot\frac{n(n-1)}{2}[\frac{1}{n(n-1)}-\frac{1}{n^2}]$$
$$=1$$

即 X 的期望和方差均为 1。

例 1.3.2

若随机变量 X 服从正态分布 $N(0,\ \sigma^2)$，其中 $\sigma>0$，求 X 的 k 阶原点矩 $E(X^k)$。

解 由随机变量函数的期望的求法，有

$$E(X^k)=\int_{-\infty}^{+\infty}x^k\cdot\frac{1}{\sqrt{2\pi}\sigma}e^{-\frac{x^2}{2\sigma^2}}dx$$

（1）当 k 为奇数时，易知 $E(X^k)=0$；

（2）当 k 为偶数时，有 $E(X^k)=2\int_{0}^{+\infty}\frac{1}{\sqrt{2\pi}\sigma}x^k\cdot e^{-\frac{x^2}{2\sigma^2}}dx$

令 $t=\frac{x^2}{2\sigma^2}$，即 $x=2^{\frac{1}{2}}t^{\frac{1}{2}}\sigma$，代入得

$$E(X^k)=2\int_{0}^{+\infty}\frac{1}{\sqrt{2\pi}\sigma}2^{\frac{k}{2}}t^{\frac{k}{2}}\sigma^ke^{-t}\cdot 2^{\frac{1}{2}}\cdot\frac{1}{2}t^{-\frac{1}{2}}\sigma dt$$
$$=\frac{2^{\frac{k}{2}}\sigma^k}{\sqrt{\pi}}\int_{0}^{+\infty}t^{\frac{k+1}{2}-1}e^{-t}dt$$
$$=\frac{2^{\frac{k}{2}}\sigma^k}{\sqrt{\pi}}\Gamma\left(\frac{k+1}{2}\right)$$
$$=\frac{2^{\frac{k}{2}}\sigma^k}{\sqrt{\pi}}\times\frac{k-1}{2}\times\frac{k-3}{2}\times\cdots\times\frac{3}{2}\times\frac{1}{2}\times P\left(\frac{1}{2}\right)$$
$$=\sigma^k(k-1)(k-3)\times\cdots\times 3\times 1$$

$$E(X^k)=\begin{cases}0, & \text{当 } k \text{ 为奇数时}\\ \sigma^k(k-1)(k-3)\times\cdots\times 3\times 1, & \text{当 } k \text{ 为偶数时}\end{cases}$$

（2）连续型随机变量 X 的数学期望定义为：

$$E(X)=\int_{-\infty}^{+\infty}xdF(x)=\int_{-\infty}^{+\infty}xf(x)dx$$

如果 $\int_{-\infty}^{+\infty}|x|\mathrm{d}F(x)<+\infty$ 。这里，$F(x)$是 X 的分布函数，$f(x)$是其密度函数。

利用 Riemann-Stieltjes 积分，可以对离散型随机变量和连续型随机变量的期望给出一个统一的表达式：

$$E(X)=\int_{-\infty}^{+\infty}x\mathrm{d}F(x)$$

(3) 设 X 为随机变量，若 $E[X-E(X)]^2$ 存在，则称 $E[X-E(X)]^2$ 为 X 的方差，记为 $Var(X)$，即 $Var(X)=\int_{-\infty}^{+\infty}[X-E(X)]^2\mathrm{d}F(x)$。

(4) 对两个随机变量 X，Y，若 $E\{[X-E(X)][Y-E(Y)]\}$存在，则称之为 X 与 Y 的协方差，记为 $Cov(X,Y)$，可知 $Cov(X,Y)=E(XY)-E(X)E(Y)$。

(5) 设 X 为任一随机变量，对正整数 k，称 $m_k=E(X^k)$ 为 X 的 k 阶原点矩。数学期望是一阶原点矩。

(6) 设 X 为任一随机变量，对正整数 k，称 $c_k=E[X-E(X)]^k$ 为 X 的 k 阶中心矩。方差是二阶中心矩。

(7) 设 X，Y 为两个随机变量，对正整数 k，l，称 $E[X-E(X)]^k[Y-E(Y)]^l$ 为 X 的 $k+l$ 阶混合中心矩。协方差是二阶混合中心矩。

1.3.3 矩母函数

在求某些随机变量的各阶矩时，有时用矩母函数会很方便。

定义 1.3.2 若随机变量 X 的分布函数为 $F(x)$，则称

$$\phi(t)=E(\mathrm{e}^{tX})=\int_{\Omega}\mathrm{e}^{tX(w)}P(\mathrm{d}\omega)=\int_{-\infty}^{+\infty}\mathrm{e}^{tx}\mathrm{d}F(x) \tag{1.3.2}$$

为 X 的矩母函数。

假设对 $\phi(t)$ 求导时，求导运算与求期望运算可以交换次序，通常遇到的情形也都是这样的。对 $\phi(t)$ 逐次求导并计算在 $t=0$ 点的值能得到 X 的各阶矩，即

$$\phi'(t)=E(X\mathrm{e}^{tX})$$
$$\phi''(t)=E(X^2\mathrm{e}^{tX})$$
$$\vdots$$
$$\phi^{(n)}(t)=E(X^n\mathrm{e}^{tX})$$

计算在 $t=0$ 点的值可以得到

$$\phi^{(n)}(0)=E(X^n)$$

当矩母函数存在时，它唯一地决定分布，因此我们能够用矩母函数刻画随机变量的概率分布。但有时随机变量的矩母函数不一定存在，在这种情况下，更方便的是特征函数。

1.3.4 特征函数

定义 1.3.3 若随机变量 X 的分布函数为 $F(x)$，则称

$$\psi(t)=E(\mathrm{e}^{itX})=\int_{\Omega}\mathrm{e}^{itX(w)}\,\mathrm{d}P(w)=\int_{-\infty}^{+\infty}\mathrm{e}^{itx}\,\mathrm{d}F(x) \tag{1.3.3}$$

为 X 的特征函数。如果 $F(x)$ 有密度 $f(x)$，则 $\psi(t)$ 就是 $f(x)$ 的 Fourier 变换

$$\psi(t)=\int_{-\infty}^{+\infty}\mathrm{e}^{itx}f(x)\,\mathrm{d}x$$

特征函数是一个实变量的复值函数，因为 $|\mathrm{e}^{itx}|=1$，所以它对一切实数 t 都有定义。特征函数有如下常用性质：

（1）有界性：$|\psi(t)|\leqslant 1=\psi(0)$。

（2）共轭对称性：$\psi(-t)=\overline{\psi(t)}$。

（3）一致连续性：$|\psi(t+h)-\psi(t)|\leqslant\int_{-\infty}^{+\infty}|\mathrm{e}^{ihx}-1|\,\mathrm{d}F(x)$。

（4）线性变换的作用：设 $Y=aX+b$，则 Y 的特征函数是 $\psi_Y(t)=\mathrm{e}^{ibt}\psi_X(at)$。

（5）两个相互独立的随机变量之和的特征函数等于它们的特征函数之积。

（6）非负定性：对于任意正整数 n，任意实数 t_1，t_2，…，t_n 及复数 λ_1，λ_2，…，λ_n，有 $\sum\limits_{k=1}^{n}\sum\limits_{j=1}^{n}\psi(t_k-t_j)\lambda_k\overline{\lambda_j}\geqslant 0$。

（7）设随机变量 X 的 n 阶矩存在，则它的特征函数可微分 n 次，且当 $k\leqslant n$ 时，有

$$\psi^{(k)}(0)=i^kE(X^k)$$

特别地，特征函数可作如下带皮亚诺型余项的 Taylor 展开：

$$\psi(t)=1+itE(X)+\frac{(it)^2}{2!}E(X^2)+\cdots+\frac{(it)^n}{n!}E(X^n)+o(t)$$

例 1.3.3

求标准正态分布 $N(0,1)$ 的特征函数。

解 由定义有 $\psi(t)=\frac{1}{\sqrt{2\pi}}\int_{-\infty}^{\infty}\mathrm{e}^{itx}\mathrm{e}^{-\frac{x^2}{2}}\,\mathrm{d}x$，从而

$$\begin{aligned}\psi'(t)&=\frac{1}{\sqrt{2\pi}}\int_{-\infty}^{\infty}ix\mathrm{e}^{itx}\mathrm{e}^{-\frac{x^2}{2}}\,\mathrm{d}x\\&=\frac{1}{\sqrt{2\pi}}\int_{-\infty}^{\infty}i\mathrm{e}^{itx}\,\mathrm{d}(-\mathrm{e}^{-\frac{x^2}{2}})\\&=-\frac{1}{\sqrt{2\pi}}i(\mathrm{e}^{itx-\frac{x^2}{2}})\Big|_{-\infty}^{\infty}-\frac{t}{\sqrt{2\pi}}\int_{-\infty}^{\infty}\mathrm{e}^{itx}\mathrm{e}^{-\frac{x^2}{2}}\,\mathrm{d}x\end{aligned}$$

解初值问题 $\psi'(t)+t\psi(t)=0$，由 $\psi(0)=1$ 得 $\psi(t)=\mathrm{e}^{-\frac{1}{2}t^2}$。

例 1.3.4

求正态分布 $N(\mu,\sigma^2)$ 的特征函数。

解 设 $Y \sim N(\mu,\sigma^2)$，则存在 $X \sim N(0,1)$，使得 $Y=\sigma X+\mu$。

利用性质（4），有 $\psi_Y(t)=\mathrm{e}^{it\mu}\psi_X(\sigma t)=\mathrm{e}^{it\mu-\frac{1}{2}\sigma^2t^2}$。

由于特征函数只与分布函数有关，所以也称为分布的特征函数，另一方面，有下述定理。

定理 1.3.1 唯一性定理

分布函数由其特征函数唯一决定。

由此可见特征函数与分布函数是相互唯一确定的。

若随机向量 $(X_1,X_2,\cdots,X_n)$ 的分布函数为 $F(x_1,x_2,\cdots,x_n)$，与随机变量相仿，类似地定义它的特征函数

$$\psi(t_1,t_2,\cdots,t_n)=\int_{-\infty}^{+\infty}\int_{-\infty}^{+\infty}\cdots\int_{-\infty}^{+\infty}\mathrm{e}^{i(t_1x_1+t_2x_2+\cdots+t_nx_n)}\mathrm{d}F(x_1,x_2,\cdots,x_n)$$

可以类似于一元的场合，建立起 n 元特征函数的理论。

例如，我们考虑在 1.2 节中定义的 d 维正态分布，简称为多元正态分布，这个定义在推导很多性质时并不方便，同时还不能考虑 $\boldsymbol{\Sigma}$ 不是正定的情形，为此，我们采用下面的定义。如果随机向量 $\boldsymbol{X}$ 的特征函数为：

$$\psi_{\boldsymbol{X}}(t)=\exp\left\{i\boldsymbol{t}'\boldsymbol{\mu}-\frac{1}{2}\boldsymbol{t}'\boldsymbol{\Sigma}\boldsymbol{t}\right\}$$

则称 $\boldsymbol{X}$ 服从多元正态分布 $N(\boldsymbol{\mu},\boldsymbol{\Sigma})$。其中 $\boldsymbol{X}=(X_1,X_2,\cdots,X_d)'$，$(\cdot)'$表示（$\cdot$）的转置，$\boldsymbol{t}=(t_1,t_2,\cdots,t_d)'$，$\boldsymbol{\mu}=(\mu_1,\mu_2,\cdots,\mu_d)'$，$\boldsymbol{\Sigma}$ 是非负定 $d\times d$ 矩阵。当 $\boldsymbol{\mu}=\boldsymbol{0}$，$\boldsymbol{\Sigma}=\boldsymbol{I}_d$ 时，称为多元标准正态分布，记为 $\boldsymbol{X}\sim N(\boldsymbol{0},\boldsymbol{I}_d)$。

例 1.3.5

假设随机变量 X 服从参数为 λ 的泊松分布，求 X 的特征函数，并由特征函数求 X 的期望和方差。

解： 随机变量 X 的特征函数为：

$$\begin{aligned}\psi_X(t)&=E[\mathrm{e}^{itx}]=\sum_{x=0}^{+\infty}\mathrm{e}^{itx}\cdot P\{X=x\}\\&=\sum_{x=0}^{+\infty}\mathrm{e}^{itx}\cdot\frac{\lambda^x}{x!}\mathrm{e}^{-\lambda}=\mathrm{e}^{-\lambda}\sum_{x=0}^{+\infty}\frac{(\lambda\mathrm{e}^{it})^x}{x!}\\&=\mathrm{e}^{-\lambda}\mathrm{e}^{\lambda\mathrm{e}^{it}}=\mathrm{e}^{\lambda(\mathrm{e}^{it}-1)}\end{aligned}$$

由特征函数与矩的关系可知 $\psi^{(k)}(0)=i^kE(X^k)$，故 X 的期望是

$$E(X)=-i\psi'(0)=-i\cdot\lambda i\mathrm{e}^{it}\cdot\mathrm{e}^{\lambda(\mathrm{e}^{it}-1)}|_{t=0}=\lambda$$

$$E(X^2)=-\psi''(0)=-\lambda i\mathrm{e}^{it+\lambda(\mathrm{e}^{it}-1)}\cdot[i+i\lambda\mathrm{e}^{it}]|_{t=0}=\lambda+\lambda^2$$

X 的方差是

$$Var(X)=E(X^2)-[E(X)]^2=\lambda+\lambda^2-\lambda^2=\lambda$$

1.4 收敛性

定义 1.4.1 （1）设 $\{X_n, n\geqslant 1\}$ 是随机变量序列，若存在随机变量 X 使得

$$P\{\omega\in\Omega: X(\omega)=\lim_{n\to\infty}X_n(\omega)\}=1$$

则称随机变量序列 $\{X_n, n\geqslant 1\}$ 几乎必然收敛（或以概率 1 收敛）于 X，记为 $X_n\to X$，a.s. 或 $X_n\xrightarrow{\text{a.s.}}X$。

（2）设 $\{X_n, n\geqslant 1\}$ 是随机变量序列，若存在随机变量 X 使得对 $\forall\varepsilon>0$，有

$$\lim_{n\to\infty}P\{|X_n-X|\geqslant\varepsilon\}=0$$

则称随机变量序列 $\{X_n, n\geqslant 1\}$ 依概率收敛于 X，记为 $X_n\xrightarrow{\text{P}}X$。

（3）设随机变量序列 $\{X_n\}\subset L^p$，$X\in L^p$，$p\geqslant 1$，若有

$$\lim_{n\to\infty}E(|X_n-X|^p)=0$$

则称随机变量序列 $\{X_n, n\geqslant 1\}$ p 次平均收敛于 X，或称 $\{X_n\}$ 在 L^p 中强收敛于 X。当 $p=2$ 时，称为均方收敛。

（4）设 $\{F_n(x)\}$ 是分布函数列，如果存在一个单调不减函数 $F(x)$，使得在 $F(x)$ 的所有连续点 x 上均有

$$\lim_{n\to\infty}F_n(x)=F(x)$$

则称 $\{F_n(x)\}$ 弱收敛于 $F(x)$，记为 $F_n(x)\xrightarrow{\text{W}}F(x)$。

设随机变量 X_n，X 的分布函数分别为 $F_n(x)$ 及 $F(x)$，若 $F_n(x)\xrightarrow{\text{W}}F(x)$，则称 $\{X_n\}$ 依分布收敛于 X，记为 $X_n\xrightarrow{\text{L}}X$。

定理 1.4.1 （1）随机变量序列 $X_n\xrightarrow{\text{a.s.}}X$ 的充分必要条件是 $\forall\varepsilon>0$，$P\{\limsup_{n\to\infty}(|X_n-X|\geqslant\varepsilon)\}=0$。

（2）随机变量序列 $X_n\xrightarrow{\text{P}}X$ 的充分必要条件是 $\{X_n\}$ 的任意子序列都包含几乎必然收敛于 X 的子序列。

随机变量序列的这四种收敛性之间的关系可以总结为下面的关系：

几乎必然收敛⇒依概率收敛⇒依分布收敛

p 次平均收敛⇒依概率收敛⇒依分布收敛

还需指出的是，几乎必然收敛与 p 次平均收敛之间没有蕴涵关系。我们看下面的

例题。

例 1.4.1

取 $\Omega=(0,1]$，$\mathscr{F}$ 为 $(0,1]$ 中全体 Borel 子集所构成的 σ 代数，P 为 Lebesgue 测度，我们可以构造出两个随机变量序列，其中之一是 r 次平均收敛的，但不是几乎必然收敛的；另一个则几乎必然收敛，但不是 r 次平均收敛的。令

$$Y_{11}(\omega)=1;\ Y_{21}(\omega)=\begin{cases}1, & \omega\in\left(0,\frac{1}{2}\right]\\ 0, & \omega\in\left(\frac{1}{2},1\right]\end{cases};\ Y_{22}(\omega)=\begin{cases}0, & \omega\in\left(0,\frac{1}{2}\right]\\ 1, & \omega\in\left(\frac{1}{2},1\right]\end{cases}$$

一般，将 $(0,1]$ 分成 k 个等长区间，并且令

$$Y_{ki}(w)=\begin{cases}1, & \omega\in\left(\frac{i-1}{k},\frac{i}{k}\right]\\ 0, & \omega\notin\left(\frac{i-1}{k},\frac{i}{k}\right]\end{cases},\quad i=1,2,\cdots,k;\ k=1,2,\cdots$$

定义随机变量序列

$$X_1=Y_{11},\ X_2=Y_{21},\ X_3=Y_{22},\ X_4=Y_{31},\ X_5=Y_{32},\cdots$$

$\forall\varepsilon>0$，由于

$$E(|Y_{ki}-0|^r)=\frac{1}{k}\to 0,\quad k\to\infty$$

可见 $\{X_n\}$ 为 r 次平均收敛，但是对任一固定的 $\omega\in\Omega$，任一自然数 k，恰有一个 i 使得 $Y_{ki}(\omega)=1$，而对其余的 j 有 $Y_{kj}(\omega)=0$。由此知 $\{X_n(\omega)\}$ 中有无穷多个 1 及无穷多个 0，于是 $\{X_n(\omega)\}$ 对每个 $\omega\in\Omega$ 都不收敛。

如果取

$$Z_n(\omega)=\begin{cases}n^{\frac{1}{r}}, & \omega\in\left(0,\frac{1}{n}\right]\\ 0, & \omega\notin\left(0,\frac{1}{n}\right]\end{cases}$$

$$Z(\omega)=0,\ \forall\,\omega\in\Omega$$

显然，$Z_n(\omega)\to Z(\omega),\forall\,\omega\in\Omega$，所以 $Z_n\xrightarrow{\text{a.s.}}Z$，但是 $E(|Z_n-Z|^r)=n\cdot\frac{1}{n}=1\not\to 0$。

下面我们给出积分号下取极限的三大基本定理。

定理 1.4.2　单调收敛定理

设 $f_n\in\mathcal{L}$ 的积分存在，$n\geqslant 1$，则

(1) 设 $f_n\uparrow f$，a.s.，若 $\int_\Omega f_1\mathrm{d}P>-\infty$，则 f 的积分存在，且 $\int_\Omega f_n\mathrm{d}P\uparrow\int_\Omega f\mathrm{d}P$；

(2) 设 $f_n \downarrow f$，a. s.，若 $\int_\Omega f_1 \mathrm{d}P < \infty$，则 f 的积分存在，且 $\int_\Omega f_n \mathrm{d}P \downarrow \int_\Omega f \mathrm{d}P$。

定理 1.4.3　Fatou 引理

设随机变量序列 $\{X_n\}$ 的期望存在，$n \geqslant 1$，则

$$E(\liminf_{n\to\infty} X_n) \leqslant \liminf_{n\to\infty} E(X_n) \leqslant \limsup_{n\to\infty} E(X_n) \leqslant E(\limsup_{n\to\infty} X_n)$$

定理 1.4.4　Lebesgue 控制收敛定理

设 f_n，$f \in \mathcal{L}$，$f_n \xrightarrow{\text{a. s.}} f$ 或 $f_n \xrightarrow{\text{P}} f$。若存在一非负可积函数 g，使得对 $\forall n \geqslant 1$ 有 $|f_n| \leqslant g$，a. s.，则 f 可积，且有 $\lim_{n\to\infty}\int_\Omega f_n \mathrm{d}P = \int_\Omega f \mathrm{d}P$。

1.5　独立性与条件期望

1.5.1　独立性

定义 1.5.1　(1) 设 A，B 为两个事件，若 $P(A \cap B) = P(A)P(B)$，则称 A 与 B 独立。更一般地，设 A_1，A_2，…，A_n 为 n 个事件，如果对任何 $m \leqslant n$ 及 $1 \leqslant k_1 < k_2 < \cdots < k_m \leqslant n$，有

$$P(\bigcap_{j=1}^{m} A_{k_j}) = \prod_{j=1}^{m} P(A_{k_j})$$

则称 A_1，A_2，…，A_n 相互独立。A_1，A_2，…，A_n 两两独立不一定相互独立。

(2) 设 $\{A_i, i \in I\}$ 是一族事件，若对 I 的任意有限子集 $\{i_1, i_2, \cdots, i_k\} \neq \varnothing$，有

$$P(\bigcap_{j=1}^{k} A_{i_j}) = \prod_{j=1}^{k} P(A_{i_j}) \tag{1.5.1}$$

则称 $\{A_i, i \in I\}$ 是相互独立的。

(3) $\{\mathscr{A}_i, i \in I\}$ 是一族事件类，如果对 I 的任意有限子集 $\{i_1, i_2, \cdots, i_k\} \neq \varnothing$，任意 $A_{i_j} \in \mathscr{A}_{i_j}$ 有式 (1.5.1) 成立，则称 $\{\mathscr{A}_i, i \in I\}$ 是独立事件类。

(4) 设 $\{X_i, i \in I\}$ 是 Ω 上的一族随机变量，如果 σ 代数族 $\{\sigma(X_i), i \in I\}$ 是独立事件类，则称 $\{X_i, i \in I\}$ 相互独立。

容易证明随机变量 X_1，X_2，…，X_n 独立的充分必要条件是它们的联合分布函数可以分解为边际分布函数的乘积，即

$$F(x_1, x_2, \cdots, x_n) = \prod_{i=1}^{n} F_{X_i}(x_i)$$

定理 1.5.1　(1) 设随机变量 X_1，X_2，…，$X_n \in \mathcal{L}^1$ 是独立的，则 $E(\prod_{k=1}^{n} X_k) = \prod_{k=1}^{n} E(X_k)$。

(2) 设随机变量 X_1，X_2，…，$X_n \in \mathcal{L}^2$ 是独立的，则 $Var\left(\sum_{k=1}^{n} X_k\right) = \sum_{k=1}^{n} Var(X_k)$。

定理 1.5.2　Borel-Cantelli 第一引理

设 $\{A_n, n \geqslant 1\}$ 是一列事件，若 $\sum_{n=1}^{\infty} P(A_n) < \infty$，则 $P(A_n, \text{i. o.}) = 0$。

定理 1.5.3　Borel-Cantelli 第二引理

设 $\{A_n, n \geqslant 1\}$ 是独立的事件列，若 $\sum_{n=1}^{\infty} P(A_n) = \infty$，则 $P(A_n, \text{i. o.}) = 1$。

定义 1.5.2　设 $\{X_n, n \geqslant 1\}$ 是随机变量序列，$D_k = \sigma(X_k, X_{k+1}, \cdots)$ 是由 X_k，X_{k+1}，… 生成的 σ 代数，则 $\{D_k\}$ 是非增序列，它们的交 $D = \bigcap_{n \geqslant 1} D_n$ 称为序列 $\{X_n, n \geqslant 1\}$ 的尾 σ 代数，D 中的元素称为 $\{X_n, n \geqslant 1\}$ 的尾事件。

定理 1.5.4　Kolmogorov 0-1 律

独立随机变量序列的尾事件的概率为 0 或 1。

1.5.2　独立随机变量和的分布

设随机变量 X_1，X_2 相互独立，F_1，F_2 分别为它们的分布函数。令 $X = X_1 + X_2$，其分布函数记为 $F_X(x)$。则由独立性，有

$$\begin{aligned} F_X(x) &= P\{X_1 + X_2 \leqslant x\} \\ &= \int_{-\infty}^{\infty} P\{X_1 + X_2 \leqslant x \mid X_1 = t\} \mathrm{d}F_1(t) \\ &= \int_{-\infty}^{\infty} F_2(x - t) \mathrm{d}F_1(t) \end{aligned} \tag{1.5.2}$$

上述第三个等号的右端称作分布函数 F_1，F_2 的卷积，记为 $F_1 * F_2(x)$。一般，对有界函数 $G(x)$ 和一个单调函数 $F(x)$，都可以定义 F 与 G 的卷积：

$$F * G(x) \triangleq \int_{-\infty}^{\infty} G(x - t) \mathrm{d}F(t)$$

这里需要注意的是 $F * G$ 的顺序，$G * F$ 可能没有意义，但是当 F 和 G 都是分布函数时，卷积可以交换顺序。只需注意到式 (1.5.2) 中的随机变量 X_1 和 X_2 的地位是对等的，即可得到

$$F_1 * F_2(x) = F_2 * F_1(x)$$

不但如此，容易看出，对于分布函数，卷积还满足结合律和分配律。即设 F，G，H 为分布函数，则有

$$(F * G) * H(x) = F * (G * H)(x)$$
$$F * (G + H)(x) = F * G(x) + F * H(x)$$

进一步还有，设 X_k ($k = 1, 2, \cdots, n$) 是独立同分布于 F 的随机变量，令 $S_0 = 0$，$S_n = \sum_{k=1}^{n} X_k$ ($n = 1, 2, \cdots$)，S_n 的分布记作 F_n，则有

$$F_n(x)=F*F_{n-1}(x),\quad n=1,2,\cdots$$

其中

$$F_0(x)\triangleq\begin{cases}0, & x<0\\1, & x\geqslant 0\end{cases}$$

称 F_n 为 F 的 n 重卷积。

1.5.3 条件期望

首先我们回忆一下条件概率的概念。

设 B 是一个事件，且 $P(B)>0$。则事件 B 发生的条件下事件 A 发生的条件概率为：

$$P(A|B)=\frac{P(A\cap B)}{P(B)}$$

如果 X 与 Y 是离散型随机变量，对一切使得 $P\{Y=y\}>0$ 的 y，给定 $Y=y$ 时，X 的条件概率定义为：

$$P\{X=x|Y=y\}=\frac{P\{X=x,Y=y\}}{P\{Y=y\}}$$

X 的条件分布函数定义为：

$$F(x|y)=P\{X\leqslant x|Y=y\}$$

X 的条件期望定义为：

$$E(X\mid Y=y)=\int x\mathrm{d}F(x\mid y)=\sum_x xP\{X=x\mid Y=y\}$$

如果 X 与 Y 有联合概率密度函数 $f(x,y)$，则对一切使得 $f_Y(y)\geqslant 0$ 的 y，给定 $Y=y$ 时，X 的条件概率密度定义为：

$$f(x|y)=\frac{f(x,y)}{f_Y(y)}$$

X 的条件分布函数定义为：

$$F(x\mid y)=P\{X\leqslant x\mid Y=y\}=\int_{-\infty}^{x}f(u\mid y)\mathrm{d}u$$

X 的条件期望定义为：

$$E(X\mid Y=y)=\int x\mathrm{d}F(x\mid y)=\int xf(x\mid y)\mathrm{d}x$$

我们以 $E(X\mid Y)$ 表示随机变量 Y 的函数，它在 $Y=y$ 时，取值为 $E(X\mid Y=y)$。条件期望的一个重要性质是对一切随机变量 X 和 Y，当期望存在时，有

$$E(X)=E[E(X\mid Y)]=\int E(X\mid Y=y)\mathrm{d}F_Y(y) \tag{1.5.3}$$

当 Y 为一个离散型随机变量时，式（1.5.3）可化为：

$$E(X)=\sum_y E(X\mid Y=y)P\{Y=y\}$$

当 Y 为一个连续型随机变量时，式（1.5.3）可化为：

$$E(X)=\int_{-\infty}^{+\infty}E(X\mid Y=y)f_Y(y)\mathrm{d}y$$

例 1.5.1

（随机个随机变量之和）设 X_1，X_2，…是一列独立同分布的随机变量，N 为一个非负整值随机变量，且与序列 X_1，X_2，…独立。求 $Y=\sum\limits_{i=1}^{N}X_i$ 的均值和方差。

解 首先在对 N 取条件的情况下来计算 $Y=\sum\limits_{i=1}^{N}X_i$ 的矩母函数，即

$$E\left[\exp\left\{t\sum_{i=1}^{N}X_i\right\}\mid N=n\right]=E\left[\exp\left\{t\sum_{i=1}^{n}X_i\right\}\right]=[\phi_X(t)]^n$$

式中，$\phi_X(t)$ 是随机变量 X 的矩母函数，因此

$$E\left[\exp\left\{t\sum_{i=1}^{N}X_i\mid N\right\}\right]=[\phi_X(t)]^N$$

从而

$$\phi_Y(t)=E\left[\exp\{t\sum_{i=1}^{N}X_i\}\right]=E\{[\phi_X(t)]^N\}$$

现在对 $\phi_Y(t)$ 求导，得

$$\phi_Y'(t)=E\{N[\phi_X(t)]^{N-1}\phi_X'(t)\}$$

再求一次导数，得

$$\phi_Y''(t)=E\{N(N-1)[\phi_X(t)]^{N-2}[\phi_X'(t)]^2+N[\phi_X(t)]^{N-1}\phi_X''(t)\}$$

计算在 $t=0$ 点的值，得

$$E(Y)=E[NE(X)]=E(N)E(X) \tag{1.5.4}$$

及

$$E(Y^2)=E\{N(N-1)[E(X)]^2+NE(X^2)\}=E(N)\mathrm{Var}(X)+E(N^2)[E(X)]^2$$

因此有

$$Var(Y)=E(Y^2)-[E(Y)]^2=E(N)Var(X)+[E(X)]^2 Var(N) \tag{1.5.5}$$

例 1.5.2

一矿工被困在有三个门的矿井中，第一个门通一隧道，沿此隧道走 2 小时可到达安全区；第二个门通一隧道，沿此隧道走 3 小时可回到原矿井中；第三个门通一隧道，沿此隧道走 5 小时可回到原矿井中。假定此矿工总是等可能地在三个门中选择一个，用 X 表示矿工到达安全区所用的时间，求 X 的均值及矩母函数。

解 写出 X 的分布列很困难，故无法直接求其均值。令 Y 表示矿工第一次选择的门，则 $\{Y=i\}$ 表示第一次选择第 i 个门，由题意知

$$P\{Y=1\}=P\{Y=2\}=P\{Y=3\}=\frac{1}{3}$$

$$\begin{aligned} E(X)&=E[E(X|Y)]\\ &=\frac{1}{3}[E(X|Y=1)+E(X|Y=2)+E(X|Y=3)]\\ &=\frac{1}{3}[2+3+E(X)+5+E(X)] \end{aligned}$$

故 $\quad E(X)=10$

$$\begin{aligned} E(e^{tX})&=E[E(e^{tX}|Y)]\\ &=\frac{1}{3}[E(e^{tX}|Y=1)+E(e^{tX}|Y=2)+E(e^{tX}|Y=3)] \end{aligned}$$

易知 $\quad E(e^{tX}|Y=1)=e^{2t}$

当 $Y=2$ 时，$X=3+X'$，其中 X' 是回到矿井后再到达安全区所附加的时间，X 与 X' 有相同的分布，故有

$$E(e^{tX}|Y=2)=E[e^{t(3+X')}]=e^{3t}E(e^{tX})$$

同理有

$$E(e^{tX}|Y=3)=E[e^{t(5+X')}]=e^{5t}E(e^{tX})$$

故有

$$E(e^{tX})=\frac{1}{3}[e^{2t}+e^{3t}E(e^{tX})+e^{5t}E(e^{tX})]$$

即得

$$E(e^{tX})=\frac{e^{2t}}{3-e^{3t}-e^{5t}}$$

最后将条件期望推广到一般随机变量及 σ 代数的情形。

设 X 是随机变量，B 是事件且 $P(B)>0$，则给定事件 B，随机变量 X 的条件期望定义为：

$$E(X \mid B) = \int X \mathrm{d}P_B = [P(B)]^{-1}\int_B X \mathrm{d}P = [P(B)]^{-1}E(XI_B)$$

定义 1.5.3 设 X 是随机变量且 $E(|X|) < \infty$。若对每个子 σ 代数 $\mathcal{G} \subset \mathcal{F}$，存在唯一的（几乎必然相等的意义下）随机变量 X^*，有 $E(|X^*|) < \infty$，使得 X^* 是 $\mathcal{G}$ 可测随机变量（即对任何的 $x \in \mathbb{R}$，有 $\{X^* \leqslant x\} \in \mathcal{G}$），且

$$E(X^* I_B) = E(XI_B), \quad \forall B \in \mathcal{G}$$

则称随机变量 X^* 为 X 在给定 $\mathcal{G}$ 下的条件期望，记为 $X^* = E(X \mid \mathcal{G})$。即

$$\int_B E(X \mid \mathcal{G}) \mathrm{d}P = \int_B X \mathrm{d}P, \quad \forall B \in \mathcal{G}$$

定理 1.5.5 条件期望有如下基本性质：

(1) $E[E(X \mid \mathcal{G})] = E(X)$。

(2) 若 X 是 $\mathcal{G}$ 可测，则 $E(X \mid \mathcal{G}) = X$，a. s. 。

(3) 设 $\mathcal{G} = \{\varnothing, \Omega\}$，则 $E(X \mid \mathcal{G}) = E(X)$，a. s. 。

(4) $E(X \mid \mathcal{G}) = E(X^+ \mid \mathcal{G}) - E(X^- \mid \mathcal{G})$，a. s. 。

(5) 若 $X \leqslant Y$，a. s.，则 $E(X \mid \mathcal{G}) \leqslant E(Y \mid \mathcal{G})$，a. s. 。

(6) 若 a，b 为实数，X，Y，$aX+bY$ 的期望存在，则

$$E(aX+bY|\mathcal{G}) = aE(X|\mathcal{G}) + bE(Y|\mathcal{G}), \text{ a. s.}$$

如果右边和式有意义。

(7) $|E(X \mid \mathcal{G})| \leqslant E(|X| \mid \mathcal{G})$，a. s. 。

(8) 设 $0 \leqslant X_n \uparrow X$，a. s.，则 $E(X_n \mid \mathcal{G}) \uparrow E(X \mid \mathcal{G})$，a. s. 。

(9) 设 X 及 XY 的期望存在，且 Y 为 $\mathcal{G}$ 可测，则

$$E(XY|\mathcal{G}) = YE(X|\mathcal{G}), \text{ a. s.}$$

(10) 若 X 与 $\mathcal{G}$ 相互独立（即 $\sigma(X)$ 与 $\mathcal{G}$ 相互独立），则有

$$E(X|\mathcal{G}) = E(X), \text{ a. s.}$$

(11) 若 $\mathcal{G}_1$，$\mathcal{G}_2$ 是两个子 σ 代数，使得 $\mathcal{G}_1 \subset \mathcal{G}_2 \subset \mathcal{F}$，则

$$E[E(X|\mathcal{G}_2)|\mathcal{G}_1] = E(X|\mathcal{G}_1), \text{ a. s.}$$

(12) 若 X，Y 是两个独立的随机变量，函数 $g(x,y)$ 使得 $E[|g(X,Y)|] < +\infty$，则有

$$E[g(X,Y)|Y] = E[g(X,y)]|_{y=Y}, \text{ a. s.}$$

这里 $E[g(X,y)]|_{y=Y}$ 的意义是，先将 y 视为常数，求得数学期望 $E[g(X,y)]$ 后再将随机变量 Y 代入到 y 的位置。

习题

1.1　设 $X\sim B(n, p)$，$Y\sim B(m, p)$，且 X 与 Y 相互独立。求：

(1) X 的特征函数 $\psi_x(t)$；

(2) $X+Y$ 的分布。

1.2　设随机变量 X 的分布列为 $P\{X=k\}=\frac{2^k}{3^{k+1}}$，$k=0, 1, 2, \cdots$。求：

(1) X 的特征函数 $\psi_x(t)$；

(2) X 的期望和方差。

1.3　盒中有编号为 1，2，3，4，5 的 5 个球，现从盒子中随即取出一球（假设每个球都是等可能地被取到）。若取到 6 号球，则得 5 分，且停止摸球；若取到 i 号球（$i=1$, 2，3，4），则得 i 分，且将此球放回，重新摸球。依次循环下去，用随机变量 X 表示得到的总分数，试求 X 的数学期望。

第2章 随机过程的基本概念和基本类型

在概率论中学习的随机变量主要涉及有限多个。在极限定理中，虽然涉及无穷多个随机变量，但它们之间是相互独立的。随着科学技术的发展和实际问题的需要，我们必须对一些随机现象的变化过程进行研究，这就必须考虑无穷多个随机变量，而且出发点也不是随机变量的有限个独立样本，而是无穷多个随机变量的一次观测。这里我们将研究的无穷多个（可能不是相互独立的）随机变量，称为随机过程。

研究随机过程的历史可以追溯到20世纪初Gibbs，Boltzman和Poincaré等人在统计力学中的研究工作，以及后来Einstein，Wiener，Lévy等人对Brown运动的研究。而整个学科的理论基础是由Kolmogorov和Doob奠定的，并由此开始了随机过程理论与应用研究的蓬勃发展阶段。

2.1 基本概念

定义 2.1.1 随机过程是概率空间 $(\Omega,\mathscr{F},P)$ 上的一族随机变量 $\{X(t),t\in T\}$，其中 T 称为指标集或参数集。

通常将随机过程 $\{X(t),t\in T\}$ 解释为一个物理、自然或社会的系统，$X(t)$ 表示系统在时刻 t 所处的状态。$X(t)$ 的所有可能状态构成的集合为状态空间，记为 S。根据状态空间 S 的不同，过程可以分为连续状态和离散状态，一般如果不作说明都认为状态空间是实数集 $\mathbb{R}$ 或 $\mathbb{R}$ 的子集。参数集 T 通常代表时间，T 可取为实数集 $\mathbb{R}$、非负实数集 $\mathbb{R}^+$、整数集 $\mathbb{Z}$，或非负整数集 $\mathbb{Z}^+$ 等。当 T 取为 $\mathbb{R}$，$\mathbb{R}^+$ 或 $[a,b]$（区间）时，称 $\{X(t),t\in T\}$ 为连续参数的随机过程。当 T 取为 $\mathbb{Z}$ 或 $\mathbb{Z}^+$ 时，称 $\{X(t),t\in T\}$ 为离散参数的随机过程。当 $T=\{0,1,2,\cdots\}$ 时，称之为随机序列或时间序列，随机序列常写成 $\{X(n),n\geqslant 0\}$ 或 $\{X_n,$

$n=0,1,\cdots\}$。

有时，从另一个角度来看随机过程是很有益的，即随机过程 $\{X(t,w),t\in T,w\in\Omega\}$ 可以看成是定义在 $T\times\Omega$ 上的二元函数。对于固定的样本点 $w\in\Omega$，$X(t,w)$ 就是定义在 T 上的一个函数，称为 $X(t)$ 的一条样本路径或一个样本函数；而对于固定的时刻 $t\in T$，$X(t)=X(t,w)$ 是概率空间 $(\Omega,\mathscr{F},P)$ 上的一个随机变量。

下面是常见的随机过程的例子。

例 2.1.1

（随机游动）一个醉汉在路上行走，以概率 p 前进一步，以概率 $1-p$ 后退一步（假定其步长相同）。以 $X(t)$ 记他 t 时刻在路上的位置，则 $\{X(t)\}$ 就是直线上的随机游动。

例 2.1.2

（Brown 运动）英国植物学家 Brown 注意到飘浮在液面上的微小粒子不断进行无规则的运动，这种运动后来称为 Brown 运动。它是分子大量随机碰撞的结果。若以 $(X(t),Y(t))$ 表示粒子在平面坐标上的位置，则它是平面上的 Brown 运动。

例 2.1.3

（排队模型）顾客来到服务站要求服务。当服务站中的服务员都忙碌，即服务员都在为别的顾客服务时，来到的顾客就要排队等候。顾客的到来、每个顾客所需的服务时间都是随机的，所以如果用 $X(t)$ 表示 t 时刻的队长，用 $Y(t)$ 表示 t 时刻到来的顾客所需的等待时间，则 $\{X(t),t\in T\}$，$\{Y(t),t\in T\}$ 都是随机过程。

2.2 有限维分布与 Kolmogorov 定理

研究随机现象主要是研究其统计规律性，对于一个或有限个随机变量来说，掌握了分布函数就能完全了解随机变量。类似地，对于随机过程 $\{X(t),t\in T\}$，为了描述它的统计特性，自然要知道对于每个 $t\in T$，$X(t)$ 的分布函数 $F(t,x)=P\{X(t)\leqslant x\}$（我们称 $F(t,x)$ 为随机过程 $\{X(t),t\in T\}$ 的一维分布），以及它们在任意 n 个时间点的联合分布。它不再是有限个，而是一族联合分布。比如说，我们还需了解随机变量 $X(t_1)$ 和 $X(t_2)$ 的联合分布 $P\{X(t_1)\leqslant x_1,X(t_2)\leqslant x_2\}$，即随机过程在两个不同时刻的二维分布，记为 $F_{t_1,t_2}(x_1,x_2)$。一般，对任意有限个 t_1，t_2，$\cdots$，$t_n\in T$，我们还需定义随机过程的 n 维分布：

$$F_{t_1,t_2,\cdots,t_n}(x_1,x_2,\cdots,x_n)=P\{X(t_1)\leqslant x_1,X(t_2)\leqslant x_2,\cdots,X(t_n)\leqslant x_n\} \tag{2.2.1}$$

随机过程的所有一维分布、二维分布……n 维分布等的全体

$$\{F_{t_1,t_2,\cdots,t_n}(x_1,x_2,\cdots,x_n),\ t_1,t_2,\cdots,t_n\in T,n\geqslant 1\}$$

称为随机过程 $\{X(t),t\in T\}$ 的有限维分布族。知道了随机过程的有限维分布就知道了 $\{X(t),t\in T\}$ 中任意 n 个随机变量的联合分布，也就掌握了这些随机变量之间的相互依赖关系。

不难看出，一个随机过程的有限维分布族具有下述两个性质：

(1) **对称性**：对 $1,2,\cdots,n$ 的任一排列 $j_1,j_2,\cdots,j_n$，有

$$\begin{aligned}F_{t_{j_1},t_{j_2},\cdots,t_{j_n}}(x_{j_1},x_{j_2},\cdots,x_{j_n})&=P\{X(t_{j_1})\leqslant x_{j_1},X(t_{j_2})\leqslant x_{j_2},\cdots,X(t_{j_n})\leqslant x_{j_n}\}\\&=P\{X(t_1)\leqslant x_1,X(t_2)\leqslant x_2,\cdots,X(t_n)\leqslant x_n\}\\&=F_{t_1,t_2,\cdots,t_n}(x_1,x_2,\cdots,x_n)\end{aligned}$$

(2) **相容性**：对于 $m<n$，有

$$F_{t_1,t_2,\cdots,t_m,t_{m+1},\cdots,t_n}(x_1,x_2,\cdots,x_m,\infty,\cdots,\infty)=F_{t_1,t_2,\cdots,t_m}(x_1,x_2,\cdots,x_m)$$

一个重要的结论是下面的 Kolmogorov 定理，它是我们研究随机过程理论的基本定理，由于证明比较复杂（见书后参考文献［50］），这里从略。

定理 2.2.1 设分布函数族 $\{F_{t_1,t_2,\cdots,t_n}(x_1,\ x_2,\ \cdots,\ x_n),\ t_1,\ t_2,\ \cdots,\ t_n\in T,\ n\geqslant 1\}$ 满足上述的对称性和相容性，则必存在一个随机过程 $\{X(t),t\in T\}$，使

$$\{F_{t_1,t_2,\cdots,t_n}(x_1,x_2,\cdots,x_n),t_1,t_2,\cdots,t_n\in T,n\geqslant 1\}$$

恰好是 $\{X(t),t\in T\}$ 的有限维分布族。

Kolmogorov 定理说明，随机过程的有限维分布族是随机过程概率特征的完整描述，它是证明随机过程存在性的有力工具。但是在实际问题中，要知道随机过程的全部有限维分布是不可能的，因此，人们想到了用随机过程的某些数字特征来刻画随机过程。有如下定义。

定义 2.2.1 设 $\{X(t),t\in T\}$ 是一随机过程。

(1) 称 $X(t)$ 的期望 $\mu_X(t)=E[X(t)]$ 为过程的均值函数（如果存在的话）。

(2) 如果 $\forall\, t\in T$，$E[X^2(t)]$ 存在，则称随机过程 $\{X(t),t\in T\}$ 为二阶矩过程。此时，称函数 $\gamma(t_1,t_2)=E\{[X(t_1)-\mu_X(t_1)][X(t_2)-\mu_X(t_2)]\}$ $(t_1,\ t_2\in T)$ 为过程的协方差函数；称 $Var[X(t)]=\gamma(t,t)$ 为过程的方差函数；称 $R_X(s,t)=E[X(s)X(t)]$ $(s,\ t\in T)$ 为自相关函数。

由 Schwartz 不等式知，二阶矩过程的协方差函数和自相关函数存在，且有 $\gamma_X(s,t)=R_X(s,t)-\mu_X(s)\mu_X(t)$。

例 2.2.1

$X(t)=X_0+tV$ $(a\leqslant t\leqslant b)$，其中 X_0 和 V 是相互独立且均服从 $N(0,1)$ 分布的随机变量。

由于 X_0 和 V 相互独立且均服从正态分布，因此 $X(t)$ 也服从正态分布，并且 $(X(t_1),X(t_2),\cdots,X(t_n))$ 服从 n 维正态分布。所以只要知道它的一阶矩和二阶矩就完全确定了它

的分布。而它的一阶矩和二阶矩是容易求得的：

$$\begin{aligned}\mu_X(t)&=E[X(t)]=E(X_0+tV)\\&=E(X_0)+tE(V)=0\\\gamma(t_1,t_2)&=E[X(t_1)X(t_2)]\\&=E[(X_0+t_1V)(X_0+t_2V)]\\&=E(X_0^2)+t_1t_2E(V^2)=1+t_1t_2\end{aligned}$$

研究变量之间的相互依赖关系是本书的主要课题。根据相互依赖关系的不同，人们可以研究随机过程的不同类型。

2.3 随机过程的基本类型

2.3.1 平稳过程

有一类重要的过程，它处于某种平稳状态，其主要性质与变量之间的时间间隔有关，与所考察的起始点无关，这样的过程称为平稳过程。严格定义如下：

定义 2.3.1 如果随机过程 $\{X(t),t\in T\}$ 对任意的 $t_1,t_2,\cdots,t_n\in T$ 和任意的 h（使得 $t_i+h\in T,i=1,2,\cdots,n$）有 $(X(t_1+h)$，$X(t_2+h)$，…，$X(t_n+h))$ 与 $(X(t_1)$，$X(t_2)$，…，$X(t_n))$ 具有相同的联合分布，记为：

$$(X(t_1+h),X(t_2+h),\cdots,X(t_n+h))\overset{\mathrm{d}}{=}(X(t_1),X(t_2),\cdots,X(t_n))\tag{2.3.1}$$

则称 $\{X(t),t\in T\}$ 为严平稳的。

式（2.3.1）表明，对于严平稳过程而言，有限维分布关于时间是平移不变的。条件（2.3.1）很强，且不容易验证，所以引入另一种所谓的宽平稳过程或二阶平稳过程。

定义 2.3.2 如果随机过程 $X(t)$ 的所有二阶矩都存在，并且 $E[X(t)]=\mu$，协方差函数 $\gamma(t,s)$ 只与时间差 $t-s$ 有关，则称 $\{X(t),t\in T\}$ 为宽平稳过程或二阶平稳过程。

对于宽平稳过程，因为 $\gamma(s,t)=\gamma(0,t-s)$，$s$，$t\in\mathbb{R}$，所以可以记为 $\gamma(t-s)$。显然对所有 t，有 $\gamma(-t)=\gamma(t)$，即 $\gamma(t)$ 的图形是关于纵轴对称的。其在 0 点的值就是 $X(t)$ 的方差，即 $\gamma(0)=\mathrm{Var}[X(t)]$，并且 $|\gamma(t)|\leqslant\gamma(0)$，$\forall t\in T$。此外，$\gamma(t)$ 具有非负定性，即对任意时刻 t_k 和实数 $a_k(k=1,2,\cdots,N)$，有

$$\sum_{i=1}^{N}\sum_{j=1}^{N}a_ia_j\gamma(t_i-t_j)\geqslant 0$$

本书主要涉及这种宽平稳过程，所以平稳过程这一名词就是指满足定义 2.3.2 的宽平稳过程。当参数 t 仅取整数 0，±1，…或 0，1，…时，称平稳过程为平稳序列。

例 2.3.1

（平稳白噪声序列）设 $\{X_n, n=0,1,\cdots\}$ 为一列两两互不相关的随机变量序列，满足 $E(X_n)=0$ $(n=0,1,\cdots)$，且

$$E(X_mX_n)=\begin{cases}0, & m\neq n\\ \sigma^2, & m=n\end{cases}$$

则 $\{X_n, n=0, 1, \cdots\}$ 为平稳序列。这是因为协方差函数 $\mathrm{Cov}(X_n, X_m)=E(X_nX_m)$ 只与 $m-n$ 有关。

例 2.3.2

（滑动平均序列）设 $\{\varepsilon_n, n=0,\pm1,\cdots\}$ 为一列两两互不相关的有相同均值 μ 和相同方差 σ^2 的随机变量序列，a_1，a_2，…，a_k 为任意 k 个实数。考虑如下定义的序列：

$$X_n=a_1\varepsilon_n+a_2\varepsilon_{n-1}+\cdots+a_k\varepsilon_{n-k+1},\quad n=0,\pm1,\pm2,\cdots$$

容易看出

$$E(X_n)=\mu(a_1+a_2+\cdots+a_k)$$

令 $\xi_j=\varepsilon_j-\mu$，则由 $\{\varepsilon_j\}$ 的两两互不相关性知，协方差函数

$$\begin{aligned}\gamma(n,n+\tau)&=E\{[X_n-\mu(a_1+a_2+\cdots+a_k)][X_{n+\tau}-\mu(a_1+a_2+\cdots+a_k)]\}\\&=E[(a_1\xi_n+a_2\xi_{n-1}+\cdots+a_k\xi_{n-k+1})(a_1\xi_{n+\tau}+a_2\xi_{n+\tau-1}+\cdots\\&\quad+a_k\xi_{n+\tau-k+1})]\\&=\begin{cases}\sigma^2(a_ka_{k-\tau}+a_{k-1}a_{k-\tau-1}+\cdots+a_{\tau+1}a_1), & 0\leqslant\tau\leqslant k-1\\ 0, & \tau\geqslant k\end{cases}\end{aligned}$$

即协方差函数仅与时间间隔 τ 有关，故 $\{X_n, n=0,\pm1, \cdots\}$ 为平稳序列。

考虑如下两个特殊平稳过程：

设 $\{X_n, n\geqslant0\}$ 为独立同分布随机变量序列，$E(X_n^2)<\infty$，$E(X_n)=\mu$ $(n=0, 1, \cdots)$。

$\{Y_n=Y, n\geqslant0\}$，其中 Y 是随机变量，$E(Y^2)<\infty$。

可以用这两个过程来阐述不同平稳过程之间的差异。对于过程 $\{X_n\}$ 而言，由大数定律知

$$\frac{1}{n}(X_0+X_1+\cdots+X_{n-1})$$

以概率 1 收敛于常数 μ。但对于过程 $\{Y_n\}$ 而言，有

$$\frac{1}{n}(Y_0+Y_1+\cdots+Y_{n-1})=Y$$

即经过对时间的平均后，随机性没发生任何改变。于是自然产生这样的问题：在何种条件下，平稳过程对时间的平均值可以等于过程的均值？这一问题称为平稳过程的遍历性，是平稳过程研究中的一个重要课题。

对于平稳过程 $\{X_n, n=0,1,\cdots\}$，重要的是确定它的均值 μ 和协方差函数 $\gamma(\tau)$。由于 $E(X_t)=\mu$，为估计 μ，就必须对随机过程 $\{X_n\}$ 作大量观察。以 $X_j(t)$ 记第 j $(j=1,2,\cdots,n)$ 次观察中时刻 t 的值。由大数定律知，可以用 $\hat{\mu}=\frac{1}{n}[X_1(t)+X_2(t)+\cdots+X_n(t)]$ 来估计 μ。同样，协方差函数 $\gamma(\tau)$ 也可以用

$$\hat{\gamma}(\tau)=\frac{1}{n}\sum_{k=1}^{n}[X_k(t+\tau)-\hat{\mu}][X_k(t)-\hat{\mu}]$$

来估计。然而，对随机过程作多次观察一般来说很难做到，容易的是作一次观察，获得一条样本路径，我们希望由这一次观察来估计 μ 和 $\gamma(\tau)$。对于一般的随机过程这是不可能的，但是对于平稳过程，只要加上一些条件，就可以从一次观察中得到 μ 和 $\gamma(\tau)$ 的较好的估计，这就是遍历性定理。

首先引入下述定义。

定义 2.3.3 设 $X=\{X(t),-\infty<t<\infty\}$ 为一平稳过程（或平稳序列），均值为 μ，如果

$$\overline{X}=\lim_{T\to\infty}\frac{1}{2T}\int_{-T}^{T}X(t)\mathrm{d}t=\mu \tag{2.3.2}$$

或

$$\overline{X}=\lim_{N\to\infty}\frac{1}{2N+1}\sum_{k=-N}^{N}X(k)=\mu \tag{2.3.3}$$

则称 X 的均值具有遍历性。这里的极限是指在均方意义下的极限，即

$$\lim_{T\to\infty}E\left[\left|\frac{1}{2T}\int_{-T}^{T}X(t)\mathrm{d}t-\mu\right|^2\right]=0$$

如果

$$\overline{\gamma}(\tau)=\lim_{T\to\infty}\frac{1}{2T}\int_{-T}^{T}[X(t)-\mu][X(t+\tau)-\mu]\mathrm{d}t=\gamma(\tau) \tag{2.3.4}$$

或

$$\overline{\gamma}(\tau)=\lim_{N\to\infty}\frac{1}{2N+1}\sum_{k=-N}^{N}[X(k)-\mu][X(k+\tau)-\mu]=\gamma(\tau) \tag{2.3.5}$$

则称 X 的协方差具有遍历性，这里的极限同样是指在均方意义下的极限。若随机过程（或随机序列）的均值和协方差函数都具有遍历性，则称此随机过程具有遍历性。

在上述定义中，如果 t 只取非负实数（非负整数），相应的积分与求和就限制在 $[0,\infty)$上。例如，相应于式（2.3.2）和式（2.3.3）的定义改为：

$$\lim_{T\to\infty}\frac{1}{T}\int_{0}^{T}X(t)\mathrm{d}t=\mu \tag{2.3.6}$$

或

$$\lim_{N\to\infty}\frac{1}{N+1}\sum_{k=0}^{N}X(k)=\mu \tag{2.3.7}$$

由遍历性的定义式，自然提出问题：极限是否存在？如果存在，它是随机变量的极限，那么在什么条件下它能等于常数呢？下面的遍历性定理给出了明确的解答。

定理 2.3.1　均值遍历性定理

(1) 设 $X=\{X_n,\ n=0,\ \pm1,\ \pm2,\ \cdots\}$ 是平稳序列，其协方差函数为$\gamma(\tau)$，则 X 的均值具有遍历性的充分必要条件是

$$\lim_{N\to\infty}\frac{1}{N}\sum_{\tau=0}^{N-1}\gamma(\tau)=0$$

(2) 设 $X=\{X_t,\ -\infty<t<\infty\}$ 是平稳过程，其协方差函数为 $\gamma(\tau)$，则 X 的均值具有遍历性的充分必要条件是

$$\lim_{T\to\infty}\frac{1}{T}\int_0^{2T}\left(1-\frac{\tau}{2T}\right)\gamma(\tau)\mathrm{d}\tau=0$$

证明　由于证明的思路相同，这里只证明连续时间的均值遍历性定理。

首先，计算 $\overline{X}$ 的均值和方差。记

$$\overline{X}_T=\frac{1}{2T}\int_{-T}^{T}X(t)\mathrm{d}t$$

则有

$$E(\overline{X})=E(\lim_{T\to\infty}\overline{X}_T)=\lim_{T\to\infty}E(\overline{X}_T)=\lim_{T\to\infty}\frac{1}{2T}\int_{-T}^{T}E[X(t)]\mathrm{d}t=\mu$$

进而

$$\begin{aligned}
Var(\overline{X})&=E\{[\overline{X}-E(\overline{X})]^2\}\\
&=E\left\{\lim_{T\to\infty}\left[\frac{1}{2T}\int_{-T}^{T}(X(t)-\mu)\mathrm{d}t\right]^2\right\}\\
&=\lim_{T\to\infty}\frac{1}{4T^2}E\left\{\int_{-T}^{T}[X(t)-\mu]\mathrm{d}t\right\}^2\\
&=\lim_{T\to\infty}\frac{1}{4T^2}\int_{-T}^{T}\int_{-T}^{T}E\{[X(t)-\mu][X(s)-\mu]\}\mathrm{d}t\mathrm{d}s\\
&=\lim_{T\to\infty}\frac{1}{4T^2}\int_{-T}^{T}\int_{-T}^{T}\gamma(t-s)\mathrm{d}t\mathrm{d}s
\end{aligned} \tag{2.3.8}$$

在上述积分中，做变换

$$\begin{cases}\tau=t-s\\ v=t+s\end{cases}$$

则变换的 Jacobi 行列式值为：

$$J=\begin{vmatrix}1&-1\\1&1\end{vmatrix}^{-1}=\frac{1}{2}$$

积分区域变换为顶点分别在 τ 轴和 v 轴上的菱形区域 D：$-2T\leqslant\tau\pm v\leqslant 2T$。由于 $\gamma(\tau)$ 是偶函数，故式（2.3.8）等于

$$\begin{aligned}\lim_{T\to\infty}\frac{1}{4T^2}\cdot\frac{1}{2}\iint_D\gamma(\tau)\mathrm{d}\tau\mathrm{d}v &= \lim_{T\to\infty}\frac{1}{8T^2}\int_{-2T}^{2T}\gamma(\tau)\mathrm{d}\tau\int_{-(2T-|\tau|)}^{2T-|\tau|}\mathrm{d}v\\ &= \lim_{T\to\infty}\frac{1}{4T^2}\int_{-2T}^{2T}\gamma(\tau)(2T-|\tau|)\mathrm{d}\tau\\ &= \lim_{T\to\infty}\frac{1}{2T^2}\int_{0}^{2T}\gamma(\tau)(2T-\tau)\mathrm{d}\tau\\ &= \lim_{T\to\infty}\frac{1}{T}\int_{0}^{2T}\gamma(\tau)\left(1-\frac{\tau}{2T}\right)\mathrm{d}\tau \qquad (2.3.9)\end{aligned}$$

关于均值的遍历性定理就化为上式极限是否趋于零的问题。由均方收敛的定义知这确实是等价的，定理结论得证。

由此定理可以推出一些判断平稳过程的均值有遍历性的充分条件。

推论 2.3.1 若 $\int_{-\infty}^{\infty}|\gamma(\tau)|\mathrm{d}\tau<\infty$，则均值遍历性定理成立。

证明 由于当 $0\leqslant\tau\leqslant 2T$ 时，$\left|\left(1-\frac{\tau}{2T}\right)\gamma(\tau)\right|\leqslant|\gamma(\tau)|$，因此

$$\begin{aligned}\frac{1}{T}\left|\int_0^{2T}\left(1-\frac{\tau}{2T}\right)\gamma(\tau)\mathrm{d}\tau\right| &\leqslant \frac{1}{T}\int_0^{2T}|\gamma(\tau)|\mathrm{d}\tau\\ &\leqslant \frac{1}{T}\int_0^{\infty}|\gamma(\tau)|\mathrm{d}\tau\to 0\end{aligned}$$

推论 2.3.2 对于平稳序列而言，若 $\gamma(\tau)\to 0(\tau\to\infty)$，则均值遍历性定理成立。

证明 因为当 $\tau\to\infty$ 时，$\gamma(\tau)\to 0$，故由 Stolz 定理知

$$\lim_{N\to\infty}\frac{1}{N}\sum_{\tau=0}^{N-1}\gamma(\tau)=\lim_{N\to\infty}\gamma(N-1)=0$$

从而序列的均值有遍历性。

对于平稳过程 $\{X(t),t\in T\}$ 的协方差函数 $\gamma(\tau)$ 的遍历性定理，可以考虑随机过程 $\{Y_\tau(t),-\infty<t<\infty\}$，其中

$$Y_\tau(t)=[X(t+\tau)-\mu][X(t)-\mu]$$

则 $E[Y_\tau(t)]=\gamma(\tau)$。由定理证明过程可见，均值具有遍历性等价于 $Var(\overline{X})=0$。因此可以类推协方差函数 $\gamma(\tau)$ 具有遍历性等价于 $Var[\overline{\gamma}(\tau)]=0$。于是有下面的定理。

定理 2.3.2 协方差函数遍历性定理

设 $X=\{X_t,-\infty<t<\infty\}$ 是平稳过程，其均值函数为零，则协方差函数具有遍历性的充分必要条件是：

$$\lim_{T\to\infty}\frac{1}{T}\int_0^{2T}\left(1-\frac{\tau_1}{2T}\right)[B(\tau_1)-\gamma^2(\tau)]\mathrm{d}\tau_1=0$$

其中

$$B(\tau_1)=E[X(t+\tau+\tau_1)X(t+\tau_1)X(t+\tau)X(t)]$$

例 2.3.3

设 $X(t)=a\cos(wt+\theta)$，$\theta\sim U(0,2\pi)$，$w\neq 0$，则 $X=\{X_t,-\infty<t<\infty\}$ 的均值有遍历性。

证明 首先其均值函数为：

$$E[X(t)]=\frac{1}{2\pi}\int_0^{2\pi}a\cos(w\,t+\theta)\mathrm{d}\theta=0$$

其协方差函数为：

$$\begin{aligned}E[X(t+\tau)X(t)]&=E\{a^2\cos[\omega(t+\tau)+\theta]\cos(\omega\,t+\theta)\}\\&=\frac{a^2}{2\pi}\int_0^{2\pi}\cos[(t+\tau)\omega+\theta]\cos(t\omega+\theta)\mathrm{d}\theta\\&=\frac{a^2}{4\pi}\int_0^{2\pi}\{\cos[(2t+\tau)\omega+2\theta]+\cos\tau\omega\}\mathrm{d}\theta\\&=\frac{a^2}{2}\cos\tau\omega\end{aligned}$$

所以 X 是平稳过程。由于

$$\begin{aligned}\frac{1}{T}\int_0^{2T}\left(1-\frac{\tau}{2T}\right)\gamma(\tau)\mathrm{d}\tau&=\frac{a^2}{2T}\int_0^{2T}\left(1-\frac{\tau}{2T}\right)\cos\omega\tau\,\mathrm{d}\tau\\&=\frac{a^2}{2T}\cdot\frac{\sin 2T\omega}{\omega}-\frac{a^2}{4T^2}\int_0^{2T}\tau\cos\omega\tau\,\mathrm{d}\tau\end{aligned}\tag{2.3.10}$$

由积分第二中值定理可知，存在 $\xi\in(0,2T)$，使得

$$\left|\int_0^{2T}\tau\cos\omega\tau\,\mathrm{d}\tau\right|=\left|2T\int_\xi^{2T}\cos\omega\tau\,\mathrm{d}\tau\right|\leqslant\frac{4T}{\omega}$$

将上式代入式（2.3.10)，再令 $T\to\infty$，得

$$\frac{1}{T}\int_0^{2T}\left(1-\frac{\tau}{2T}\right)\gamma(\tau)\mathrm{d}\tau\to 0$$

故由定理 2.3.1 可知，均值遍历性成立。

关于平稳过程的进一步探讨，详见参考文献［32］和［16］。关于平稳序列，在时间序列课程中有比较详细的讨论。

2.3.2 独立增量过程

虽然 $X(t)$ 之间常常不是相互独立的，但人们发现许多过程的增量是相互独立的，我们称之为独立增量过程。

定义 2.3.4 如果对任意 t_1，t_2，…，$t_n\in T$，$t_1<t_2<\cdots<t_n$，随机变量 $X(t_2)-X(t_1)$，$X(t_3)-X(t_2)$，…，$X(t_n)-X(t_{n-1})$ 是相互独立的，则称 $\{X(t),t\in T\}$ 是独立

增量过程。

如果对任意 t_1，t_2，有 $X(t_1+h)-X(t_1)\overset{d}{=}X(t_2+h)-X(t_2)$，则称$\{X(t),t\in T\}$是平稳增量过程。

兼有独立增量和平稳增量的过程称为平稳独立增量过程。

假设随机过程 $X(t)$ 的特征函数为 $\psi_{X(t)}(a)=E[e^{iaX(t)}]$，有如下定理。

定理 2.3.3 设 $\{X(t),t\geqslant 0\}$ 是一个独立增量过程，则 $X(t)$ 具有平稳增量的充分必要条件为：其特征函数具有可乘性，即

$$\psi_{X(t+s)}(a)=\psi_{X(t)}(a)\psi_{X(s)}(a) \tag{2.3.11}$$

证明 必要性显然，下证充分性。

由独立增量性，有

$$\begin{aligned}\psi_{X(t)}(a)\psi_{X(s)}(a)&=\psi_{X(t+s)}(a)\\&=E[e^{iaX(t+s)}]\\&=E\{e^{ia[X(t+s)-X(s)]}\}E[e^{iaX(s)}]\\&=E\{e^{ia[X(t+s)-X(s)]}\}\psi_{X(s)}(a)\end{aligned}$$

由此可得

$$E\{e^{ia[X(t+s)-X(s)]}\}=\psi_{X(t)}(a)=E[e^{iaX(t)}]$$

即该过程具有平稳的增量。

不难证明，平稳独立增量过程的均值函数一定是时间 t 的线性函数。本书后面将要介绍的 Poisson 过程和 Brown 运动都是这类过程。这两类过程是随机过程理论中的两个最重要的基石。

另外，重要的相依类型还有 Markov 过程（链）、更新过程和鞅等。Markov 过程是随机过程的中心课题之一，当然成为本教材的一部分；更新过程是运筹学、排队论等管理学科中的重要工具；而鞅是近代随机过程理论中的重要概念，同时在经济学特别是金融学中有广泛的应用，我们将在后面的章节中一一讨论。还应当指出的是，这里关于过程的分类不是绝对的，一个具体的过程可以同时属于上述多种类型。比如 Poisson 过程既具有独立增量又有平稳增量，它既是连续时间的 Markov 链又是一类特殊的更新过程。参数为 λ 的 Poisson 过程减去其均值函数是一个鞅。在后面的讨论中，读者不难理解这一点。

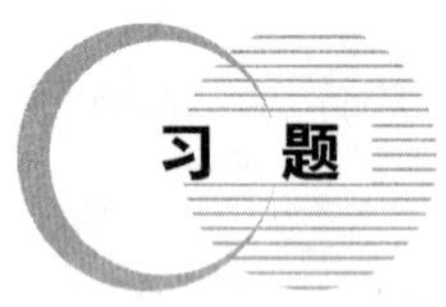

习 题

2.1 设 $\{X(t),t\in T\}$ 是一个二阶矩过程。试证它是宽平稳的，当且仅当$E[X(s)]$与$E[X(s)X(s+t)]$ 都不依赖于 s。

2.2 设 $X(t)=Z_1\cos\lambda t+Z_2\sin\lambda t$，其中 Z_1，Z_2 是独立同分布的随机变量，服从均值为 0，方差为 σ^2 的正态分布，λ 为实数。求过程 $\{X(t),t\in T\}$ 的均值函数和方差函数，并讨论它的宽平稳性。

2.3　若 Z_0，Z_1，…是独立同分布随机变量，定义 $X_n=Z_0+Z_1+\cdots+Z_n$，试证 $\{X_n,n=0,1,\cdots\}$ 是平稳独立增量过程。

2.4　给定一个随机过程 $\{X(t),t\in T\}$ 和任意实数 x，定义另一个随机过程 $\{Y(t),t\in T\}$，其中 $Y(t)=\begin{cases}1, & X(t)\leqslant x\\ 0, & X(t)>x\end{cases}$。试证 $\{Y(t),t\in T\}$ 的均值函数和自相关函数分别为 $\{X(t),t\in T\}$ 的一维和二维分布函数。

2.5　已知随机过程 $\{X(t),t\in T\}$ 的均值函数 $\mu_X(t)$ 和协方差函数 $\gamma_X(t_1,t_2)$，设 $\phi(t)$是一个非随机函数，试求随机过程 $\{Y(t)=X(t)+\phi(t)\}$ 的均值函数和协方差函数。

2.6　设 $X(t)=\sin Ut$，这里 U 是服从 $(0,2\pi)$ 上均匀分布的随机变量，证明 $\{X(t),t=1,2,\cdots\}$ 是宽平稳序列，而 $\{X(t),t\geqslant 0\}$ 不是宽平稳过程。

2.7　从 $t=0$ 开始每隔 0.5 秒去掷一次硬币（均匀的），对每一个去掷的时刻 t，规定随机变量 $X(t)=\begin{cases}\cos\pi t, & \text{当时刻 } t \text{ 掷出正面}\\ 2t, & \text{当时刻 } t \text{ 掷出反面}\end{cases}$

试求 (1) $F\left(\frac{1}{2};x_1\right)$，$F(t;x_1)$；(2) $F\left(\frac{1}{2},1;x_1,x_2\right)$。

2.8　袋中放有 1 个白球和 2 个红球，每隔单位时间从袋中任取一球，然后放回，对每一个确定的 t 对应随机变量 $X(t)=\begin{cases}\frac{t}{3}, & \text{如果 } t \text{ 时取得红球}\\ e^t, & \text{如果 } t \text{ 时取得白球}\end{cases}$

试求这个随机过程的一维分布函数族。

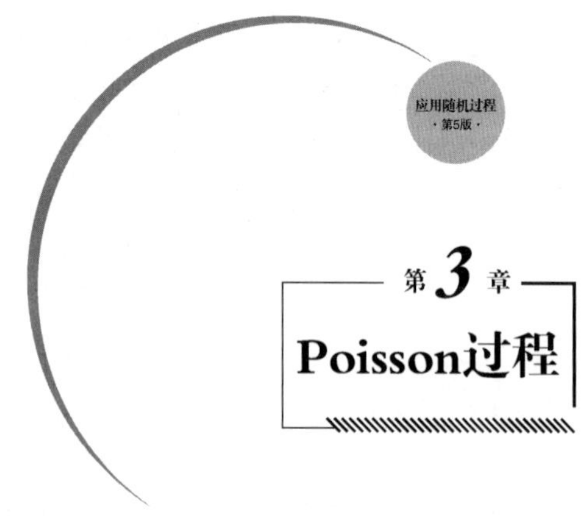

3.1 Poisson 过程

Poisson 过程是一类重要的计数过程。先给出计数过程的定义。

定义 3.1.1 随机过程 $\{N(t),t\geqslant 0\}$ 称为计数过程，如果 $N(t)$ 表示从 0 到 t 时刻某一特定事件 A 发生的次数，它具备以下两个特点：

(1) $N(t)\geqslant 0$ 且取值为整数；

(2) 当 $s<t$ 时，$N(s)\leqslant N(t)$，且 $N(t)-N(s)$ 表示 $(s,t]$ 时间内事件 A 发生的次数。

计数过程在实际中有广泛的应用，只要我们对所观察的事件出现的次数感兴趣，就可以使用计数过程来描述。比如，考虑一段时间内到某商店购物的顾客数或某超市中等待结账的顾客数，经过某一路口的汽车数量，某地区一段时间内某年龄段的死亡人数、新出生人数，保险公司接到的索赔次数等，都可以用计数过程作为模型加以研究。

第 2 章中定义的独立增量和平稳增量是某些计数过程具有的主要性质。

Poisson 过程是具有独立增量和平稳增量的计数过程，它的定义如下。

定义 3.1.2 计数过程 $\{N(t),t\geqslant 0\}$ 称为参数为 λ $(\lambda>0)$ 的 Poisson 过程，如果

(1) $N(0)=0$；

(2) 过程有独立增量；

(3) 在任一长度为 t 的时间区间中事件发生的次数服从均值为 λt 的 Poisson 分布，即对一切 $s\geqslant 0$，$t>0$，有

$$P\{N(t+s)-N(s)=n\}=\mathrm{e}^{-\lambda t}\frac{(\lambda t)^n}{n!},\quad n=0,1,2,\cdots \tag{3.1.1}$$

从定义 3.1.2（3）中易见，$N(t+s)-N(s)$ 的分布不依赖于 s，所以该式蕴涵了过程的平稳增量性。另外，由 Poisson 分布的性质知道，$E[N(t)]=\lambda t$，于是可认为 λ 是单位时间内发生的事件的平均次数，一般称 λ 是 Poisson 过程的强度或速率，在有些著作中它还称为“发生率”（这取决于我们在定义 Poisson 过程时称事件为“发生”或“来到”，并无实质区别）。在前面提到的计数过程的例子中，有很多就可以用 Poisson 过程来考虑，我们来看几个更具体的例子。

例 3.1.1

（Poisson 过程在排队论中的应用）研究随机服务系统中的排队现象时，经常用到 Poisson 过程模型。例如，到达电话总机的呼叫数目，到达某服务设施（商场、车站、购票处等）的顾客数，都可以用 Poisson 过程来描述。以某火车站售票处为例，设从早上 8：00 开始，此售票处连续售票，乘客以 10 人/小时的平均速率到达，则9：00～10：00这 1 小时内最多有 5 名乘客来此购票的概率是多少？10：00～11：00 没有人来买票的概率是多少？

解 我们用一个 Poisson 过程来描述。设 8：00 为时刻 0，则 9：00 为时刻 1，参数 $\lambda=10$。由式（3.1.1）知

$$P\{N(2)-N(1)\leqslant 5\}=\sum_{n=0}^{5}\mathrm{e}^{-10}\frac{10^n}{n!}$$

$$P\{N(3)-N(2)=0\}=\mathrm{e}^{-10}\frac{(10)^0}{0!}=\mathrm{e}^{-10}$$

例 3.1.2

（事故发生次数及保险公司接到的索赔数）若以 $N(t)$ 表示某公路交叉口、矿山、工厂等场所在 $(0,t]$ 时间内发生不幸事故的数目，则 Poisson 过程就是 $\{N(t),\ t\geqslant 0\}$ 的一种很好的近似。例如，保险公司接到赔偿请求的次数（设一次事故就导致一次索赔）、向“3·15”的投诉（设商品出现质量问题为事故）等都可以应用 Poisson 过程模型。我们考虑一种最简单的情况，设保险公司每次的赔付都是 1，每月平均接到索赔要求 4 次，则一年中它要支付的金额平均为多少？

解 设一年开始为时刻 0，1 月末为时刻 1，2 月末为时刻 2，…，年末为时刻 12，则有

$$P\{N(12)-N(0)=n\}=\frac{(4\times 12)^n}{n!}\mathrm{e}^{-4\times 12}$$

均值

$$E[N(12)-N(0)]=4\times 12=48$$

为什么实际中有这么多的现象可以用 Poisson 过程来反映呢？其根据是小概率事件原理。我们在对概率论的学习中已经知道，Bernoulli 试验中每次试验成功的概率很小，而试验的次数很多时，二项分布会逼近 Poisson 分布。这一想法很自然地推广到随机过程的情况。比如上面提到的事故发生的例子，在很短的时间内发生事故的概率是很小的，但假如

考虑很多个这样很短的时间的连接，事故的发生将会有一个大致稳定的速率，这很类似于 Bernoulli 试验以及二项分布逼近 Poisson 分布时的假定，我们把这些性质具体写出来。

设 $\{N(t),t\geqslant 0\}$ 是一个计数过程，它满足

(1)′$N(0)=0$；

(2)′过程有平稳独立增量；

(3)′存在$\lambda>0$，当 $h\downarrow 0$ 时，有

$$P\{N(t+h)-N(t)=1\}=\lambda h+o(h) \tag{3.1.2}$$

(4)′当 $h\downarrow 0$ 时，有

$$P\{N(t+h)-N(t)\geqslant 2\}=o(h) \tag{3.1.3}$$

可以证明，这四个条件与定义 3.1.2 是等价的，但在证明之前，先来粗略地说明一下。

首先，我们把 $[0,t]$ 划分为 n 个相等的时间区间，则由条件（4）′可知，当$n\to\infty$时，在每个小区间内事件发生两次或两次以上的概率趋于 0，因此事件发生一次的概率 $p\approx\lambda\dfrac{t}{n}$（显然 p 会很小），事件不发生的概率为 $1-p\approx 1-\lambda\dfrac{t}{n}$，这恰好是一次 Bernoulli 试验。其中事件发生一次即为试验成功，不发生即为失败。再由条件（2）′给出的平稳独立增量性，$N(t)$ 就相当于 n 重 Bernoulli 试验中试验成功的总次数，由 Poisson 分布的二项分布逼近可知 $N(t)$ 将服从参数为 λt 的 Poisson 分布（定义 3.1.2（3））。

下面我们给出严格的数学证明。

定理 3.1.1 满足上述条件（1）′～（4）′的计数过程 $\{N(t),t\geqslant 0\}$ 是 Poisson 过程，反过来 Poisson 过程一定满足这四个条件。

证明 设计数过程 $\{N(t),t\geqslant 0\}$ 满足条件（1）′～（4）′，要证明它是 Poisson 过程，只需验证 $N(t)$ 服从参数为 λt 的 Poisson 分布。

记

$$\begin{aligned}
P_n(t)&=P\{N(t)=n\},\quad n=0,1,2,\cdots\\
P(h)&=P\{N(h)\geqslant 1\}\\
&=P_1(h)+P_2(h)+\cdots\\
&=1-P_0(h)
\end{aligned}$$

则

$$\begin{aligned}
P_0(t+h)&=P\{N(t+h)=0\}\\
&=P\{N(t+h)-N(t)=0,N(t)=0\}\\
&=P\{N(t)=0\}P\{N(t+h)-N(t)=0\}\text{（独立增量性）}\\
&=P_0(t)P_0(h)\\
&=P_0(t)(1-\lambda h+o(h))\quad\text{（由条件(3)}',\text{(4)}'\text{得出）}
\end{aligned}$$

因此

$$\frac{P_0(t+h)-P_0(t)}{h}=-\lambda P_0(t)+\frac{o(h)}{h}$$

令 $h\to 0$，得

$$P'_0(t)=-\lambda P_0(t)$$

解此微分方程，得

$$P_0(t)=K\mathrm{e}^{-\lambda t}$$

式中，K 为常数。由 $P_0(0)=P\{N(0)=0\}=1$ 得 $K=1$，故

$$P_0(t)=\mathrm{e}^{-\lambda t}$$

同理，当 $n\geqslant 1$ 时，有

$$\begin{aligned}P_n(t+h)&=P\{N(t+h)=n\}\\&=P\{N(t)=n,N(t+h)-N(t)=0\}\\&\quad+P\{N(t)=n-1,N(t+h)-N(t)=1\}\\&\quad+P\{N(t+h)=n,N(t+h)-N(t)\geqslant 2\}\\&=P_n(t)P_0(h)+P_{n-1}(t)P_1(h)+o(h)\\&=(1-\lambda h)P_n(t)+\lambda hP_{n-1}(t)+o(h)\end{aligned}$$

于是

$$\frac{P_n(t+h)-P_n(t)}{h}=-\lambda P_n(t)+\lambda P_{n-1}(t)+\frac{o(h)}{h}$$

令 $h\to 0$，得

$$P'_n(t)=-\lambda P_n(t)+\lambda P_{n-1}(t)$$

利用归纳法可以解得

$$P_n(t)=\mathrm{e}^{-\lambda t}\frac{(\lambda t)^n}{n!}=P\{N(t)=n\}$$

反过来，证明 Poisson 过程满足条件（1）$'$～（4）$'$，只需验证条件（3）$'$，（4）$'$成立，由定义 3.1.2（3）可得

$$\begin{aligned}P\{N(t+h)-N(t)=1\}&=P\{N(h)-N(0)=1\}\\&=\mathrm{e}^{-\lambda h}\frac{\lambda h}{1!}=\lambda h\sum_{n=0}^{\infty}\frac{(\lambda h)^n}{n!}\\&=\lambda h[1-\lambda h+o(h)]\end{aligned}$$

$$= \lambda h + o(h) \tag{3.1.4}$$

$$\begin{aligned} P\{N(t+h)-N(t)\geqslant 2\} &= P\{N(h)-N(0)\geqslant 2\} \\ &= \sum_{n=2}^{\infty} \mathrm{e}^{-\lambda h}\frac{(\lambda h)^n}{n!} \\ &= o(h) \end{aligned}$$

条件（1）′～（4）′一般也作为 Poisson 过程的定义，与定义 3.1.2 相比，它更容易应用到实际问题中，作为判定某一现象能否用 Poisson 过程来刻画的依据。而我们是很难验证定义 3.1.2（3）这一 Poisson 分布的条件的（有时可以通过记录下不同时刻的 $N(t)$，来与很多不同参数的 Poisson 分布比较，但这是非常麻烦的事），但定义 3.1.2 在理论研究中是很有用的。

例 3.1.3

事件 A 的发生形成强度为 λ 的 Poisson 过程 $\{N(t),t\geqslant 0\}$，如果每次事件发生时能够以概率 p 被记录下来，并以 $M(t)$ 表示到时刻 t 被记录下来的事件总数，则 $\{M(t),t\geqslant 0\}$ 是一个强度为 λp 的 Poisson 过程。

证明 事实上，由于每次事件发生时，对它的记录和不记录都与其他的事件能否被记录独立，而且事件发生服从 Poisson 分布，所以 $M(t)$ 也具有平稳独立增量，故只需验证 $M(t)$ 服从均值为 λpt 的 Poisson 分布。

$$\begin{aligned} P\{M(t)=m\} &= \sum_{n=0}^{\infty} P\{M(t)=m \mid N(t)=m+n\}\cdot P\{N(t)=m+n\} \\ &= \sum_{n=0}^{\infty} \mathrm{C}_{m+n}^{m} p^m (1-p)^n \cdot \frac{(\lambda t)^{m+n}}{(m+n)!}\mathrm{e}^{-\lambda t} \\ &= \mathrm{e}^{-\lambda t}\sum_{n=0}^{\infty}\frac{(\lambda pt)^m[\lambda(1-p)t]^n}{m!n!} \\ &= \mathrm{e}^{-\lambda t}\frac{(\lambda pt)^m}{m!}\sum_{n=0}^{\infty}\frac{[\lambda(1-p)t]^n}{n!} = \mathrm{e}^{-\lambda pt}\frac{(\lambda pt)^m}{m!} \end{aligned}$$

结论得证。

例 3.1.4

若每条蚕的产卵数服从 Poisson 分布，强度为 λ，而每个卵变为成虫的概率为 p，且每个卵是否变为成虫彼此间没有关系，求在时间 $[0,t]$ 内每条蚕养活 k 只小蚕的概率。

解 由上例我们立即知道小蚕数服从强度为 λp 的 Poisson 分布，故所求概率为：

$$\frac{(\lambda pt)^k}{k!}\mathrm{e}^{-\lambda pt}$$

例 3.1.5

观察资料表明，天空中星体数服从 Poisson 分布，其参数为 λV，这里 V 是被观察区域的体积。若每个星球上有生命存在的概率为 p，则在体积为 V 的宇宙空间中有生命存在的星球数服从参数为 λpV 的 Poisson 分布。

3.2 与 Poisson 过程相联系的若干分布

首先给出 Poisson 过程的有关记号，如图 3-1 所示，Poisson 过程 $\{N(t),t\geqslant 0\}$ 的一条样本路径一般是跳跃度为 1 的阶梯函数。

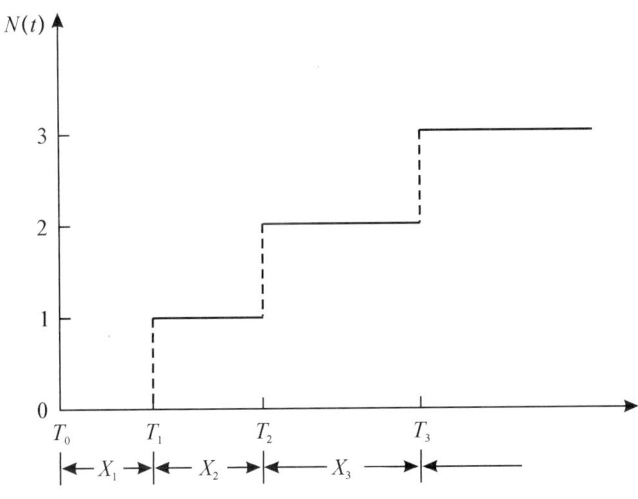

图 3-1 Poisson 过程的样本路径

T_n 表示第 n 次（$n=1$，2，…）事件发生的时刻，规定 $T_0=0$。X_n 表示第 n 次与第 $n-1$ 次事件发生的时间间隔。

3.2.1 X_n 和 T_n 的分布

定理 3.2.1 X_n（$n=1$，2，…）服从参数为 λ 的指数分布，且相互独立。

证明 首先考虑 X_1 的分布，注意到事件 $\{X_1>t\}$ 等价于事件 $\{N(t)=0\}$，即 $(0,t]$ 时间内没有事件发生。因此

$$P\{X_1>t\}=P\{N(t)=0\}=\mathrm{e}^{-\lambda t}$$

从而

$$P\{X_1\leqslant t\}=1-\mathrm{e}^{-\lambda t}$$

再来看 X_2：

$$\begin{aligned}P\{X_2>t\mid X_1=s\}&=P\{N(s+t)-N(s)=0\mid X_1=s\}\\&=P\{N(s+t)-N(s)=0\}\text{（独立增量性）}\\&=\mathrm{e}^{-\lambda t}\end{aligned}$$

所以 X_2 与 X_1 独立，且都服从参数为 λ 的指数分布。重复同样的推导，可得定理结论。

注：定理 3.2.1 的结果应该是预料之中的，由于 Poisson 过程有平稳独立增量，过程在任何时刻都“重新开始”，换言之这恰好就是“无记忆性”的体现，与指数分布的“无记忆性”是对应的。

定理 3.2.2 T_n $(n=1,2,\cdots)$ 服从参数为 n 和 λ 的 Γ 分布。

证明 由于 $T_n=\sum_{i=1}^{n}X_i$，由上述定理知道，X_i 是相互独立的且服从相同的指数分布，而指数分布是 Γ 分布的一种特殊情形（$n=1$）。由 Γ 分布的独立可加性，易得 T_n 服从参数为 n 和 λ 的 Γ 分布。

但我们在这里用另外一种方法导出。注意到

$$N(t)\geqslant n\Leftrightarrow T_n\leqslant t$$

即第 n 次事件发生在时刻 t 或之前相当于到时刻 t 已经发生的事件数目至少是 n，因此

$$P\{T_n\leqslant t\}=P\{N(t)\geqslant n\}=\sum_{j=n}^{\infty}\mathrm{e}^{-\lambda t}\frac{(\lambda t)^j}{j\,!}$$

对上式两端求导可得 T_n 的密度函数为：

$$\begin{aligned}f(t)&=-\sum_{j=n}^{\infty}\lambda\mathrm{e}^{-\lambda t}\frac{(\lambda t)^j}{j\,!}+\sum_{j=n}^{\infty}\lambda\mathrm{e}^{-\lambda t}\frac{(\lambda t)^{j-1}}{(j-1)\,!}\\&=\lambda\mathrm{e}^{-\lambda t}\frac{(\lambda t)^{n-1}}{(n-1)\,!}\\&=\frac{\lambda^n}{\Gamma(n)}t^{n-1}\mathrm{e}^{-\lambda t}\end{aligned}$$

定理 3.2.1 给出了 Poisson 过程的又一种定义方法。

定义 3.2.1 计数过程 $\{N(t),t\geqslant 0\}$ 是参数为 λ 的 Poisson 过程，如果每次事件发生的时间间隔 X_1，X_2，…相互独立，且服从同一参数为 λ 的指数分布。

定义 3.2.1 与前面定义 3.1.2 等价性的证明见书后参考文献［41］或［15］。

定义 3.2.1 提供了对 Poisson 过程进行计算机模拟的方便途径：只需产生 n 个同指数分布的随机数，将其作为 X_i $(i=1,2,\cdots)$，即可得到 Poisson 过程的一条样本路径。

例 3.2.1

设从早上 8：00 开始有无穷多的人排队等候服务，只有一名服务员，且每个人接受服务的时间是独立的并服从均值为 20 分钟的指数分布，则到中午 12：00 为止平均有多少人已经离去？已有 9 个人接受服务的概率是多少？

解 由所设条件可知，离去的人数 $\{N(t)\}$ 是强度为 3 的 Poisson 过程（这里以小时为单位）。设 8：00 为 0 时刻，则

$$P\{N(4)-N(0)=n\}=\mathrm{e}^{-12}\frac{12^n}{n\,!}$$

其均值为 12，即到 12：00 为止，离去的人平均是 12 名。而有 9 个人接受过服务的概率是

$$P\{N(4)=9\}=e^{-12}\frac{12^9}{9!}$$

例 3.2.2

假定某天文台观测到的流星数是一个 Poisson 过程，根据以往资料统计为每小时平均观察到 3 颗流星。试求上午 8：00～12：00 期间，该天文台没有观察到流星的概率。

解　设早晨 8 时为 0 时刻，以 $N(t)$ 表示 0 时到 t 时观测到的流星数，则 $\{N(t), t\geqslant 0\}$是强度为 3 的 Poisson 过程，且有

$$N(4)-N(0)\sim P(3\times 4)$$

故在上午 8：00—12：00 期间，该天文台没有观察到流星的概率为：

$$P\{N(4)-N(0)=0\}=e^{-12}$$

3.2.2　事件发生时刻的条件分布

假设到时刻 t，Poisson 过程描述的事件 A 已经发生了 n 次，我们现在来考虑这 n 次事件发生的时刻 T_1，T_2，…，T_n 的联合分布。首先，简化这个问题，考虑 $n=1$ 时的情形，对于 $s\leqslant t$，有

$$\begin{aligned}P\{T_1\leqslant s\,|\,N(t)=1\}&=\frac{P\{T_1\leqslant s,N(t)=1\}}{P\{N(t)=1\}}\\&=\frac{P\{A\text{ 发生在 }s\text{ 时刻之前},(s,t]\text{内 }A\text{ 没有发生}\}}{P\{N(t)=1\}}\\&=\frac{P\{N(s)=1\}\cdot P\{N(t)-N(s)=0\}}{P\{N(t)=1\}}\\&=\frac{\lambda s e^{-\lambda s}\cdot e^{-\lambda(t-s)}}{\lambda t e^{-\lambda t}}\\&=\frac{s}{t}\end{aligned}\tag{3.2.1}$$

即在已知 $[0,t]$ 时间内 A 只发生一次的前提下，A 发生的时刻在 $[0,t]$ 上是均匀分布的。这一结果与我们的猜想相符，因为 Poisson 过程有平稳独立增量，事件 A 在 $[0,t]$ 的任何相同长度的子区间内发生的概率都是相等的。

现在考虑 $n\geqslant 2$ 的情况。

定理 3.2.3　在已知 $N(t)=n$ 的条件下，事件发生的 n 个时刻 T_1，T_2，…，T_n 的联合分布密度是

$$f(t_1,t_2,\cdots,t_n)=\frac{n!}{t^n},\quad 0<t_1<t_2<\cdots<t_n\tag{3.2.2}$$

证明　设 $0<t_1<t_2<\cdots<t_n<t_{n+1}=t$。取 h_i 充分小使得 $t_i+h_i<t_{i+1}$（$i=1$，2，…，n），则

$$
\begin{aligned}
&P\{t_i<T_i\leqslant t_i+h_i, i=1,2,\cdots,n \mid N(t)=n\}\\
&=\frac{P\{N(t_i+h_i)-N(t_i)=1, N(t_{i+1})-N(t_i+h_i)=0, 1\leqslant i\leqslant n, N(t_1)=0\}}{P\{N(t)=n\}}\\
&=\frac{\lambda h_1 \mathrm{e}^{-\lambda h_1}\cdots\lambda h_n \mathrm{e}^{-\lambda h_n}\mathrm{e}^{-\lambda(t-h_1-h_2-\cdots-h_n)}}{\mathrm{e}^{-\lambda t}(\lambda t)^n/n!}\\
&=\frac{n!}{t^n}h_1h_2\cdots h_n
\end{aligned}
$$

故按定义，给定 $N(t)=n$ 时，$(T_1, T_2, \cdots, T_n)$ 的 n 维条件分布密度

$$
\begin{aligned}
f(t_1,t_2,\cdots,t_n)&=\lim_{\substack{h_i\to 0\\ 1\leqslant i\leqslant n}}\frac{P\{t_i<T_i\leqslant t_i+h_i, 1\leqslant i\leqslant n \mid N(t)=n\}}{h_1h_2\cdots h_n}\\
&=\frac{n!}{t^n},\quad 0<t_1<t_2<\cdots<t_n
\end{aligned}
\tag{3.2.3}
$$

由概率论的知识我们知道，式 (3.2.3) 恰好是 $[0,t]$ 区间上服从均匀分布的 n 个相互独立随机变量 Y_1，Y_2，$\cdots$，Y_n 的顺序统计量 $Y_{(1)}$，$Y_{(2)}$，$\cdots$，$Y_{(n)}$ 的联合分布（见参考文献 [48]）。所以直观上，在已知 $[0,t]$ 内发生了 n 次事件的前提下，各次事件发生的时刻 T_1，T_2，$\cdots$，T_n（不排序）可看作相互独立的随机变量，且都服从 $[0,t]$ 上的均匀分布。

例 3.2.3

乘客按照强度为 λ 的 Poisson 过程来到某火车站，火车在时刻 t 启程，计算在 $(0,t]$ 内到达的乘客等待时间的总和的期望值。即要求 $E\left[\sum_{i=1}^{N(t)}(t-T_i)\right]$，其中 T_i 是第 i 个乘客来到的时刻。

解 在 $N(t)$ 给定的条件下，取条件期望

$$
\begin{aligned}
E\left[\sum_{i=1}^{N(t)}(t-T_i) \mid N(t)=n\right]&=E\left[\sum_{i=1}^{n}(t-T_i) \mid N(t)=n\right]\\
&=nt-E\left[\sum_{i=1}^{n}T_i \mid N(t)=n\right]
\end{aligned}
$$

由定理 3.2.3，记 U_1，U_2，$\cdots$，U_n 为 n 个独立的服从 $(0,t]$ 上均匀分布的随机变量，有

$$
E\left[\sum_{i=1}^{n}T_i \mid N(t)=n\right]=E\left(\sum_{i=1}^{n}U_i\right)=\frac{nt}{2}
$$

则

$$
E\left[\sum_{i=1}^{n}(t-T_i) \mid N(t)=n\right]=nt-\frac{nt}{2}=\frac{nt}{2}
$$

所以

$$
E\left[\sum_{i=1}^{N(t)}(t-T_i)\right]=E\left\{E\left[\sum_{i=1}^{N(t)}(t-T_i) \mid N(t)\right]\right\}
$$

$$= \frac{t}{2}E[N(t)] = \frac{\lambda t^2}{2}$$

例 3.2.4

考虑例 3.1.3 中每次事件发生时被记录到的概率随时间发生变化时的情况，设事件 A 在 s 时刻发生被记录到的概率是 $P(s)$，若以 $M(t)$ 表示到 t 时刻记录的事件数，那么它还是 Poisson 过程吗？试给出 $M(t)$ 的分布。

解　很容易看出 $M(t)$ 已不能形成一个 Poisson 过程，因为虽然它仍然具有独立增量性，但由于 $P(s)$ 的影响，它已不再有平稳增量性。但可以证明，对 $\forall t$，$M(t)$ 依然是 Poisson 分布，参数与 t 和 $P(s)$ 有关。实际上，$M(t)$ 的均值为 λtp，其中

$$p = \frac{1}{t}\int_0^t P(s)\mathrm{d}s$$

事实上，若在 $N(t)$ 给定的条件下，取条件期望，则有

$$\begin{aligned}
&P\{M(t)=m\}\\
&= \sum_{k=0}^{\infty} P\{M(t)=m \mid N(t)=m+k\}P\{N(t)=m+k\}\\
&= \sum_{k=0}^{\infty} P\{\text{已知}[0,t]\text{中发生了 } m+k \text{ 次事件,只有 } m \text{ 件被记录}\}\\
&\quad \times P\{N(t)=m+k\}
\end{aligned}$$

由于每次事件是否被记录是独立的，所以上式中 $P[M(t)=m \mid N(t)=m+k]$ 可以看作在 $m+k$ 次独立试验中有 m 次成功（被记录）和 k 次失败（不被记录）的概率，故

$$P\{M(t)=m \mid N(t)=m+k\} = \binom{m+k}{m} p^m (1-p)^k$$

其中 p 是每次试验成功的概率。由定理 3.2.3，并且已知事件的发生和被记录是独立的，因此

$$\begin{aligned}
p &= P\{\text{事件在}[0,t]\text{内发生且被记录}\}\\
&= \int_0^t P\{\text{事件在 } s \text{ 时刻发生且被记录}\}\mathrm{d}s\\
&= \int_0^t \frac{1}{t}P(s)\mathrm{d}s = \frac{1}{t}\int_0^t P(s)\mathrm{d}s
\end{aligned}$$

从而

$$\begin{aligned}
&\sum_{k=0}^{\infty} P\{M(t)=m \mid N(t)=m+k\}\cdot P\{N(t)=m+k\}\\
&= \sum_{k=0}^{\infty} \binom{m+k}{m} p^m (1-p)^k \frac{(\lambda t)^{m+k}}{(m+k)!}\mathrm{e}^{-\lambda t}\\
&= \sum_{k=0}^{\infty} \frac{(m+k)!}{m!k!} p^m (1-p)^k \frac{(\lambda t)^{m+k}}{(m+k)!}\mathrm{e}^{-\lambda t}
\end{aligned}$$

$$= \frac{(\lambda t p)^m}{m!} e^{-\lambda t} \sum_{k=0}^{\infty} \frac{(1-p)^k}{k!} (\lambda t)^k$$

$$= \frac{(\lambda t p)^m}{m!} e^{-\lambda p t}$$

故

$$P\{M(t)=m\} = \frac{(\lambda t p)^m}{m!} e^{-\lambda p t}, \quad m=0,1,2,\cdots$$

式中，$p = \frac{1}{t}\int_0^t P(s)\mathrm{d}s$。

3.3 Poisson 过程的推广

3.3.1 非齐次 Poisson 过程

当 Poisson 过程的强度 λ 不再是常数，而与时间 t 有关时，Poisson 过程被推广为非齐次 Poisson 过程。一般来说，非齐次 Poisson 过程是不具备平稳增量的（如例 3.2.4）。在实际中，非齐次 Poisson 过程也是比较常用的。例如在考虑设备的故障率时，由于设备使用年限的变化，出故障的可能性会随之变化；放射性物质的衰变速度会因各种外部条件的变化而不同；昆虫产卵的平均数量随年龄和季节而变化等。在这样的情况下，用齐次 Poisson 过程描述就不合适了，于是改用非齐次的 Poisson 过程处理。

定义 3.3.1 计数过程 $\{N(t),t\geqslant 0\}$ 称作强度函数为 $\lambda(t)$ $(\lambda(t)>0,t\geqslant 0)$ 的非齐次 Poisson 过程，如果

(1) $N(0)=0$；

(2) $\{N(t),t\geqslant 0\}$ 具有独立增量；

(3) $P\{N(t+h)-N(t)=1\}=\lambda(t)h+o(h)$；

(4) $P\{N(t+h)-N(t)\geqslant 2\}=o(h)$。

若令

$$m(t) = \int_0^t \lambda(s)\mathrm{d}s$$

类似于 Poisson 过程，非齐次 Poisson 过程有如下等价定义。

定义 3.3.2 计数过程 $\{N(t),t\geqslant 0\}$ 称为强度函数为 $\lambda(t)$ $(\lambda(t)>0,t\geqslant 0)$ 的非齐次 Poisson 过程，若

(1) $N(0)=0$；

(2) $\{N(t),t\geqslant 0\}$ 具有独立增量；

(3) 对任意实数 $t\geqslant 0$，$s>0$，$N(t+s)-N(t)$ 为具有参数 $m(t+s)-m(t)=\int_t^{t+s}\lambda(u)\mathrm{d}u$ 的

Poisson分布，称 $m(t)$ 为非齐次Poisson过程的均值函数（或累积强度函数）。

（二者等价性的证明见参考文献［32］。）

非齐次Poisson过程的重要性在于不再要求平稳增量性，从而允许事件在某些时刻发生的可能性比另外一些时刻大。

以下定理给出了Poisson过程与非齐次Poisson过程之间的转换关系，如图3-2所示。实际上，非齐次Poisson过程不过是“换了一个时钟来计时”的Poisson过程。

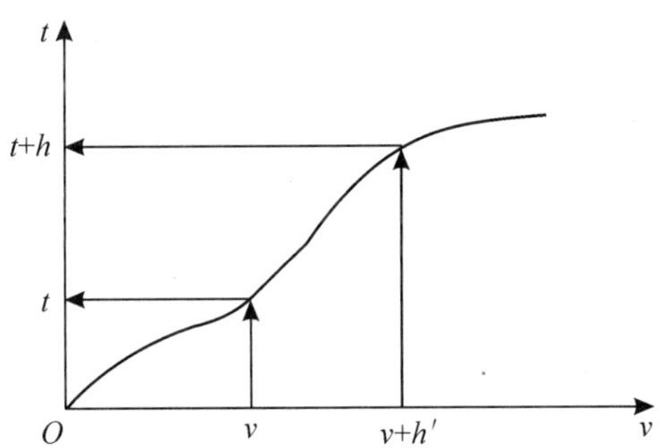

图3-2　非齐次Poisson过程到Poisson过程的时间变量的转换

定理3.3.1　设 $\{N(t),t\geqslant 0\}$ 是一个强度函数为 $\lambda(t)$ 的非齐次Poisson过程。对任意 $t\geqslant 0$，令 $N^*(t)=N[m^{-1}(t)]$，则 $\{N^*(t)\}$ 是一个强度为1的Poisson过程。

证明　首先，由 $\lambda(t)>0$ 知，$m(t)=\int_0^t\lambda(s)\mathrm{d}s>0$ 且单调递增，因此 $m^{-1}(t)$ 存在且单调递增。为证明定理，只需证明 $\{N^*(t),\ t\geqslant 0\}$ 满足3.1节中的条件 $(1)'\sim(4)'$，由 $N(t)$ 的相应性质易得 $(1)'$，$(2)'$，下面证明它满足 $(3)'$，$(4)'$。

记 $v(t)=m^{-1}(t)$，则 $N^*(t)=N[m^{-1}(t)]=N[v(t)]$。

设 $v=m^{-1}(t)$，$v+h'=m^{-1}(t+h)$，则由

$$h=m(v+h')-m(v)=\int_v^{v+h'}\lambda(s)\mathrm{d}s=\lambda(v)h'+o(h')$$

得

$$\begin{aligned}&\lim_{h\to 0^+}\frac{P\{N^*(t+h)-N^*(t)=1\}}{h}\\=&\lim_{h'\to 0^+}\frac{P\{N(v+h')-N(v)=1\}}{\lambda(v)h'+o(h')}\\=&\lim_{h'\to 0^+}\frac{\lambda(v)h'+o(h')}{\lambda(v)h'+o(h')}=1\end{aligned}$$

即

$$P\{N^*(t+h)-N^*(t)=1\}=h+o(h)$$

同理可得

$$P\{N^*(t+h)-N^*(t)\geqslant 2\}=o(h)$$

所以 $\{N^*(t),t\geqslant 0\}$ 是参数为 1 的 Poisson 过程。

注：用此定理可以将非齐次 Poisson 过程的问题简化到 Poisson 过程中进行讨论。也可以进行反方向操作，即从一个参数为 λ 的 Poisson 过程构造一个强度函数为 $\lambda(t)$ 的非齐次 Poisson 过程。

例 3.3.1

设某设备的使用期限为 10 年，在前 5 年内它平均 2.5 年需要维修一次，后 5 年平均 2 年需维修一次。试求它在使用期内只维修过一次的概率。

解 用非齐次 Poisson 过程考虑，强度函数

$$\lambda(t)=\begin{cases}\dfrac{1}{2.5}, & 0\leqslant t\leqslant 5\\ \dfrac{1}{2}, & 5<t\leqslant 10\end{cases}$$

$$m(10)=\int_0^{10}\lambda(t)\mathrm{d}t=\int_0^5\frac{1}{2.5}\mathrm{d}t+\int_5^{10}\frac{1}{2}\mathrm{d}t=4.5$$

因此

$$P[N(10)-N(0)=1]=\mathrm{e}^{-4.5}\frac{(4.5)^1}{1!}=\frac{9}{2}\mathrm{e}^{-\frac{9}{2}}$$

3.3.2 复合 Poisson 过程

定义 3.3.3 称随机过程 $\{X(t),t\geqslant 0\}$ 为复合 Poisson 过程，如果对于$t\geqslant 0$，它可以表示为：

$$X(t)=\sum_{i=1}^{N(t)}Y_i \tag{3.3.1}$$

式中，$\{N(t),t\geqslant 0\}$ 是一个 Poisson 过程；$\{Y_i,i=1,2,\cdots\}$ 是一族独立同分布的随机变量，并且与 $\{N(t),t\geqslant 0\}$ 独立。

容易看出，复合 Poisson 过程不一定是计数过程，但是当 $Y_i\equiv c$（$i=1,2,\cdots$；c 为常数）时，可转化为 Poisson 过程。

例 3.3.2

保险公司接到的索赔次数服从一个 Poisson 过程 $\{N(t),t\geqslant 0\}$，每次要求赔付的金额 Y_i 都相互独立，且有相同分布 F，每次的索赔数额与它发生的时刻无关，则 $[0,\ t]$ 时间内保险公司需要赔付的总金额 $\{X(t),t\geqslant 0\}$ 就是一个复合 Poisson 过程，其中

$$X(t)=\sum_{i=1}^{N(t)}Y_i$$

例 3.3.3

（顾客成批到达的排队系统）设顾客到达某服务系统的时刻 S_1，S_2，…形成一个强度为 λ 的 Poisson 过程，在每个时刻 S_n（$n=1,2,\cdots$），可以同时有多名顾客到达。Y_n 表示在时刻 S_n 到达的顾客人数，假定 Y_n（$n=1,2,\cdots$）相互独立，并且与 $\{S_n\}$ 也独立，则在 $[0,t]$ 时间内到达服务系统的顾客总人数可用一个复合 Poisson 过程来描述。

例 3.3.4

假定顾客按照参数为 λ 的 Poisson 过程进入一个商店，又假设各顾客所花费的金额形成一族独立同分布的随机变量。以 $X(t)$ 记到时间 t 为止顾客在此商店所花费的总额，易见 $\{X(t),t\geqslant 0\}$ 是一个复合 Poisson 过程。

定理 3.3.2 设 $\{X(t)=\sum_{i=1}^{N(t)}Y_i,t\geqslant 0\}$ 是一个复合 Poisson 过程，Poisson 过程 $\{N(t),t\geqslant 0\}$ 的强度为 λ，则

（1）$X(t)$ 有独立增量；

（2）若 $E(Y_i^2)<+\infty$，则

$$E[X(t)]=\lambda tE(Y_1),\quad Var[X(t)]=\lambda tE(Y_1^2) \tag{3.3.2}$$

证明 （1）令 $0\leqslant t_0<t_1<\cdots<t_n$，则

$$X(t_k)-X(t_{k-1})=\sum_{i=N(t_{k-1})+1}^{N(t_k)}Y_i,\quad k=1,2,\cdots,n$$

由 Poisson 过程的独立增量性及各 Y_i（$i=1,2,\cdots,n$）之间的独立性不难得出 $X(t)$ 的独立增量性。

（2）利用矩母函数方法，首先有

$$\begin{aligned}
\phi_{X(t)}(u)&=E[e^{uX(t)}]\\
&=\sum_{n=0}^{\infty}E[e^{uX(t)}\mid N(t)=n]P[N(t)=n]\\
&=\sum_{n=0}^{\infty}E[e^{u(Y_1+Y_2+\cdots+Y_n)}\mid N(t)=n]e^{-\lambda t}\frac{(\lambda t)^n}{n!}\\
&=\sum_{n=0}^{\infty}E[e^{u(Y_1+Y_2+\cdots+Y_n)}]e^{-\lambda t}\frac{(\lambda t)^n}{n!}\\
&=\sum_{n=0}^{\infty}E(e^{uY_1})E(e^{uY_2})\cdots E(e^{uY_n})e^{-\lambda t}\frac{(\lambda t)^n}{n!}\\
&=\sum_{n=0}^{\infty}[E(e^{uY_1})]^n e^{-\lambda t}\frac{(\lambda t)^n}{n!}\\
&=e^{\lambda t[E(e^{uY_1})-1]}
\end{aligned} \tag{3.3.3}$$

对式（3.3.3）求导，得

$$E[X(t)]=\lambda tE(Y_1)\text{及}Var[X(t)]=\lambda tE(Y_1^2)$$

例 3.3.5

在保险的索赔模型中，设索赔要求以平均每月两次的速率的 Poisson 过程到达保险公司。每次赔付服从均值为 10 000 元的正态分布，则一年中保险公司的平均赔付额是多少？

解 由定理 3.3.2 易得

$$E[X(12)]=2\times 12\times 10\,000=240\,000\text{（元）}$$

例 3.3.6

设顾客以每分钟 6 人的平均速率进入某商场，这一过程可以用 Poisson 过程来描述。又设进入该商场的每位顾客买东西的概率为 0.9，且每位顾客是否买东西互不影响，也与进入该商场的顾客数无关。求一天（12 小时）在该商场买东西的顾客数的均值。

解 以 $N_1(t)$ 表示在时间 $(0,t]$ 内进入该商场的顾客数，则 $\{N_1(t),t\geqslant 0\}$ 是速率为 $\lambda=6$（人/分钟）的 Poisson 过程。再以 $N_2(t)$ 表示在时间 $(0,t]$ 内在该商场买东西的顾客数，并设

$$Y_i=\begin{cases}1, & \text{如果第 } i \text{ 位顾客在该商场买东西}\\ 0, & \text{如果第 } i \text{ 位顾客在该商场未买东西}\end{cases}$$

则 Y_i 独立同分布于 $B(1,0.9)$，与 $\{N_1(t),t\geqslant 0\}$ 独立，且

$$N_2(t)=\sum_{i=1}^{N_1(t)}Y_i$$

由定理 3.3.2 易得一天（12 小时）在该商场买东西的平均顾客数为 $E[N_2(720)]=$ 3 888人。

注：若以 Z_i 表示进入该商场的第 i 位顾客在该商场所花费的金额（单位：元），且有 $Z_i\sim B(200,0.5)$，则

$$N_3(t)=\sum_{i=1}^{N_1(t)}Z_i$$

表示在时间 $(0,t]$ 内该商场的营业额，则该商场一天的平均营业额为：

$$\begin{aligned}E[N_3(t)]&=E(Z_1)E[N_1(t)]=(200\times 0.5)\times(6\times 12\times 60)\\&=432\,000\text{(元)}\end{aligned}$$

3.3.3 条件 Poisson 过程

Poisson 过程描述的是一个有“风险”参数 λ 的个体发生某一事件的频率，如果我们考虑一个总体，其中的个体存在差异，比如发生事故的倾向性因人而异，这时可以把概率

分布式（3.1.1）解释为给定 λ 时，$N(t)$ 的条件分布 $P_{N|\lambda}(t)$。

定义 3.3.4 设随机变量 $\Lambda>0$，在 $\Lambda=\lambda$ 的条件下，计数过程 $\{N(t),t\geqslant 0\}$是参数为 λ 的 Poisson 过程，则称 $\{N(t),t\geqslant 0\}$ 为条件 Poisson 过程。

在风险理论中常用条件 Poisson 过程作为描述意外事件出现的模型。意外事件的发生是 Poisson 过程，由于意外事件发生的频率无法预知，只能用随机变量来表示，但一段时间之后频率确定下来，这个 Poisson 过程就有了确定的参数。

设 Λ 的分布是G，那么随机选择一个个体在长度为 t 的时间区间内发生 n 次事件的概率为：

$$P\{N(t+s)-N(s)=n\}=\int_0^{\infty}\mathrm{e}^{-\lambda t}\frac{(\lambda t)^n}{n!}\mathrm{d}G(\lambda) \tag{3.3.4}$$

应该指出，$\{N(t),t\geqslant 0\}$ 不是一个 Poisson 过程，因为它虽然有平稳增量，但不具有独立增量。

定理 3.3.3 设 $\{N(t),t\geqslant 0\}$ 是条件 Poisson 过程，且 $E[\Lambda^2]<\infty$，则

(1) $E[N(t)]=tE(\Lambda)$；

(2) $Var[N(t)]=t^2\,Var(\Lambda)+tE(\Lambda)$。

证明 (1)
$$\begin{aligned}E[N(t)]&=E\{E[N(t)|\Lambda]\}\\&=\sum_{\lambda}E[N(t)\mid\Lambda=\lambda]P(\Lambda=\lambda)\\&=E(t\Lambda)=tE(\Lambda)\end{aligned}$$

(2)
$$\begin{aligned}Var[N(t)]&=E[N^2(t)]-\{E[N(t)]\}^2\\&=E\{E[N^2(t)|\Lambda]\}-[tE(\Lambda)]^2\\&=E[(\Lambda t)^2+\Lambda t]-t^2[E(\Lambda)]^2\\&=t^2\,Var(\Lambda)+tE(\Lambda)\end{aligned}$$

例 3.3.7

设意外事故的发生频率受某种未知因素影响有两种可能 λ_1，λ_2，且 $P(\Lambda=\lambda_1)=p$，$P(\Lambda=\lambda_2)=1-p=q$，$0<p<1$ 为已知。已知到时刻 t 已发生了 n 次事故。求下一次事故在 $t+s$ 之前不会到来的概率。另外，这个发生频率为 λ_1 的概率是多少？

解 事实上，不难计算

$$\begin{aligned}&P\{(t,t+s)\text{内无事故}|N(t)=n\}\\&=\frac{\sum_{i=1}^{2}P\{\Lambda=\lambda_i\}P\{N(t)=n,N(t+s)-N(t)=0\mid\Lambda=\lambda_i\}}{\sum_{i=1}^{2}P\{\Lambda=\lambda_i\}P\{N(t)=n\mid\Lambda=\lambda_i\}}\\&=\frac{p(\lambda_1t)^n\mathrm{e}^{-\lambda_1(s+t)}+(1-p)(\lambda_2t)^n\mathrm{e}^{-\lambda_2(s+t)}}{p(\lambda_1t)^n\mathrm{e}^{-\lambda_1t}+(1-p)(\lambda_2t)^n\mathrm{e}^{-\lambda_2t}}\\&=\frac{p\lambda_1^n\mathrm{e}^{-\lambda_1(s+t)}+q\lambda_2^n\mathrm{e}^{-\lambda_2(s+t)}}{p\lambda_1^n\mathrm{e}^{-\lambda_1t}+q\lambda_2^n\mathrm{e}^{-\lambda_2t}}\end{aligned}$$

以及

$$P\{\Lambda=\lambda_1 \mid N(t)=n\}=\frac{p\mathrm{e}^{-\lambda_1 t}(\lambda_1)^n}{p\mathrm{e}^{-\lambda_1 t}(\lambda_1)^n+q\mathrm{e}^{-\lambda_2 t}(\lambda_2)^n}$$

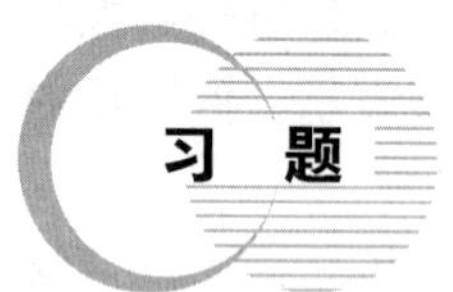

习　题

3.1　一队学生顺次等候体检。设每人体检所需要的时间服从均值为 2 分钟的指数分布，并且与其他人所需时间是相互独立的，则 1 小时内平均有多少学生接受体检？在这 1 小时内最多有 40 名学生接受体检的概率是多少（设学生非常多，医生不会空闲）？

3.2　设 $\{N_i(t),t\geqslant 0\}$ $(i=1,2,\cdots,n)$ 是 n 个相互独立的 Poisson 过程，参数分别为 λ_i $(i=1,2,\cdots,n)$。记 T 为全部 n 个过程中第一个事件发生的时刻。

(1) 求 T 的分布；

(2) 证明 $\{N(t)=\sum_{i=1}^{n}N_i(t),t\geqslant 0\}$ 是 Poisson 过程，参数为 $\lambda=\sum_{i=1}^{n}\lambda_i$；

(3) 求当 n 个过程中只有一个事件发生时，它属于 $\{N_1(t),t\geqslant 0\}$ 的概率。

3.3　证明 Poisson 过程分解定理：参数为 λ 的 Poisson 过程 $\{N(t),t\geqslant 0\}$ 可分解为 r 个相互独立的 Poisson 过程，参数分别为 λp_i $(i=1,2,\cdots,r)$，其中，$0<p_i<1$，$\sum_{i=1}^{r}p_i=1$。

3.4　设 $\{N(t),t\geqslant 0\}$ 是参数 $\lambda=3$ 的 Poisson 过程。试求：

(1) $P\{N(1)\leqslant 3\}$；

(2) $P\{N(1)=1,N(3)=2\}$；

(3) $P\{N(1)\geqslant 2 \mid N(1)\geqslant 1\}$。

3.5　对于 Poisson 过程 $\{N(t),t\geqslant 0\}$，证明当 $0\leqslant s<t$ 时

$$P\{N(s)=k \mid N(t)=n\}=\binom{n}{k}\left(\frac{s}{t}\right)^k\left(1-\frac{s}{t}\right)^{n-k},\quad k=0,1,\cdots,n$$

3.6　计算 T_1，T_2，T_3 的联合分布密度。（提示 $T_1=X_1$，$T_2=X_1+X_2$，$T_3=X_1+X_2+X_3$。）

3.7　设 $s>0$，试计算 $E[N(t)N(t+s)]$。

3.8　设某医院专家门诊从早上 8：00 开始就已有无数患者等候，而每次专家只能为一名患者服务，服务的平均时间为 20 分钟，且每名患者接受服务的时间服从独立的指数分布。求 8：00～12：00 门诊结束时接受过治疗的患者在医院停留的平均时间。

3.9　$\{N(t),t\geqslant 0\}$ 是强度函数为 $\lambda(t)$ 的非齐次 Poisson 过程，X_1，X_2，…是事件之间的间隔时间，问：

(1) 诸 X_i 是否独立？

(2) 诸 X_i 是否同分布？（提示：求 X_1 和 X_2 的分布。）

3.10　设每天经过某路口的车辆数为：早上 7：00～8：00，11：00～12：00 为平均

每分钟 2 辆，其他时间平均每分钟 1 辆。则早上 7：30 到中午 11：20 平均有多少辆汽车经过此路口？这段时间经过此路口的车辆数超过 500 辆的概率是多少？

3.11 $[0,t]$ 时间内某系统受到冲击的次数 $N(t)$ 形成参数为 λ 的 Poisson 过程。每次冲击造成的损害 Y_i $(i=1,2,\cdots,n)$ 独立同指数分布，均值为 μ。设损害会积累，当总损害超过一定极限 A 时，系统将终止运行。以 T 记系统运行的时间（寿命），试求系统的平均寿命 $E(T)$。(提示：对于非负随机变量，$E(T)=\int_0^{\infty}P\{T>t\}\mathrm{d}t$。)

3.12 设 $\{N_1(t)\}$ 和 $\{N_2(t)\}$ 分别是参数为 λ_1 和 λ_2 的 Poisson 过程，且这两个过程相互独立。

(1) 令 $Y(t)=N_1(t)+N_2(t)$，请判断 $\{Y(t)\}$ 是否是 Poisson 过程；

(2) 令 $Z(t)=N_1(t)-N_2(t)$，请判断 $\{Z(t)\}$ 是否是 Poisson 过程。

3.13 设某飞机场到达的客机数是一个 Poisson 过程，平均每小时到达 10 架；客机共有三种类型，能承载的乘客数分别为 200 人，150 人，100 人，且三种飞机出现的概率相同。令 X 表示 5 小时内到达该机场的乘客数，求 X 的期望和方差。

3.14 设移民到某地区定居的户数是一个 Poisson 过程，平均每周有 3 户定居；每户的人数是一个随机变量，且每户的人口数是相对独立的。一户 1 人的概率是 $\frac{1}{8}$，一户 2 人的概率是 $\frac{1}{8}$，一户 3 人的概率是 $\frac{1}{2}$，一户 4 人的概率是 $\frac{1}{4}$，求在 10 周内移民到该地区的总人数的期望和方差。

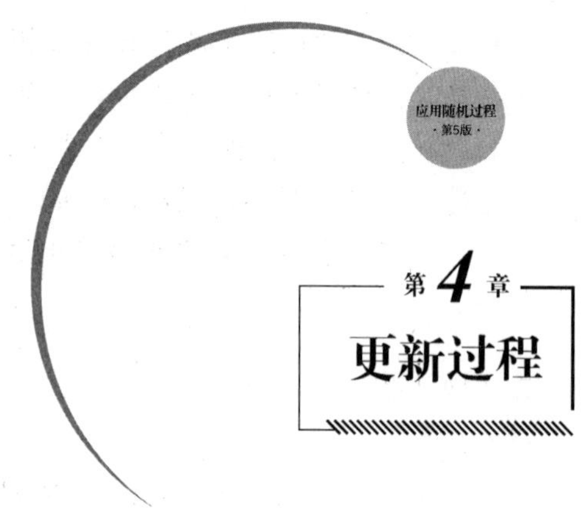

4.1 更新过程的定义及若干分布

4.1.1 更新过程的定义

从第 3 章我们了解到 Poisson 过程是事件发生的时间间隔 X_1，X_2，…服从同一指数分布的计数过程（这里仍然沿用第 3 章的有关符号），现在将其做以下推广：保留 X_1，X_2，…的独立性和同分布性，但是允许分布任意，而不必局限于指数分布，这样得到的计数过程叫做更新过程。

定义 4.1.1 设 $\{X_n, n=1,2,\cdots\}$ 是一列独立同分布的非负随机变量，分布函数为 $F(x)$（为了避免平凡的情况，设 $F(0)=P\{X_n=0\}\neq 1$，记 $\mu=E(X_n)=\int_0^\infty x\mathrm{d}F(x)$，则 $0<\mu\leqslant\infty$）。令 $T_n=\sum_{i=1}^n X_i$，$n\geqslant 1$，$T_0=0$。我们把由

$$N(t)=\sup\{n: T_n\leqslant t\} \tag{4.1.1}$$

定义的计数过程称为更新过程。

更新过程的一个典型例子是机器零件的更换。在 0 时刻，安装上一个新零件并开始运行，设此零件在 X_1 时刻损坏，马上用一个新的来替换（假定替换不需要时间），则第二个零件在 X_1 时刻开始运行，设它在 X_2 时刻损坏，同样马上换第三个……很自然可以认为这些零件的使用寿命是独立同分布的，那么到 t 时刻为止所更换的零件数目就构成一个更新过程。

在更新过程中事件发生一次叫做一次更新，从而定义 4.1.1 中的 X_n 就是第 $n-1$ 次和第 n 次更新相距的时间，T_n 是第 n 次更新发生的时刻，而 $N(t)$ 就是 t 时刻之前发生的总的更新次数。

4.1.2 $N(t)$ 的分布及 $E[N(t)]$ 的一些性质

首先要回答的问题是：在有限时间 $[0,t]$ 内是否会发生无穷多次更新（$N(t)=\infty$）。答案是不会发生这种情况的概率为 1，由强大数定律知道

$$\frac{\sum_{i=1}^{n} X_i}{n} = \frac{T_n}{n} \to \mu \tag{4.1.2}$$

以概率 1 成立。而 $\mu>0$，所以当 $n\to\infty$ 时，$T_n\to\infty$，也就是说无穷多次更新只可能在无限长的时间内发生。于是在有限时间内最多只能发生有限次更新，这也说明了以概率 1 有 $N(t)<\infty$。

下面我们来看 $N(t)$ 的具体分布，注意到

$$N(t)\geqslant n \Longleftrightarrow T_n\leqslant t \tag{4.1.3}$$

所以

$$\begin{aligned} P\{N(t)=n\} &= P\{N(t)\geqslant n\}-P\{N(t)\geqslant n+1\} \\ &= P\{T_n\leqslant t\}-P\{T_{n+1}\leqslant t\} \\ &= P\Big\{\sum_{i=1}^{n} X_i \leqslant t\Big\}-P\Big\{\sum_{i=1}^{n+1} X_i \leqslant t\Big\} \end{aligned} \tag{4.1.4}$$

以 F_n 记 T_n 的分布，则 F_n 是 F 的 n 重卷积，因此

$$P\{N(t)=n\}=F_n(t)-F_{n+1}(t) \tag{4.1.5}$$

更新理论的大部分内容是有关 $E[N(t)]$ 的性质的。以 $M(t)$ 记 $E[N(t)]$，称为更新函数。要注意的是：$M(t)$ 是关于 t 的函数而不是随机变量。

定理 4.1.1

$$M(t) = \sum_{n=1}^{\infty} F_n(t)$$

证明 由定义可得

$$\begin{aligned} M(t) &= E[N(t)] \\ &= \sum_{n=1}^{\infty} nP\{N(t)=n\} \\ &= \sum_{n=1}^{\infty} n[F_n(t)-F_{n+1}(t)] \\ &= \sum_{n=1}^{\infty} F_n(t) \end{aligned}$$

定理 4.1.2 $M(t)$ 是 t 的不减函数，且对 $0\leqslant t<+\infty$，$M(t)<+\infty$。

证明 由于 $N(t)$ 是关于 t 不减的，故 $M(t)$ 也是关于 t 不减的，下面证明 $M(t)$ 的有限性。

由假设 $F(0)<1$，即 $P\{X_n=0\}<1$（或 $P\{X_n>0\}>0$），则存在 $a>0$，使得 $P\{X_n\geqslant a\}>0$，从而 $P\{X_n<a\}<1$。而

$$F(a)=P\{X_n\leqslant a\}=P\{X_n<a\}+P\{X_n=a\}$$

为了避免 $P\{X_n=a\}=P\{X_n\geqslant a\}$ 造成的 $F(a)=P\{X_n<a\}+P\{X_n\geqslant a\}=1$ 的情况，不妨取 $0<b<a$，显然

$$F(b)\leqslant P\{X_n<a\}<1$$

又对任意固定的 t，恒能选定正整数 k，使 $kb\geqslant t$，所以

$$\{T_k\leqslant t\}\subset\{T_k\leqslant kb\}\subset\{X_1>b,X_2>b,\cdots,X_k>b\}^c$$

于是

$$\begin{aligned}P\{T_k\leqslant t\}&\leqslant 1-P\{X_1>b,X_2>b,\cdots,X_k>b\}\\&=1-[1-F(b)]^k\\&=1-\beta\end{aligned}$$

这里 $\beta=[1-F(b)]^k>0$。又因为

$$\{T_{mk}\leqslant t\}\subset\{T_k-T_0\leqslant t,T_{2k}-T_k\leqslant t,\cdots,T_{mk}-T_{(m-1)k}\leqslant t\}\tag{4.1.6}$$

及更新区间独立同分布，所以有

$$P\{T_k-T_0\leqslant t,T_{2k}-T_k\leqslant t,\cdots,T_{mk}-T_{(m-1)k}\leqslant t\}=(P\{T_k\leqslant t\})^m\tag{4.1.7}$$

由式（4.1.6）和式（4.1.7）可得

$$P\{T_{mk}\leqslant t\}\leqslant(P\{T_k\leqslant t\})^m\leqslant(1-\beta)^m$$

对任意整数 $j\geqslant 0$，有

$$\{T_{mk+j}\leqslant t\}\subset\{T_{mk}\leqslant t\}$$

所以

$$\sum_{n=mk}^{(m+1)k-1}P\{T_n\leqslant t\}\leqslant kP\{T_{mk}\leqslant t\}$$

综上可得

$$\begin{aligned}M(t)&=\sum_{n=1}^{\infty}F_n(t)\\&=\sum_{n=1}^{\infty}P\{T_n\leqslant t\}\\&=\sum_{n=1}^{k-1}P\{T_n\leqslant t\}+\sum_{n=k}^{\infty}P\{T_n\leqslant t\}\end{aligned}$$

$$\leqslant \sum_{n=1}^{k-1} P\{T_n \leqslant t\} + \sum_{m=1}^{\infty} kP\{T_{mk} \leqslant t\}$$
$$\leqslant \sum_{n=1}^{k-1} P\{T_n \leqslant t\} + \sum_{m=1}^{\infty} k(1-\beta)^m$$
$$\leqslant \sum_{n=1}^{k-1} P\{T_n \leqslant t\} + \frac{k}{\beta} < \infty$$

例 4.1.1

考虑一个时间离散的更新过程 $\{N_j, j=1,2,\cdots\}$，在每个时刻独立地做 Bernoulli 试验，设成功的概率为 p，失败的概率为 $q=1-p$。以试验成功作为事件（更新），求此过程的更新函数 $M(k)$。

解 首先，易知更新的时间间隔为独立的同几何分布

$$P\{X_i=n\}=q^{n-1}p, \quad n=1,2,\cdots; i=1,2,\cdots$$

则第 r 次成功(更新) 发生的时刻 $T_r = \sum_{i=1}^{r} X_i$ 具有 Pascal 分布

$$P\{T_r=n\}=\binom{n-1}{r-1}q^{n-r}p^r, \quad n=r,r+1,\cdots$$

由此，有

$$\begin{aligned}
&P\{N_m=r\} \\
&=P\{T_r\leqslant m\}-P\{T_{r+1}\leqslant m\} \\
&=\sum_{n=r}^{m}\binom{n-1}{r-1}q^{n-r}p^r-\sum_{n=r+1}^{m}\binom{n-1}{r}q^{n-r-1}p^{r+1}
\end{aligned} \tag{4.1.8}$$

所以，更新函数

$$M(k) = \sum_{r=0}^{k} rP\{N_k = r\}$$

4.2 更新方程及其应用

4.2.1 更新方程

在 4.1 节中，我们引入了更新函数 $M(t)$ 这一重要概念。在 $M(t)$ 导数存在的条件下，其导数 $M'(t)$ 称为更新密度，记为 $m(t)$。由 $M(t) = \sum_{n=1}^{\infty} F_n(t)$ 两边求导得

$$m(t) = \sum_{n=1}^{\infty} f_n(t) \tag{4.2.1}$$

式中，$f_n(t)$ 是 $F_n(t)$ 的密度函数。

定理 4.2.1 $M(t)$ 和 $m(t)$ 分别满足积分方程

$$M(t)=F(t)+\int_0^t M(t-s)\mathrm{d}F(s) \tag{4.2.2}$$

$$m(t)=f(t)+\int_0^t m(t-s)f(s)\mathrm{d}s \tag{4.2.3}$$

式中，$f(t)=F'(t)$。

证明 首先证明式（4.2.2），由定义可得

$$\begin{aligned}M(t)&=\sum_{n=1}^{\infty}F_n(t)=F(t)+\sum_{n=2}^{\infty}F_n(t)\\&=F(t)+\sum_{n=2}^{\infty}(F_{n-1}*F)(t)\\&=F(t)+\Big(\sum_{n=1}^{\infty}F_n\Big)*F(t)\\&=F(t)+M*F(t)\end{aligned} \tag{4.2.4}$$

由卷积定义知 $M*F(t)=\int_0^t M(t-s)\mathrm{d}F(s)$，从而式(4.2.2)得证。式(4.2.3)由式(4.2.4)两边取导数可得。

定义 4.2.1 （更新方程）称如下形式的积分方程为更新方程

$$K(t)=H(t)+\int_0^t K(t-s)\mathrm{d}F(s) \tag{4.2.5}$$

式中，$H(t)$，$F(t)$ 为已知，且当 $t<0$ 时，$H(t)$，$F(t)$ 均为 0。当 $H(t)$ 在任何区间上有界时，称方程（4.2.5）为适定更新方程，简称为更新方程。

可见式（4.2.2）、式（4.2.3）是更新方程中比较特殊的形式。下面我们来讨论更新方程（4.2.5）的解的情况。

定理 4.2.2 设更新方程（4.2.5）中 $H(t)$ 为有界函数，则方程存在唯一的在有限区间内有界的解

$$K(t)=H(t)+\int_0^t H(t-s)\mathrm{d}M(s) \tag{4.2.6}$$

式中，$M(t)=\sum_{n=1}^{\infty}F_n(t)$，是分布函数 $F(t)$ 的更新函数。

在证明定理之前我们先列出卷积的一些性质：假设 $B(t)$ 是单调增加的右连续函数，且 $B(0)=0$。$C(t)$，$C_1(t)$，$C_2(t)$ 为光滑有界函数（注：这些条件可以保证卷积有定义），则有

(1) $\max\limits_{0\leqslant t\leqslant T}|B*C(t)|\leqslant B(T)\cdot\max\limits_{0\leqslant t\leqslant T}|C(t)|$；

(2) $B*C_1(t)+B*C_2(t)=B*(C_1+C_2)(t)$；

(3)$B_1 * (B_2 * C)(t) = (B_1 * B_2) * C(t)$。

下面给出定理证明。

证明 我们先证式(4.2.6)确实是式(4.2.5)的解，并且满足有界性条件。由$H(t)$有界，$M(t)$是更新函数，根据定理4.1.2，可知$M(t)$有界不减，所以$\forall T>0$，由式(4.2.6)有

$$\sup_{0\leqslant t\leqslant T}|K(t)|\leqslant \sup_{0\leqslant t\leqslant T}|H(t)|+\int_0^T \sup_{0\leqslant s\leqslant T}|H(T-s)|\,\mathrm{d}M(s)$$
$$\leqslant (1+M(T))\sup_{0\leqslant t\leqslant T}|H(t)|<\infty$$

所以在有界区间上$K(t)$是有界的。

再来看它是否满足方程(4.2.5)。由式(4.2.6)，有

$$\begin{aligned}K(t) &= H(t)+M*H(t)\\&= H(t)+\Big(\sum_{n=1}^{\infty}F_n\Big)*H(t)\\&= H(t)+F*H(t)+\Big[\sum_{n=2}^{\infty}F_n\Big]*H(t)\\&= H(t)+F*H(t)+\Big[\sum_{n=2}^{\infty}(F_{n-1}*F)\Big]*H(t)\\&= H(t)+F*\Big[H(t)+\Big(\sum_{n=1}^{\infty}F_n\Big)*H(t)\Big]\\&= H(t)+F*K(t)\\&= H(t)+\int_0^t K(t-s)\mathrm{d}F(s)\end{aligned}$$

最后要证唯一性，只需证明方程(4.2.5)的任何解都有式(4.2.6)的形式。设$\widetilde{K}(t)$是方程(4.2.5)的解，并且满足有界性条件，则由

$$\widetilde{K}(t)=H(t)+F*\widetilde{K}(t)$$

连续代换$\widetilde{K}(t)$，有

$$\begin{aligned}\widetilde{K}(t)&=H(t)+F*(H+F*\widetilde{K})(t)\\&=H(t)+F*H(t)+F*(F*\widetilde{K})(t)\\&=H(t)+F*H(t)+F_2*\widetilde{K}(t)\\&=H(t)+F*H(t)+F_2*(H+F*\widetilde{K})(t)\\&=H(t)+F*H(t)+F_2*H(t)+F_3*\widetilde{K}(t)\\&=\cdots\cdots\\&=H(t)+\Big(\sum_{k=1}^{n-1}F_k\Big)*H(t)+F_n*\widetilde{K}(t)\end{aligned}$$

注意到对任何t，有

$$\begin{aligned}|F_n * \widetilde{K}(t)| &= \left|\int_0^t \widetilde{K}(t-x)\mathrm{d}F_n(x)\right| \\ &\leqslant \sup_{0\leqslant x\leqslant t}|\widetilde{K}(t-x)| \cdot F_n(t)\end{aligned}$$

由假定 $\sup\limits_{0\leqslant x\leqslant t}|\widetilde{K}(t-x)|<\infty$ 并且 $M(t)=\sum\limits_{n=1}^{\infty}F_n(t)<\infty$，知

$$\lim_{n\to\infty}F_n(t)=0, \quad \forall t$$

从而

$$\lim_{n\to\infty}|F_n * \widetilde{K}(t)|=0$$

而

$$\begin{aligned}\lim_{n\to\infty}\left[\sum_{k=1}^{n-1}F_k * H(t)\right] &= \left(\sum_{k=1}^{\infty}F_k\right) * H(t) \\ &= M * H(t)\end{aligned}$$

于是推出

$$\begin{aligned}\widetilde{K}(t) &= H(t)+\lim_{n\to\infty}\left[\sum_{k=1}^{n-1}F_k * H(t)+F_n * \widetilde{K}(t)\right] \\ &= H(t)+M * H(t)\end{aligned}$$

与式（4.2.6）一致。

例 4.2.1

（Wald 等式）若 X_1，X_2，…是独立同分布的随机变量，设 $E(X_i)<\infty$（$i=1, 2, \cdots$），证明

$$E[T_{N(t)+1}]=E[X_1+X_2+\cdots+X_{N(t)+1}]=E(X_1)E[N(t)+1] \tag{4.2.7}$$

证明 对第一次更新的时刻 X_1 取条件

$$E[T_{N(t)+1}|X_1=x]=\begin{cases}x, & x>t \\ x+E[T_{N(t-x)+1}], & x\leqslant t\end{cases}$$

如图 4-1 所示。

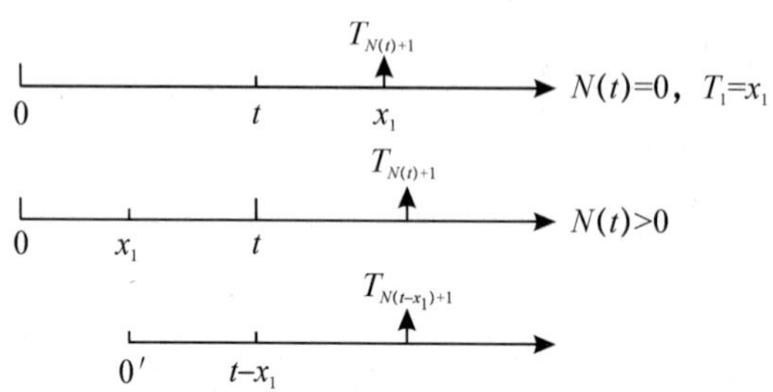

图 4-1 例 4.2.1 图示

记 $K(t)=E[T_{N(t)+1}]$，则

$$\begin{aligned}K(t)&=E[T_{N(t)+1}]=E\{E[T_{N(t)+1}\mid X_1]\}\\&=\int_0^{\infty}E[T_{N(t)+1}\mid X_1=x]\mathrm{d}F(x)\\&=\int_0^t[x+K(t-x)]\mathrm{d}F(x)+\int_t^{\infty}x\mathrm{d}F(x)\\&=E(X_1)+\int_0^t K(t-x)\mathrm{d}F(x)\end{aligned}$$

这是更新方程，由定理 4.2.2 知

$$\begin{aligned}K(t)&=E(X_1)+\int_0^t E(X_1)\mathrm{d}M(x)\\&=E(X_1)[1+M(t)]\\&=E(X_1)E[N(t)+1]\end{aligned}$$

注：这里给出的 Wald 等式的证明仅仅是为了给出更新定理的一个应用，事实上利用独立性我们也可以直接得到其证明。

$$\begin{aligned}E[T_{N(t)+1}]&=\sum_{k=0}^{\infty}P\{N(t)=k\}(k+1)E(X_1)\\&=E(X_1)\Big[\sum_{k=0}^{\infty}kP\{N(t)=k\}+\sum_{k=0}^{\infty}P\{N(t)=k\}\Big]\\&=E(X_1)E[N(t)+1]\end{aligned}$$

4.2.2 更新方程在人口学中的一个应用

考虑一个确定性的人口模型：$B(t)$ 表示在时刻 t 女婴的出生率，即在$[t,t+\mathrm{d}t]$时间内有 $B(t)\mathrm{d}t$ 个女婴出生。已知过去的 $B(t)$（$t\leqslant 0$），要预测未来的 $B(t)$（$t>0$），为此假定生存函数 $S(x)$（指一个新生女婴能够活到年龄 x 的概率）及生育的年龄强度 $\beta(x)$（$x>0$）（指年龄为 x 的母亲生育女婴的速率，即$\beta(x)\mathrm{d}t$为这个母亲在长度为 $\mathrm{d}t$ 的时间内生下的女婴数）已知。在时刻 t，有$B(t-x)S(x)\mathrm{d}x$ 个女性居民的年龄在 x 到 $x+\mathrm{d}x$ 之间（指 x 年前出生的女婴存活到 x 年后的人数），在此时刻，单位时间内该群体将生育 $B(t-x)S(x)\beta(x)\mathrm{d}x$ 个女婴。由此每单位时间内由所有育龄段的女性所生育的女婴数应为：

$$B(t)=\int_0^{\infty}B(t-x)S(x)\beta(x)\mathrm{d}x$$

根据过去与未来的生育情况，将上述积分分成两段

$$B(t)=\int_t^{\infty}B(t-x)S(x)\beta(x)\mathrm{d}x+\int_0^t B(t-x)S(x)\beta(x)\mathrm{d}x$$

这是一个形如式（4.2.5）的更新方程，其中 $f(x)=S(x)\beta(x)$，$H(t)=\int_t^{\infty}B(t-x)S(x)\beta(x)\mathrm{d}x$。

作变量替换 $x=y+t$，得

$$H(t)=\int_0^{\infty}B(-y)S(y+t)\beta(y+t)\mathrm{d}y$$

注意，$H(t)\mathrm{d}t$ 是由年龄为 t 或更大的女性在时间 $[t,t+\mathrm{d}t]$ 之间生育的女婴数，此外，每一个新生的女婴将期待在年龄 x 与 $x+\mathrm{d}x$ 之间生育 $f(x)\mathrm{d}x$ 个女婴。于是，每一新生女婴在死亡或生存到年龄 x 之前（不论哪种情况先发生）将期待生育 $F(x)=\int_0^x f(t)\mathrm{d}t$ 个女婴，从而在她一生中将期待生育 $F(\infty)$ 个女婴。

若 $F(\infty)>1$ 可以解得 $B(t)\sim C\mathrm{e}^{-Rt}$（$t\to\infty$）（解的过程略），其中 C 为常数，R 满足方程

$$\int_0^{\infty}\mathrm{e}^{Ry}S(y)\beta(y)\mathrm{d}y=1 \tag{4.2.8}$$

即出生率（以及具有此速率的人群）将以渐近指数增长。

若 $F(\infty)<1$，$k>0$，$B(t)$ 渐近指数地趋于 0，也就是说人群最终要消亡，只有当 $F(\infty)=1$ 时，出生率将最终趋于一个有限的正数。

4.3 更新定理

在本节中将介绍三个重要的更新定理，它们是更新理论的基本结论，有广泛的应用。（比如 4.2 节中的人口学模型。另外，在破产理论中它们有重要的应用，关于破产概率的渐近公式就由此得来。）

在第 3 章中我们已经知道，强度为 λ 的 Poisson 过程的两次事件发生的时间间隔 X_n 服从参数为 λ 的指数分布，其更新函数 $M(t)=E[N(t)]=\lambda t$，于是

$$\frac{M(t)}{t}=\lambda=\frac{1}{E(X_n)} \tag{4.3.1}$$

那么，对于一般的更新过程是否还有这种性质呢？Feller 初等更新定理就 $t\to\infty$ 时的极限情况给出了肯定的回答。

定理 4.3.1　Feller 初等更新定理

记 $\mu=E(X_n)$，则

$$\frac{M(t)}{t}\to\frac{1}{\mu},\quad t\to\infty \tag{4.3.2}$$

若 $\mu=\infty$，$\dfrac{1}{\mu}=0$。

证明　首先假设 $\mu<\infty$，由于

$$T_{N(t)+1}>t$$

两边取期望，利用例 4.2.1 的结论，得

$$\mu[M(t)+1]>t$$

即

$$\frac{M(t)}{t}>\frac{1}{\mu}-\frac{1}{t}$$

从而推出

$$\liminf_{t\to\infty}\frac{M(t)}{t}\geqslant\frac{1}{\mu} \tag{4.3.3}$$

另一方面，固定常数 M，令

$$X_n^c=\begin{cases}X_n, & X_n\leqslant M\\ M, & X_n>M\end{cases}$$

以 X_n^c（$n=1, 2, \cdots$）确定一个新的更新过程。令

$$T_n^c=\sum_{i=1}^{n}X_i^c$$
$$N(t)^c=\sup\{n: T_n^c\leqslant t\}$$

由于 $X_n^c\leqslant M$，则

$$T_{N(t)^c+1}^c=T_{N(t)^c}^c+X_{N(t)^c+1}^c\leqslant t+M$$

再利用例 4.2.1 得

$$[M(t)^c+1]\cdot\mu_M\leqslant t+M \tag{4.3.4}$$

式中，$\mu_M=E(X_n^c)$，$M(t)^c=E[N(t)^c]$。由式（4.3.4），得

$$\frac{M(t)^c}{t+M}\leqslant\frac{1}{\mu_M}-\frac{1}{t+M}$$

从而

$$\limsup_{t\to\infty}\frac{M(t)^c}{t}\leqslant\frac{1}{\mu_M}$$

又因为 $X_n^c\leqslant X_n$，得 $T_n^c\leqslant T_n$，$N(t)^c\geqslant N(t)$，$M(t)^c\geqslant M(t)$，于是

$$\limsup_{t\to\infty}\frac{M(t)}{t}\leqslant\frac{1}{\mu_M} \tag{4.3.5}$$

令 $M\to\infty$，有 $X_n^c\to X_n$，$E(X_n^c)\to E(X_n)$，即 $\mu_M\to\mu$，所以

$$\limsup_{t\to\infty}\frac{M(t)}{t}\leqslant\frac{1}{\mu} \tag{4.3.6}$$

由式（4.3.3）和式（4.3.6）得定理结论。

当 $\mu=\infty$ 时，再考虑由 X_n^c 确定的过程。当 $M\to\infty$ 时，$\mu_M\to\infty$。由式（4.3.5）知结论成立。

当 $\mu<\infty$ 时，定理 4.3.1 可以看作当 $t\to\infty$ 时，$M(t)\sim\frac{t}{\mu}$。很自然，我们会猜想当 $t\to\infty$ 时，对于任意一个 h，是否有

$$M(t+h)-M(t)\to\frac{h}{\mu}\left(=\frac{t+h}{\mu}-\frac{t}{\mu}\right) \tag{4.3.7}$$

由这一猜想引出了另一个重要的更新定理——Blackwell 更新定理。为了描述这一定理，先引入一个新的概念。

定义 4.3.1 （**格点分布**）称随机变量 X 服从格点分布（或称随机变量 X 的分布 F 是格点的），若存在 $d\geqslant 0$，使得

$$\sum_{n=0}^{\infty}P\{X=nd\}=1 \tag{4.3.8}$$

称满足上述条件的最大的 d 为此格点分布的周期。

要注意的是，从上述定义只能知道格点分布在不是 d 的整数倍处取值的概率为 0，但并不一定所有 nd（$n=0,1,2,\cdots$）都一一取到。例如，若 X 取整数值 1，3，4，6，7，9，10，则它就是格点的，周期为 1。

定理 4.3.2 Blackwell 更新定理

记 $\mu=E(X_n)$。

（1）若 F 不是格点分布，则对一切 $a\geqslant 0$，当 $t\to\infty$ 时，有

$$M(t+a)-M(t)\to\frac{a}{\mu} \tag{4.3.9}$$

（2）若 F 是格点分布，周期为 d，则当 $n\to\infty$ 时，有

$$P\{\text{在 } nd \text{ 处发生更新}\}\to\frac{d}{\mu} \tag{4.3.10}$$

定理的证明超出了本书的范围，因此略去。有兴趣的读者可参阅本书参考文献［31］。

Blackwell 定理指出，在远离原点的某长度为 a 的区间内，更新次数的期望是 $\frac{a}{\mu}$，直观上这是容易理解的，因为 $\frac{1}{\mu}$ 本来就可以看作长时间后更新过程发生的平均速率。但当 F 是格点分布时，由于更新只能发生在 d 的整数倍处，因此定理 4.3.2（1）就不能成立了，因为更新次数的多少依赖于区间上形如 nd 的点的数目，而同样长度的区间内含有此类点的数目可以是不同的。

容易看出，初等更新定理是 Blackwell 定理的特殊情形。事实上，令 $b_n=M(n)-M(n-1)$，当 F 不是格点分布时，由定理 4.3.2（1）知

$$b_n\to\frac{1}{\mu},\quad n\to\infty \tag{4.3.11}$$

由极限的性质得

$$\frac{b_1+b_2+\cdots+b_n}{n}=\frac{M(n)}{n}\to\frac{1}{\mu},\quad n\to\infty \tag{4.3.12}$$

而对任何实数 t，有

$$\frac{[t]}{t}\cdot\frac{M([t])}{[t]}\leqslant\frac{M(t)}{t}\leqslant\frac{[t]+1}{t}\cdot\frac{M([t]+1)}{[t]+1} \tag{4.3.13}$$

这里 $[t]$ 表示 t 的整数部分，即不超过 t 的最大整数。令 $t\to\infty$，可得

$$\frac{M(t)}{t}\to\frac{1}{\mu} \tag{4.3.14}$$

这就是 Feller 定理。当 F 是格点分布时，请读者自己由定理 4.3.2（2）论证。

本节的最后一个更新定理——Smith 关键更新定理与定理 4.3.2 是等价的，这里也仅仅给出它的描述，其证明见参考文献［31］。

定理 4.3.3　关键更新定理

记 $\mu=E(X_n)$，设函数 $h(t)$ $(t\in[0,\infty))$ 满足：(1) $h(t)$ 非负不增；(2) $\int_0^\infty h(t)\,\mathrm{d}t<\infty$。$H(t)$ 是更新方程

$$H(t)=h(t)+\int_0^t H(t-x)\mathrm{d}F(x) \tag{4.3.15}$$

的解。那么

(1) 若 F 不是格点分布，有

$$\lim_{t\to\infty}H(t)=\begin{cases}\dfrac{1}{\mu}\displaystyle\int_0^\infty h(x)\mathrm{d}x, & \mu<\infty\\ 0, & \mu=\infty\end{cases}$$

(2) 若 F 是格点分布，对于 $0\leqslant c<d$，有

$$\lim_{n\to\infty}H(c+nd)=\begin{cases}\dfrac{d}{\mu}\displaystyle\sum_{n=0}^\infty h(c+nd), & \mu<\infty\\ 0, & \mu=\infty\end{cases}$$

粗略地描述一下它与 Blackwell 定理的等价性。只考虑 F 不是格点分布的情况，在定理 4.3.3 中，取满足（1），（2）两个条件的

$$h(t)=\begin{cases}1, & 0\leqslant t<a\\ 0, & t\geqslant a\end{cases}$$

代入更新方程（4.3.15）的解，则有（我们考虑的是极限情形，故取 t 充分大）

$$H(t)=h(t)+\int_0^t h(t-x)\mathrm{d}M(x)$$

$$=\int_{t-a}^{t} \mathrm{d}M(x)=M(t)-M(t-a)$$

又

$$\lim_{t\to\infty} H(t)=\frac{1}{\mu}\int_{0}^{\infty} h(x)\mathrm{d}x=\frac{a}{\mu}$$

从而有

$$\lim_{t\to\infty}[M(t)-M(t-a)]=\frac{a}{\mu} \tag{4.3.16}$$

反过来，由 Blackwell 定理知道，对任意 $a>0$，有

$$\lim_{t\to\infty}\frac{M(t+a)-M(t)}{a}=\frac{1}{\mu}$$

故

$$\lim_{a\to 0}\lim_{t\to\infty}\frac{M(t+a)-M(t)}{a}=\frac{1}{\mu}$$

假设极限次序可交换，将有

$$\lim_{t\to\infty}\frac{\mathrm{d}M(t)}{\mathrm{d}t}=\frac{1}{\mu}$$

即当 t 很大时，有 $\mathrm{d}M(t)\sim\frac{1}{\mu}\mathrm{d}t$。又 $\int_{0}^{\infty} h(x)\mathrm{d}x<\infty$，则当 $t\to\infty$ 时，$h(t)$ 将快速趋于 0，因此，当 t 变得很大时，对于 $h(t-x)$ 主要考虑当 $t-x$ 比较小，也就是 x 比较大的情况。则有

$$\int_{0}^{t} h(t-x)\mathrm{d}M(x)\approx\int_{0}^{t} h(t-x)\mathrm{d}x\cdot\frac{1}{\mu}=\frac{1}{\mu}\int_{0}^{t} h(x)\mathrm{d}x \tag{4.3.17}$$

这正是定理 4.3.3 的结论。

例 4.3.1

某控制器用一节电池供电，设电池寿命 X_i（$i=1,2,\cdots$）服从均值为 45 小时的正态分布，电池失效时需要去仓库领取，领取新电池的时间 Y_i（$i=1,2,\cdots$）服从期望为 0.5 小时的均匀分布。求长时间工作时控制器更换电池的速率。

解 以 $N(t)$ 表示到时刻 t 为止更换电池的次数，平均更新时间为 $E(X_i+Y_i)=45.5$（小时）。故更换电池的速率为：

$$\lim_{t\to\infty}\frac{M(t)}{t}=\frac{1}{45.5}=\frac{2}{91}(次/小时)$$

例 4.3.2

设有一个单服务员银行，顾客到达可看作速率为 λ 的 Poisson 分布，服务员为每一位顾客服务的时间是随机变量，服从均值为 $\frac{1}{\mu}$ 的指数分布。顾客到达门口只有在服务员空闲时才准进入银行。试求：

(1) 顾客进银行的速率；

(2) 服务员工作的时间占营业时间的比例。

解 两个相邻到达的顾客的间隔时间 X_i 独立同分布于指数分布，且 $E(X_i)=\frac{1}{\lambda}(i=1,2,\cdots)$；顾客接受服务的时间 Y_i 独立同分布于指数分布，且 $E(Y_i)=\frac{1}{\mu}(i=1,2,\cdots)$。

(1) 顾客进入银行的平均时间为 $\frac{1}{\lambda}+\frac{1}{\mu}=\frac{\lambda+\mu}{\lambda\mu}$。

顾客进银行的速率为 $\frac{\lambda\mu}{\lambda+\mu}$。

(2) 服务员工作的时间所占比例为 $\frac{1}{\mu}\Big/\left(\frac{1}{\lambda}+\frac{1}{\mu}\right)=\frac{\lambda}{\lambda+\mu}$。

例 4.3.3

考虑离散时间的更新过程 $N(n)$ $(n=0,1,2,\cdots)$，在每个时间点独立地做 Bernoulli 试验，设试验成功的概率为 p，失败的概率为 $q=1-p$，以试验成功作为更新事件，并以 $M(n)$ 记此过程的更新函数，求其更新率 $\lim\limits_{n\to\infty}\frac{M(n)}{n}$。

解 相邻两次试验成功的时间间隔 X_i 的分布为 $P\{X_i=k\}=pq^{k-1}$ $(k=1,2,\cdots)$，平均更新时间为：

$$E(X_1)=\sum_{k=1}^{+\infty}kpq^{k-1}=p\sum_{k=1}^{+\infty}(q^k)'=p\Big(\sum_{k=1}^{+\infty}q^k\Big)'=p\left(\frac{q}{1-q}\right)'=\frac{1}{p}$$

故有

$$\lim_{n\to\infty}\frac{M(n)}{n}=\frac{1}{E(X_1)}=p$$

例 4.3.4

某电话交换台的电话呼叫次数服从平均 1 分钟 λ 次的 Poisson 过程，通话时间 Y_1，Y_2，…是相互独立且服从同一分布的随机变量序列，满足 $E(Y_1)<\infty$，假定通话时电话打不进来，用 $N(t)$ 表示到时刻 t 为止电话打进来的次数，试证

$$\lim_{t\to\infty}\frac{E[N(t)]}{t}=\frac{\lambda}{1+\lambda E(Y_1)}$$

解 通话结束时刻的序列为更新过程。若以 X_i 表示第 $i-1$ 次通话结束后第 i 次电话打进来的间隔时间，则更新的间隔时间为 X_i+Y_i，它们独立同分布，且平均更新时间为：

$$\mu=E(X_i+Y_i)=\frac{1}{\lambda}+E(Y_1)$$

从而

$$\lim_{t\to\infty}\frac{E[N(t)]}{t}=\frac{\lambda}{1+\lambda E(Y_1)}$$

例 4.3.5

（剩余寿命与年龄的极限分布）以 $r(t)=T_{N(t)+1}-t$ 表示时刻 t 的剩余寿命，即从 t 开始到下次更新剩余的时间，$s(t)=t-T_{N(t)}$ 为 t 时刻的年龄。我们来求 $r(t)$ 和 $s(t)$ 的极限分布。

解 令

$$\overline{R}_y(t)=P\{r(t)>y\}$$

对第一次更新的时刻 X_1 取条件，得

$$P\{r(t)>y|X_1=x\}=\begin{cases}1, & x>t+y\\ 0, & t<x\leqslant t+y\\ \overline{R}_y(t-x), & 0<x\leqslant t\end{cases}$$

（读者可试着画一个类似于图 4－1 的图。）由全概率公式，有

$$\begin{aligned}\overline{R}_y(t)&=\int_0^\infty P\{r(t)>y\mid X_1=x\}\mathrm{d}F(x)\\&=\int_{t+y}^\infty \mathrm{d}F(x)+\int_0^t\overline{R}_y(t-x)\mathrm{d}F(x)\\&=1-F(t+y)+\int_0^t\overline{R}_y(t-x)\mathrm{d}F(x)\end{aligned}$$

这是一个更新方程，它的解为：

$$\overline{R}_y(t)=1-F(t+y)+\int_0^t[1-F(t+y-x)]\mathrm{d}M(x)$$

这时仍假设 $\mu=E(X_1)<\infty$，则

$$\mu=\int_0^\infty x\mathrm{d}F(x)=\int_0^\infty[1-F(x)]\mathrm{d}x<\infty$$

所以

$$\int_0^\infty[1-F(t+y)]\mathrm{d}t=\int_y^\infty[1-F(z)]\mathrm{d}z<\infty$$

即 $1-F(t+y)$ 满足关键更新定理的条件，于是

$$\begin{aligned}\lim_{t\to\infty}P\{r(t)>y\}&=\lim_{t\to\infty}\bar{R}_y(t)\\&=\frac{1}{\mu}\int_y^{\infty}[1-F(z)]\mathrm{d}z,\quad z>0\end{aligned}\tag{4.3.18}$$

年龄 $s(t)$ 的分布可由式（4.3.18）导出。注意到

$$\{r(t)>x,\ s(t)>y\}\Longleftrightarrow\{r(t-y)>x+y\}$$

从而

$$\begin{aligned}\lim_{t\to\infty}P\{r(t)>x,\ s(t)>y\}&=\lim_{t\to\infty}P\{r(t-y)>x+y\}\\&=\frac{1}{\mu}\int_{x+y}^{\infty}[1-F(z)]\mathrm{d}z\end{aligned}$$

特别地

$$\begin{aligned}\lim_{t\to\infty}P\{s(t)>y\}&=\lim_{t\to\infty}P\{s(t)>y,\ r(t)>0\}\\&=\frac{1}{\mu}\int_y^{\infty}[1-F(z)]\mathrm{d}z\end{aligned}$$

注 1：在应用关键更新定理时，常常用到例 4.3.5 中的技巧，先关于某次更新（一般对第一次或 t 时刻前的最后一次）取条件而得到一个更新方程，再利用关键更新定理。

注 2：例 4.3.5 中得到的年龄与剩余寿命的极限分布是相同的，如何理解这一结论？

4.4 更新过程的推广

4.4.1 延迟更新过程

更新过程要求时间间隔 X_1，X_2，…是分布函数为 F 的独立同分布序列。如果放宽对 X_1 的要求，允许它服从别的分布 G，则称由 X_1，X_2，…确定的计数过程是延迟更新过程。

例如，在 4.1 节更换零件的例子中，假设开始观察时第一个零件已经运行了一段时间，则到它损坏的使用时间 X_1，就应认为与新零件能使用的时间 X_2，X_3，…不同分布。但要注意的是，X_1，X_2，…之间的独立性仍然是必需的。可以证明对于延迟更新过程，4.3 节中的三个更新定理依然成立（要注意 $M(t)=\sum_{n=1}^{\infty}F_n(t)$ 中的 $F_n(t)$ 相应用 $F_1(t)=G(t)$，$F_n(t)=G*F_{n-1}(t)$（$n\geqslant 2$）来替换就可以了（比如 $F_1\leftrightarrow G, F_2\leftrightarrow G*F$，$F_3\leftrightarrow G*F*F$，…））。直观上这也是比较显然的，因为我们并不认为第一次更新发生的时刻会对无穷远处的情况有很大的影响。

4.4.2 更新回报过程

类似于复合 Poisson 过程，设

$$R(t)=\sum_{i=1}^{N(t)}R_i \tag{4.4.1}$$

其中 $\{N(t),t\geqslant 0\}$ 是一个更新过程，$R_n(n=1,2,\cdots)$ 独立同分布且与 $\{N(t),t\geqslant 0\}$ 独立，则称 $R(t)$ 是一个更新回报过程，取这一名称是由于可以把 R_n 看作第 n 次更新发生时带给我们的回报。更一般的更新回报过程，可以允许 R_n 依赖于 X_n（即回报的多少与等待的时间有关），只要求随机向量列 (X_n,R_n) 独立同分布。

定理 4.4.1 更新回报定理

若更新间隔 $X_1,X_2,\cdots$满足$E(X_1)<\infty$，每次得到的回报 $\{R_n\}$ 满足$E(R_1)<\infty$，则

(1) $\lim\limits_{t\to\infty}\dfrac{1}{t}R(t)=\dfrac{E(R_1)}{E(X_1)}$以概率 1 成立；

(2) $\lim\limits_{t\to\infty}\dfrac{1}{t}E[R(t)]=\dfrac{E(R_1)}{E(X_1)}$。

定理 4.4.1 (1) 可由强大数定律证得；定理 4.4.1 (2) 可以利用更新方程及初等更新定理证得。读者可自行推导。

例 4.4.1

（产品保修策略）设某公司所售出商品采取如下更换策略：若产品售出后在期限 w 内损坏，则免费更换同样产品。若在 $(w,w+T]$ 期间损坏，则按使用时间折价更换新产品。对在 $(0,w]$ 内更换的新产品执行原来的更换期，而对在 $(w,w+T]$ 内折价更换的新产品，从更换时刻重新计算更换期。讨论长期执行此策略对厂家的影响（即厂家的期望利润是多少），假定产品一旦损坏，顾客立刻更换、退换或者购买新的。

解 设 $t=0$ 时用户购买了一个新产品，售价为 c，成本 $c_0<c$，产品寿命为 X，它的分布函数为 $F(t)$，$E(X)=\mu<\infty$。设用户相邻两次购买（包括全价购买和折扣更换，但不包括免费更换）的间隔为 Y_1，Y_2，…。容易求出 Y_1，Y_2，…独立同分布（因为每次更换的产品都是新的）。记 Y_i 的分布为$G(t)$。以 $N(t)$ 记 $(0,t]$ 时间内的更换次数，T_n 为第 n 次更换时刻，$M(t)=E[N(t)]$。

首先计算用户在 $(0,Y_1)$ 内的期望花费与 $E(Y_1)$。由所设条件知道，对用户而言，更换策略为：

$$\begin{cases}0, & y\leqslant w\\ \dfrac{c(y-w)}{T}, & w<y<w+T\end{cases}$$

式中，y 为使用时间。由 Y_1 的含义知，$Y_1=w+R_w$（R_w 指产品在 w 时刻的剩余寿命），$Y_1=T_{N(w)+1}$，如图 4-2 所示。

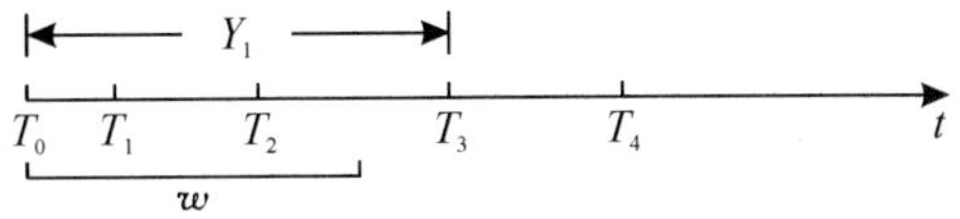

图 4-2　例 4.4.1 图示

从而

$$\bar{G}(t)=P\{Y_1>t\}$$
$$=\begin{cases}1, & 0\leqslant t\leqslant w\\ P\{w+R_w>t\}=\bar{F}(t)+\int_0^w\bar{F}(t-x)\mathrm{d}M(x), & t>w\end{cases}\tag{4.4.2}$$

$$E(Y_1)=E[T_{N(w)+1}]=\mu[1+M(w)]$$

设 $(0,Y_1]$ 内用户花费为 c_1，则

$$c_1=\begin{cases}c, & Y_1>w+T\\ \dfrac{c(Y_1-w)}{T}, & w<Y_1\leqslant w+T\end{cases}$$

从而

$$E(c_1)=c\,\bar{G}(w+T)+\frac{c}{T}\int_w^{w+T}(t-w)\mathrm{d}G(t)$$

解得

$$E(c_1)=\frac{c}{T}\int_0^T\bar{G}(w+x)\mathrm{d}x=\frac{c}{T}\int_0^T P\{R_w>x\}\mathrm{d}x$$

于是

$$c(w,T)=\text{长期平均费用}=\frac{E(c_1)}{E(Y_1)}=\frac{c\int_0^T P\{R_w>x\}\mathrm{d}x}{T\mu[1+M(w)]}$$

对公司而言，其利润为用户付费所得收入与成本之差，在 $(0,w]$ 时间内免费更换产品的个数的期望值为 $E[N(w)]=M(w)$。因此，在一个购买周期 $(0,Y_1]$ 内，公司所付成本为 $c_0[M(w)+1]$，公司从每个用户所得的长期平均利润为：

$$c(w,T)-\frac{c_0[1+M(w)]}{\mu[1+M(w)]}=c(w,T)-\frac{c_0}{\mu}$$

4.4.3　交替更新过程

在更新过程中，我们考虑系统只有一种状态的情况，比如机器一直是“开”的（即更换零件不需要时间）。而实际上，零件损坏之后会有一个拆卸更换的过程，这段时间机器是“关”的。这里我们就来考虑有“开”“关”两种状态的更新过程，将这种过程称作交替更新过程。

设系统最初是开的，持续开的时间是 Z_1，而后关闭，时间为 Y_1，之后再打开，时间

为 Z_2，又关闭，时间为 Y_2……交替进行，每当系统被打开称作一次更新。

假设随机向量列 $\{(Z_n,Y_n),\ n\geqslant 1\}$ 是独立同分布的，从而 $\{Z_n\}$，$\{Y_n\}$ 都是独立同分布的，即 Z_i，Y_j 在 $i\neq j$ 时独立，但 Z_i，Y_i 允许不独立。

下面利用关键更新定理得到交替更新过程的一个很重要的结论。

定理 4.4.2 设 H 是 Z_n 的分布，G 是 Y_n 的分布，F 是 Z_n+Y_n 的分布，并记$P(t)=P\{t$ 时刻系统是开的$\}$，设 $E(Y_n+Z_n)<\infty$，且 F 不是格点分布，则

$$\lim_{t\to\infty}P(t)=\frac{E(Z_n)}{E(Z_n)+E(Y_n)} \tag{4.4.3}$$

证明 对第一次更新的时刻 $X_1=Z_1+Y_1$ 取条件概率，得

$$P\{t\text{ 时刻系统开着}\mid X_1=x\}=\begin{cases}P\{Z_1>t\mid Z_1+Y_1>t\}, & x\geqslant t\\ P(t-x), & x<t\end{cases}$$

则

$$\begin{aligned}P(t)&=\int_0^\infty P\{t\text{ 时刻系统开着}\mid X_1=x\}\mathrm{d}F(x)\\&=P\{Z_1>t\}+\int_0^t P(t-x)\mathrm{d}F(x)\\&=\overline{H}(t)+\int_0^t P(t-x)\mathrm{d}F(x)\end{aligned} \tag{4.4.4}$$

方程（4.4.4）的解为：

$$P(t)=\overline{H}(t)+\int_0^t\overline{H}(t-x)\mathrm{d}M(x)$$

又 $\int_0^\infty\overline{H}(t)\mathrm{d}t=E(Z_1)<\infty$，且显然 $\overline{H}(t)$ 非负不增，由关键更新定理得

$$\lim_{t\to\infty}P(t)=\frac{\int_0^\infty\overline{H}(t)\mathrm{d}t}{E(Y_1+Z_1)}=\frac{E(Z_1)}{E(Z_1)+E(Y_1)}$$

习 题

4.1 判断下列命题是否正确：

(1) $N(t)<n\Leftrightarrow T_n>t$；

(2) $N(t)\leqslant n\Leftrightarrow T_n\geqslant t$；

(3) $N(t)>n\Leftrightarrow T_n<t$。

4.2 更新过程的来到间隔 $\{X_i,i=1,2,\cdots\}$ 服从参数为 (n,λ) 的 Γ 分布。

(1) 试求 $N(t)$ 的分布；

(2) 对更新过程，证明当 $t\to\infty$时，有$\dfrac{N(t)}{t}\to\dfrac{1}{\mu}$,a. s.，其中 $\mu=E(X_1)$；

(3) 试证 $\lim\limits_{t\to\infty}\dfrac{N(t)}{t}=\dfrac{\lambda}{n}$, a. s. 。

4.3 对于 Poisson 过程，验证定理 4.1.1。

4.4 设 $P\{X_i=1\}=\dfrac{1}{3}$，$P\{X_i=2\}=\dfrac{2}{3}$，计算 $P\{N(1)=k\}$，$P\{N(2)=k\}$ 和$P\{N(3)=k\}$。

4.5 一个过程有 n 种状态 1，2，…，n。最初在状态 1，停留时间为 X_1，离开 1 到达 2 停留时间 X_2，再到达 3……最后从 n 回到 1，周而复始，并且过程对每一种状态停留时间的长度是相互独立的。试求 $\lim\limits_{t\to\infty}P\{$时刻 t 系统处于状态 $i\}$。

设 $E[X_1+X_2+\cdots+X_n]<\infty$ 且 $X_1+X_2+\cdots+X_n$ 的分布为非格点的。

4.6 用交替更新过程定理 4.4.2 计算 t 时刻的寿命和剩余年龄的极限分布。

4.7 对 t 时刻最后一次更新取条件重新给出定理 4.4.2 的证明。

4.8 对于延迟更新过程证明更新方程 $M(t)=G(t)+\int_0^t M(t-s)\mathrm{d}F(s)$。

4.9 对更新过程，证明 $P\{T_{N(t)}\leqslant s\}=\overline{F}(t)+\int_0^s\overline{F}(t-y)\mathrm{d}M(y)$ 对任意$t\geqslant s\geqslant 0$成立，其中 $\overline{F}(t)=1-F(t)$。

第5章 Markov链

有一类随机过程，它具备所谓的“无后效性”（Markov 性），即要确定过程将来的状态，知道它此刻的情况就足够了，并不需要对它以往状况的认识，这类过程称为 Markov 过程。我们将介绍 Markov 过程最简单的两种类型：离散时间的 Markov 链（简称马氏链）及连续时间的 Markov 链。

5.1 基本概念

5.1.1 Markov 链的定义及一些例子

定义 5.1.1 随机过程 $\{X_n, n=0,1,2,\cdots\}$ 称为 Markov 链，若它只取有限或可列个值（若不另外说明，以非负整数集 $\{0,1,2,\cdots\}$ 来表示），并且对任意的 $n\geqslant 0$，及任意状态 i，j，i_0，i_1，…，i_{n-1}，有

$$\begin{aligned}&P\{X_{n+1}=j\mid X_n=i, X_{n-1}=i_{n-1},\cdots,X_1=i_1,X_0=i_0\}\\=&P\{X_{n+1}=j\mid X_n=i\}\end{aligned}\tag{5.1.1}$$

式中，$X_n=i$ 表示过程在时刻 n 处于状态 i，称 $\{0,1,2,\cdots\}$ 为该过程的状态空间，记为 S。式（5.1.1）刻画了 Markov 链的特性，称为 Markov 性。对 Markov 链，给定过去的状态 X_0，X_1，…，X_{n-1}及现在的状态 X_n，将来的状态 X_{n+1}的条件分布与过去的状态独立，只依赖于现在的状态。

定义 5.1.2 称式（5.1.1）中的条件概率 $P\{X_{n+1}=j\mid X_n=i\}$ 为 Markov 链 $\{X_n, n=0,1,2,\cdots\}$ 的一步转移概率，简称转移概率，记为 p_{ij}，它代表处于状态 i 的过程下一步转移到状态 j 的概率。

一般情况下，转移概率与状态 i，j 和时刻 n 有关。

定义 5.1.3 当 Markov 链的转移概率 $p_{ij}=P\{X_{n+1}=j \mid X_n=i\}$ 只与状态 i，j 有关，而与 n 无关时，称为时齐 Markov 链；否则，称为非时齐的。

在本书中，我们只讨论时齐 Markov 链，并且简称为 Markov 链。

当 Markov 链的状态有限时，称为有限链，否则称为无限链。但无论状态有限还是无限，我们都可以将 $p_{ij}(i,j\in S)$ 排成一个矩阵的形式，令

$$\boldsymbol{P}=(p_{ij})=\begin{pmatrix} p_{00} & p_{01} & p_{02} & \cdots \\ p_{10} & p_{11} & p_{12} & \cdots \\ \vdots & \vdots & \vdots & \\ p_{i0} & p_{i1} & p_{i2} & \cdots \\ \vdots & \vdots & \vdots & \end{pmatrix} \tag{5.1.2}$$

称 $\boldsymbol{P}$ 为转移概率矩阵，一般简称为转移矩阵。由于概率是非负的，且过程必须转移到某种状态，所以容易看出 $p_{ij}(i,j\in S)$ 有性质：

$$\begin{aligned} &(1)\ p_{ij}\geqslant 0,\quad i,j\in S; \\ &(2)\ \sum_{j\in S} p_{ij}=1,\quad \forall i\in S。\end{aligned} \tag{5.1.3}$$

定义 5.1.4 称矩阵为随机矩阵，若矩阵元素具有式（5.1.3）中的两条性质。易见随机矩阵每一行元素的和都为 1。

例 5.1.1

（一个简单的疾病、死亡模型（Fix-Neyman，1951））考虑一个包含两种健康状态 S_1，S_2 以及两种死亡状态 S_3，S_4（即由不同原因引起的死亡）的模型。若个体病愈，则认为它处于状态 S_1，若它患病，说它处于 S_2，个体可以从 S_1，S_2 进入 S_3 和 S_4，易见这是一个 Markov 链模型，转移矩阵为：

$$\boldsymbol{P}=\begin{pmatrix} p_{11} & p_{12} & p_{13} & p_{14} \\ p_{21} & p_{22} & p_{23} & p_{24} \\ 0 & 0 & 1 & 0 \\ 0 & 0 & 0 & 1 \end{pmatrix}$$

例 5.1.2

（赌徒的破产或称带吸收壁的随机游动）系统的状态是 $0\sim n$，反映赌博者在赌博期间拥有的金钱数额，当他输光或拥有钱数为 n 时，赌博停止，否则他将持续赌博。每次以概率 p 赢得 1，以概率 $q=1-p$ 输掉 1。这个系统的转移矩阵为：

$$\boldsymbol{P}=\begin{pmatrix} 1 & 0 & 0 & 0 & \cdots & 0 & 0 & 0 \\ q & 0 & p & 0 & \cdots & 0 & 0 & 0 \\ \vdots & \vdots & \vdots & \vdots & & \vdots & \vdots & \vdots \\ 0 & 0 & 0 & 0 & \cdots & q & 0 & p \\ 0 & 0 & 0 & 0 & \cdots & 0 & 0 & 1 \end{pmatrix}_{(n+1)\times(n+1)}$$

例5.1.3

（带反射壁的随机游动）设上例中当赌博者输光时将获得赞助1让他继续赌下去，就如同一个在直线上做随机游动的球在到达左侧0点处立刻反弹回1一样，这就是一个一侧带有反射壁的随机游动。此时转移矩阵为：

$$P=\begin{pmatrix} 0 & 1 & 0 & 0 & \cdots & 0 & 0 & 0 \\ q & 0 & p & 0 & \cdots & 0 & 0 & 0 \\ 0 & q & 0 & p & \cdots & 0 & 0 & 0 \\ \vdots & \vdots & \vdots & \vdots & & \vdots & \vdots & \vdots \\ 0 & 0 & 0 & 0 & \cdots & q & 0 & p \\ 0 & 0 & 0 & 0 & \cdots & 0 & 0 & 1 \end{pmatrix}_{(n+1)\times(n+1)}$$

同样可考虑两侧均有反射壁的情况。

例5.1.4

（自由随机游动）设一个球在全直线上做无限制的随机游动，它的状态为0，±1，±2，…。它仍是一个Markov链，转移矩阵为：

$$P=\begin{pmatrix} & \vdots & \vdots & \vdots & \vdots & & \vdots & \vdots & \vdots & \vdots & \\ \cdots & q & 0 & p & 0 & \cdots & 0 & 0 & 0 & 0 & \cdots \\ \cdots & 0 & q & 0 & p & \cdots & 0 & 0 & 0 & 0 & \cdots \\ & \vdots & \vdots & \vdots & \vdots & & \vdots & \vdots & \vdots & \vdots & \\ \cdots & 0 & 0 & 0 & 0 & \cdots & q & 0 & p & 0 & \cdots \\ \cdots & 0 & 0 & 0 & 0 & \cdots & 0 & q & 0 & p & \cdots \\ & \vdots & \vdots & \vdots & \vdots & & \vdots & \vdots & \vdots & \vdots & \end{pmatrix}$$

例5.1.5

（图上的简单随机游动）设有一蚂蚁在如图5－1所示的架子上爬行，当两个节点相邻时，蚂蚁将爬向它邻近的一点，并且爬向任何一个邻近节点的概率是相同的。

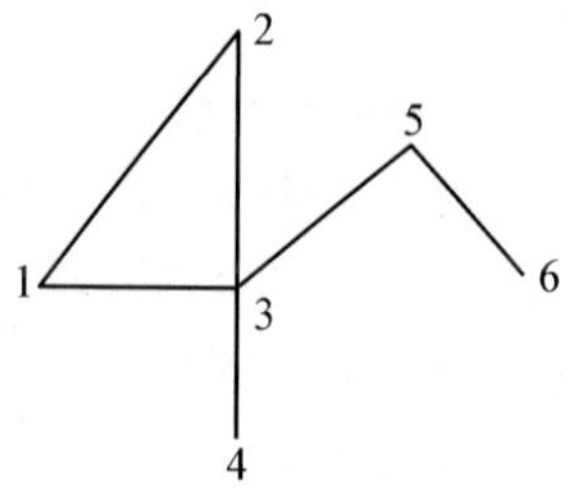

图5－1　例5.1.5图示

则此Markov链的转移矩阵为：

$$
\boldsymbol{P}=\begin{pmatrix}
0 & \frac{1}{2} & \frac{1}{2} & 0 & 0 & 0 \\
\frac{1}{2} & 0 & \frac{1}{2} & 0 & 0 & 0 \\
\frac{1}{4} & \frac{1}{4} & 0 & \frac{1}{4} & \frac{1}{4} & 0 \\
0 & 0 & 1 & 0 & 0 & 0 \\
0 & 0 & \frac{1}{2} & 0 & 0 & \frac{1}{2} \\
0 & 0 & 0 & 0 & 1 & 0
\end{pmatrix}
$$

例5.1.6

（Wright-Fisher 遗传模型）遗传的要素是染色体。遗传性质的携带者称为基因，它们位于染色体上。基因控制着生物的特征，它们是成对出现的。控制同一特征的不同基因称为等位基因，记这对等位基因为 A 和 a，分别称为显性的与隐性的。在一个总体中基因 A 和 a 出现的频率称为基因频率，分别记为 p 和 $1-p$。

设总体中的个体数为 $2N$，每个个体的基因按基因 A 频率大小，在下一代中转移成为基因 A。因此，繁殖出的第二代的基因类型是由试验次数为 $2N$ 的 Bernoulli 试验所确定的，即如果在第 n 代母体中基因 A 出现了 i 次，基因 a 出现了 $2N-i$ 次，则下一代出现基因 A 的概率为 $p_i=\frac{i}{2N}$，出现基因 a 的概率为 $1-p_i$。

记 X_n 为第 n 代中携带基因 A 的个体数，则易知 $\{X_n\}$ 是一个状态空间为 $S=\{0, 1, \cdots, 2N\}$ 的时齐 Markov 链，其转移概率矩阵为 $\boldsymbol{P}=(p_{ij})$，其中

$$
\begin{aligned}
p_{ij} &= P\{X_{n+1}=j \mid X_n=i\}=\mathrm{C}_{2N}^{j} p_i^j (1-p_i)^{2N-j} \\
&= \mathrm{C}_{2N}^{j}\left(\frac{i}{2N}\right)^j\left(1-\frac{i}{2N}\right)^{2N-j}
\end{aligned}
$$

下面我们再给出几个所谓“嵌入 Markov 链”的例子，在这些情况下模型的 Markov 性不明显。

例5.1.7

（$M/G/1$ 排队系统）假设顾客依照参数为 λ 的 Poisson 过程来到一个只有一名服务员的服务站，若服务员空闲则顾客能立刻得到服务，否则排队等待直至轮到他。设每名顾客接受服务的时间是独立的随机变量，有共同的分布 G，而且与来到过程独立。这个系统称为 $M/G/1$ 排队系统，字母 M 代表顾客来到的间隔服从指数分布，G 代表服务时间的分布，数字 1 表示只有 1 名服务员。

若以 $X(t)$ 表示时刻 t 系统中的顾客人数，则 $\{X(t), t\geqslant 0\}$ 是不具备 Markov 性的，因为若已知时刻 t 系统中的人数，要预测未来，虽然可以不用关心从最近的一位顾客到来又过去了多长时间（因为过程的无记忆性，所以这段时间不影响下一位顾客的到来），但

要注意此刻在服务中的顾客已经接受了多长时间的服务（因为 G 不是指数的，不具备“无记忆性”，所以已经接受服务的时间将影响到他何时离去）。

我们可以这样考虑，令 X_n 表示第 n 位顾客走后剩下的顾客数，$n\geqslant 1$。再令 Y_n 记第 $n+1$ 位顾客接受服务期间到来的顾客数，则

$$X_{n+1}=\begin{cases} X_n-1+Y_n, & X_n>0 \\ Y_n, & X_n=0 \end{cases} \tag{5.1.4}$$

可见 X_{n+1} 可由 X_n 和 Y_n 得到，那么 Y_n 是否会依赖于 Y_{n-1}，Y_{n-2}，…呢？我们要证明 $Y_n(n\geqslant 1)$ 都是相互独立的。

事实上，因为 Y_n（$n\geqslant 1$）代表的是在不相重叠的服务时间内来到的人数，来到过程又是 Poisson 过程，这就很容易证明 Y_n（$n\geqslant 1$）的独立性，并且是同分布的。

$$P\{Y_n=j\}=\int_0^{\infty} \mathrm{e}^{-\lambda x}\frac{(\lambda x)^j}{j\,!}\mathrm{d}G(x),\quad j=0,1,2,\cdots \tag{5.1.5}$$

由式（5.1.4）和式（5.1.5）得 $\{X_n, n=1,2,\cdots\}$ 是 Markov 链，转移概率为：

$$\begin{cases} p_{0j}=\displaystyle\int_0^{\infty} \mathrm{e}^{-\lambda x}\frac{(\lambda x)^j}{j\,!}\mathrm{d}G(x), & j\geqslant 0 \\ p_{ij}=\displaystyle\int_0^{\infty} \mathrm{e}^{-\lambda x}\frac{(\lambda x)^{j-i+1}}{(j-i+1)\,!}\mathrm{d}G(x), & j\geqslant i-1; i\geqslant 1 \\ p_{ij}=0, & \text{其他} \end{cases}$$

例 5.1.8

考虑订货问题。设某商店使用 (s,S) 订货策略，每天早上检查某商品的剩余量，设为 x，则订购量为：

$$\begin{cases} 0, & x\geqslant s \\ S-x, & x<s \end{cases}$$

设订货和进货不需要时间，每天的需求量 Y_n 独立同分布且 $P\{Y_n=j\}=a_j$（$j=0$，1，2，…）。现在我们要从上述问题中寻找一个 Markov 链。

解 令 X_n 为第 n 天结束时的存货量，则

$$X_{n+1}=\begin{cases} X_n-Y_{n+1}, & X_n\geqslant s \\ S-Y_{n+1}, & X_n<s \end{cases}$$

因此 $\{X_n, n\geqslant 1\}$ 是 Markov 链，转移概率为：

$$p_{ij}=\begin{cases} a_{i-j}, & i\geqslant s \\ a_{S-j}, & i<s \end{cases}$$

例5.1.9

以 S_n 表示保险公司在时刻 n 的盈余，这里的时间以适当的单位来计算（如天、月等）。初始盈余 $S_0=x$ 显然为已知，但未来的盈余 $S_1,S_2,\cdots$ 却必须视为随机变量，增量 S_n-S_{n-1} 解释为时刻 $n-1$ 和时刻 n 之间获得的盈利（可以为负）。假定 X_1，X_2，…是不包含利息的盈利且独立同分布于 $F(x)$，则

$$S_n=S_{n-1}(1+\gamma)+X_n$$

式中，γ 为固定的利率；$\{S_n\}$ 是 Markov 链。转移概率为：

$$p_{xy}=F[y-(1+\gamma)x]$$

5.1.2 n 步转移概率，C-K 方程

定义 5.1.5 称条件概率

$$p_{ij}^{(n)}=P\{X_{m+n}=j\mid X_m=i\},\quad i,j\in S;m\geqslant 0;n\geqslant 1 \tag{5.1.6}$$

为 Markov 链的 n 步转移概率，相应地称 $\boldsymbol{P}^{(n)}=(p_{ij}^{(n)})$ 为 n 步转移概率矩阵。

当 $n=1$ 时，$p_{ij}^{(1)}=p_{ij}$，$\boldsymbol{P}^{(1)}=\boldsymbol{P}$，此外规定

$$p_{ij}^{(0)}=\begin{cases}0, & i\neq j\\ 1, & i=j\end{cases} \tag{5.1.7}$$

显然，n 步转移概率 $p_{ij}^{(n)}$ 指的就是系统从状态 i 经过 n 步后转移到状态 j 的概率，它对中间的 $n-1$ 步转移经过的状态无要求。

下面的定理给出了 $p_{ij}^{(n)}$ 和 p_{ij} 的关系。

定理 5.1.1 Chapman-Kolmogorov 方程，简称 C-K 方程

对一切 n，$m\geqslant 0$，i，$j\in S$ 有

(1) $$p_{ij}^{(m+n)}=\sum_{k\in S}p_{ik}^{(m)}p_{kj}^{(n)} \tag{5.1.8}$$

(2) $$\boldsymbol{P}^{(n)}=\boldsymbol{P}\cdot\boldsymbol{P}^{(n-1)}=\boldsymbol{P}\cdot\boldsymbol{P}\cdot\boldsymbol{P}^{(n-2)}=\cdots=\boldsymbol{P}^n \tag{5.1.9}$$

证明

$$\begin{aligned}
p_{ij}^{(m+n)} &= P\{X_{m+n}=j\mid X_0=i\}\\
&=\frac{P\{X_{m+n}=j,X_0=i\}}{P\{X_0=i\}}\\
&=\sum_{k\in S}\frac{P\{X_{m+n}=j,X_m=k,X_0=i\}}{P\{X_0=i\}}\\
&=\sum_{k\in S}\frac{P\{X_{m+n}=j,X_m=k,X_0=i\}}{P\{X_0=i\}}\cdot\frac{P\{X_m=k,X_0=i\}}{P\{X_m=k,X_0=i\}}\\
&=\sum_{k\in S}P\{X_{m+n}=j\mid X_m=k,X_0=i\}P\{X_m=k\mid X_0=i\}\\
&=\sum_{k\in S}p_{ik}^{(m)}p_{kj}^{(n)}
\end{aligned}$$

式（5.1.9）是式（5.1.8）的矩阵形式，利用矩阵乘法易得。

例 5.1.10

设例 5.1.2 中，$n=3$，$p=q=\frac{1}{2}$。赌博者从 2 元赌金开始赌博，求他经过 4 次赌博之后输光的概率。

解 这个概率为 $p_{20}^{(4)}=P\{X_4=0 \mid X_0=2\}$，一步转移矩阵为：

$$\boldsymbol{P}=\begin{pmatrix} 1 & 0 & 0 & 0 \\ \frac{1}{2} & 0 & \frac{1}{2} & 0 \\ 0 & \frac{1}{2} & 0 & \frac{1}{2} \\ 0 & 0 & 0 & 1 \end{pmatrix}$$

利用矩阵乘法，得

$$\boldsymbol{P}^{(4)}=\boldsymbol{P}^4=\begin{pmatrix} 1 & 0 & 0 & 0 \\ \frac{5}{8} & \frac{1}{16} & 0 & \frac{5}{16} \\ \frac{5}{16} & 0 & \frac{1}{16} & \frac{5}{8} \\ 0 & 0 & 0 & 1 \end{pmatrix}$$

故 $p_{20}^{(4)}=\frac{5}{16}$（$\boldsymbol{P}^{(4)}$ 中第 3 行第 1 列）。

例 5.1.11

甲乙两人进行某种比赛，设每局甲胜的概率是 p，乙胜的概率是 q，和局的概率是 r，$p+q+r=1$。设每局比赛后，胜者记“+1”分，负者记“−1”分，和局不记分，且当两人中有一人获得 2 分时结束比赛。以 X_n 表示比赛至第 n 局时甲获得的分数，则 $\{X_n, n=0,1,2,\cdots\}$ 为时齐 Markov 链，求在甲获得 1 分的情况下，不超过两局可结束比赛的概率。

解 $\{X_n, n=0,1,2,\cdots\}$ 的一步转移概率矩阵为：

$$\boldsymbol{P}=\begin{pmatrix} 1 & 0 & 0 & 0 & 0 \\ q & r & p & 0 & 0 \\ 0 & q & r & p & 0 \\ 0 & 0 & q & r & p \\ 0 & 0 & 0 & 0 & 1 \end{pmatrix}$$

两步转移概率矩阵为：

$$\boldsymbol{P}^{(2)}=\boldsymbol{P}\cdot\boldsymbol{P}=\begin{pmatrix}1&0&0&0&0\\ q+rq&r^2+pq&2pr&p^2&0\\ q^2&2rq&r^2+2pq&2pr&p^2\\ 0&q^2&2qr&r^2+pq&p+pr\\ 0&0&0&0&1\end{pmatrix}$$

故在甲获得1分的情况下，不超过两局可结束比赛的概率为：

$$p_{1,2}^{(2)}+p_{1,-2}^{(2)}=p+pr$$

例 5.1.12

质点在数轴上的点集 $\{-2,-1,0,1,2\}$ 上做随机游动。质点到达点 -2 后，以概率1停留在原处；到达点2后，以概率1向左移动一点；到达其他点后，分别以概率$\frac{1}{3}$向左、向右移动一点，以概率$\frac{1}{3}$停留在原处。试求在已知该质点处于点0的条件下，经三步转移后仍处于点0的概率。

解 一步转移概率矩阵为：

$$\boldsymbol{P}=\begin{pmatrix}1&0&0&0&0\\ \frac{1}{3}&\frac{1}{3}&\frac{1}{3}&0&0\\ 0&\frac{1}{3}&\frac{1}{3}&\frac{1}{3}&0\\ 0&0&\frac{1}{3}&\frac{1}{3}&\frac{1}{3}\\ 0&0&0&1&0\end{pmatrix}$$

二步转移概率矩阵为：

$$\boldsymbol{P}^{(2)}=\begin{pmatrix}*&*&*&*&*\\ *&*&*&*&*\\ \frac{1}{9}&\frac{2}{9}&\frac{3}{9}&\frac{2}{9}&\frac{1}{9}\\ *&*&*&*&*\\ *&*&*&*&*\end{pmatrix}$$

三步转移概率矩阵为：

$$\boldsymbol{P}^{(3)}=\begin{pmatrix}*&*&*&*&*\\ *&*&*&*&*\\ \frac{1}{9}&\frac{2}{9}&\frac{3}{9}&\frac{2}{9}&\frac{1}{9}\\ *&*&*&*&*\\ *&*&*&*&*\end{pmatrix}\cdot\begin{pmatrix}*&*&0&*&*\\ *&*&\frac{1}{3}&*&*\\ *&*&\frac{1}{3}&*&*\\ *&*&\frac{1}{3}&*&*\\ *&*&0&*&*\end{pmatrix}$$

$$=\begin{pmatrix} * & * & * & * & * \\ * & * & * & * & * \\ * & * & \frac{7}{27} & * & * \\ * & * & * & * & * \\ * & * & * & * & * \end{pmatrix}$$

即在已知质点处于点 0 的条件下，经三步转移后仍处于点 0 的概率为$\frac{7}{27}$。（转移概率矩阵中的 * 部分与最终要计算的结果无关，故省略。）

例 5.1.13

（广告效益的推算，详见本书参考文献［43］）某种啤酒 A 的广告改变了广告方式，经调查发现买啤酒 A 及另外三种啤酒 B，C，D 的顾客每两个月的平均转换率如下（设市场中只有这四种啤酒）：

A→A(0.95)　B(0.02)　C(0.02)　D(0.01)
B→A(0.30)　B(0.60)　C(0.06)　D(0.04)
C→A(0.20)　B(0.10)　C(0.70)　D(0.00)
D→A(0.20)　B(0.20)　C(0.10)　D(0.50)

假设目前购买 A，B，C，D 四种啤酒的顾客的分布为（25%，30%，35%，10%），试求半年后啤酒 A 的市场份额。

解　令 $\boldsymbol{P}$ 为一步转移概率矩阵，则显然有

$$\boldsymbol{P}=\begin{pmatrix} 0.95 & 0.02 & 0.02 & 0.01 \\ 0.30 & 0.60 & 0.06 & 0.04 \\ 0.20 & 0.10 & 0.70 & 0.00 \\ 0.20 & 0.20 & 0.10 & 0.50 \end{pmatrix}$$

令

$$\boldsymbol{\mu}=(\mu_1,\mu_2,\mu_3,\mu_4)=(0.25,0.30,0.35,0.10)$$

计算半年后顾客在这四种啤酒上的转移概率矩阵 $\boldsymbol{P}^3$：

$$\boldsymbol{P}^2=\begin{pmatrix} 0.9145 & 0.035 & 0.0352 & 0.0153 \\ 0.485 & 0.38 & 0.088 & 0.047 \\ 0.36 & 0.134 & 0.5 & 0.006 \\ 0.37 & 0.234 & 0.136 & 0.26 \end{pmatrix}$$

$$\boldsymbol{P}^3=\begin{pmatrix} 0.8894 & 0.0458 & 0.0466 & 0.01820 \\ 0.60175 & 0.2559 & 0.0988 & 0.04355 \\ 0.4834 & 0.1388 & 0.36584 & 0.01196 \\ 0.5009 & 0.2134 & 0.14264 & 0.14306 \end{pmatrix}$$

我们关心啤酒A半年后的市场占有率，即从A，B，C，D四种啤酒经3次转移后转到A的概率，求得A的市场占有率变为：

$$v=(0.25,0.3,0.35,0.10)\begin{pmatrix}0.8894\\0.60175\\0.4834\\0.5009\end{pmatrix}\approx 0.624$$

可见啤酒A的市场份额由原来的25%增至62.4%，新的广告方式很有效。

5.2 状态的分类及性质

本节首先讨论Markov链各个状态之间的关系，然后以这些关系将状态分类，最后研究它们的性质。

定义5.2.1 称状态i可达状态j（$i,j\in S$），若存在$n\geqslant 0$使得$p_{ij}^{(n)}>0$，记为$i\rightarrow j$。若同时有$j\rightarrow i$，则称i与j互通，记为$i\leftrightarrow j$。

定理5.2.1 互通是一种等价关系，即满足：

（1）自返性：$i\leftrightarrow i$；

（2）对称性：$i\leftrightarrow j$，则$j\leftrightarrow i$；

（3）传递性：$i\leftrightarrow j$，$j\leftrightarrow k$，则$i\leftrightarrow k$。

证明 从互通的定义可知定理5.2.1（1）和（2）是显然的，只证定理5.2.1（3）。

由互通定义可知需证$i\rightarrow k$且$k\rightarrow i$。首先，由$i\rightarrow j$，$j\rightarrow k$知道存在m，$n\geqslant 0$，使得$p_{ij}^{(m)}>0$，$p_{jk}^{(n)}>0$。再由C-K方程知道$p_{ik}^{(m+n)}=\sum\limits_{l\in S}p_{il}^{(m)}p_{lk}^{(n)}\geqslant p_{ij}^{(m)}p_{jk}^{(n)}>0$，故$i\rightarrow k$。同理可证$k\rightarrow i$，即有$i\leftrightarrow k$。

我们把任何两个互通状态归为一类，由上述定理可知，同在一类的状态应该都是互通的，并且任何一个状态不能同时属于两个不同的类。

定义5.2.2 若Markov链只存在一个类，就称它是不可约的；否则称为可约的。

例5.2.1

我们来看例5.1.1中疾病死亡模型的四种状态之间的关系。为清楚起见，经常以如图5-2所示的转移图来表示Markov链的状态变化。由转移矩阵容易看出：$S_1\rightarrow S_1$，$S_2\rightarrow S_1$，$S_1\rightarrow S_2$，$S_2\rightarrow S_2$，$S_1\rightarrow S_3$，$S_2\rightarrow S_3$，$S_1\rightarrow S_4$，$S_2\rightarrow S_4$。所以只有$S_1\leftrightarrow S_2$，但$S_3\nrightarrow S_1$，$S_4\nrightarrow S_1$，$S_3\nrightarrow S_2$，$S_4\nrightarrow S_2$，$S_3\nrightarrow S_4$，$S_4\nrightarrow S_3$。状态可分为三类$\{S_1,S_2\}$，$\{S_3\}$和$\{S_4\}$。

读者可用类似的方法来说明赌徒输光问题中任何两种状态i，j（$0<i,j<n$）都互通，并可将所有状态分为三类：$\{0\}$，$\{1,2,\cdots,n-1\}$，$\{n\}$。

下面我们给出状态的一些性质，然后证明同在一类的状态具有相同的性质。

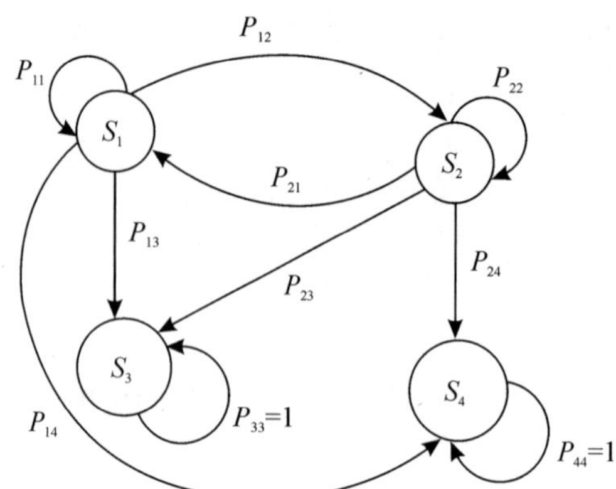

图 5－2　例 5.2.1 图示

定义 5.2.3　若集合 $\{n: n\geqslant 1, p_{ii}^{(n)}>0\}$ 非空，则称它的最大公约数 $d=d(i)$ 为状态 i 的周期。若 $d>1$，称 i 是周期的；若 $d=1$，称 i 是非周期的。并且特别规定当上述集合为空集时，称 i 的周期为无穷大。

注：由定义 5.2.3 知道，虽然 i 有周期 d 但并不是对所有的 n，$p_{ii}^{(nd)}$ 都大于 0。如果集合 $\{n: n\geqslant 1, p_{ii}^{(n)}>0\}$ 为 $\{3,9,18,21,\cdots\}$，其最大公约数 $d=3$，即 3 是 i 的周期，显然，$n=6$，12，15 都不属于此集合，即 $p_{ii}^{(6)}=0$，$p_{ii}^{(12)}=0$，$p_{ii}^{(15)}=0$。但是可以证明，当 n 充分大之后一定有 $p_{ii}^{(dn)}>0$（详见本书参考文献 [50]）。

例 5.2.2

考察图 5－3 所示的 Markov 链。

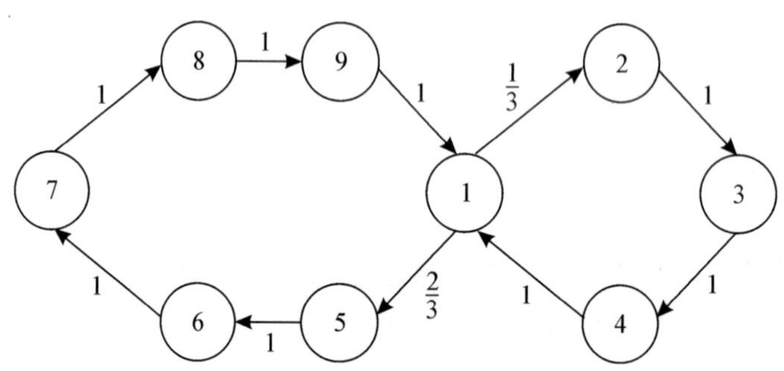

图 5－3　例 5.2.2 图示

由状态 1 出发再回到状态 1 的可能步长为 $T=\{4,6,8,10,\cdots\}$，它的最大公约数是 2，虽然从状态 1 出发经 2 步并不能回到状态 1，但我们仍然称 2 是状态 1 的周期。

定理 5.2.2　若状态 i，j 同属一类，则 $d(i)=d(j)$。

证明　由类的定义知 $i\leftrightarrow j$，即存在 m，$n\geqslant 0$，使 $p_{ij}^{(m)}>0$，$p_{ji}^{(n)}>0$，则 $p_{ii}^{(m+n)}=\sum\limits_{k\in S} p_{ik}^{(m)} p_{ki}^{(n)} \geqslant p_{ij}^{(m)} p_{ji}^{(n)}>0$。对所有使得 $p_{jj}^{(s)}>0$ 的 s，有 $p_{ii}^{(m+s+n)}\geqslant p_{ij}^{(m)} p_{jj}^{(s)} p_{ji}^{(n)}>0$。显然 $d(i)$ 应同时整除 $n+m$ 和 $n+m+s$，则它必定整除 s。而 $d(j)$ 是 j 的周期，所以也有 $d(i)$ 整除 $d(j)$。反过来也可证明 $d(j)$ 整除 $d(i)$，于是 $d(i)=d(j)$。

定义 5.2.4　对于任何状态 i，j，以 $f_{ij}^{(n)}$ 记从 i 出发经 n 步后首次到达 j 的概率，则有

$$f_{ij}^{(0)}=\delta_{ij}$$
$$f_{ij}^{(n)}=P\{X_n=j,\ X_k\neq j,\ k=1,2,\cdots,n-1\mid X_0=i\},\ n\geqslant 1 \tag{5.2.1}$$

令 $f_{ij}=\sum\limits_{n=1}^{\infty}f_{ij}^{(n)}$，若 $f_{jj}=1$，称状态 j 为常返状态；若 $f_{jj}<1$，称状态 j 为非常返状态或瞬过状态。

我们来看 f_{ij} 的含义。容易看出集合 $A_n=\{X_n=j,X_k\neq j,k=1,2,\cdots,n-1\mid X_0=i\}$，在 n 不同时是不相交的，并且 $\bigcup\limits_{n=1}^{\infty}A_n$ 表示总有一个 n 使得过程从 i 经 n 步后可到达 j，所以

$$P\Big(\bigcup_{n=1}^{\infty}A_n\Big)=\sum_{n=1}^{\infty}P(A_n)=\sum_{n=1}^{\infty}f_{ij}^{(n)}=f_{ij}$$

即表示从 i 出发，在有限步内可以到达 j 的概率。则当 i 为常返状态时，从 i 出发，在有限步内，过程将以概率 1 重新返回 i；而当 i 为非常返状态时，过程以概率$1-f_{ii}>0$ 不再回到 i，换言之，从 i 滑过了。

对于常返状态 i，定义

$$\mu_i=\sum_{n=1}^{\infty}nf_{ii}^{(n)}$$

可以知道 μ_i 表示的是由 i 出发再返回到 i 所需的平均步数（时间）。

定义 5.2.5 对于常返状态 i，若 $\mu_i<+\infty$，则称 i 为正常返状态；若$\mu_i=+\infty$，则称 i 为零常返状态。

特别地，若 i 为正常返状态，且是非周期的，则称为遍历状态。若 i 是遍历状态，且 $f_{ii}^{(1)}=1$，则称 i 为吸收状态，此时显然 $\mu_i=1$。

例 5.2.3

设 Markov 链的状态空间为 $S=\{1,2,3,4\}$，其一步转移概率矩阵为：

$$\boldsymbol{P}=\begin{pmatrix}\frac{1}{2}&\frac{1}{2}&0&0\\1&0&0&0\\0&\frac{1}{3}&\frac{2}{3}&0\\\frac{1}{2}&0&\frac{1}{2}&0\end{pmatrix}$$

试将状态进行分类。

解 由一步转移概率矩阵 $\boldsymbol{P}$，对一切 $n\geqslant 1$，$f_{44}^{(n)}=0$，从而 $f_{44}=\sum\limits_{n=1}^{\infty}f_{44}^{(n)}=0<1$，故状态 4 是非常返状态。

又 $f_{33}^{(1)}=\frac{2}{3}$，$f_{33}^{(n)}=0(n\geqslant 2)$，从而 $f_{33}=\sum\limits_{n=1}^{\infty}f_{33}^{(n)}=\frac{2}{3}<1$，故状态 3 是非常返状态。

但状态 1 与 2 是常返状态，因为

$$f_{11}=f_{11}^{(1)}+f_{11}^{(2)}=\frac{1}{2}+\frac{1}{2}=1$$

$$f_{22}=\sum_{n=1}^{\infty}f_{22}^{(n)}=0+\frac{1}{2}+\frac{1}{2^2}+\frac{1}{2^3}+\cdots=1$$

又因为

$$\mu_1=\sum_{n=1}^{\infty}nf_{11}^{(n)}=1\times\frac{1}{2}+2\times\frac{1}{2}=\frac{3}{2}<\infty$$

$$\mu_2=\sum_{n=1}^{\infty}nf_{22}^{(n)}=1\times 0+2\times\frac{1}{2}+3\times\frac{1}{2^2}+\cdots+n\times\frac{1}{2^{n-1}}+\cdots=3<\infty$$

故状态 1 与 2 都是正常返状态，又因其周期都是 1，故它们都是遍历状态。

可以证明，对于同属一类的状态 i，j，它们同为常返状态或非常返状态，并且当它们是常返状态时，又同为正常返状态和零常返状态。下面我们首先引入常返性的另一种判定方法。

定理 5.2.3 状态 i 为常返的当且仅当 $\sum_{n=0}^{\infty}p_{ii}^{(n)}=\infty$；状态 i 为非常返状态时有 $\sum_{n=0}^{\infty}p_{ii}^{(n)}=\frac{1}{1-f_{ii}}$。

在证明定理时，我们需要用下面的引理，它给出了转移概率 $p_{ij}^{(n)}$ 与首达概率 $f_{ij}^{(n)}$ 的关系。

引理 5.2.1 对任意状态 i，j 及 $1\leqslant n<+\infty$，有

$$p_{ij}^{(n)}=\sum_{l=1}^{n}f_{ij}^{(l)}p_{jj}^{(n-l)} \tag{5.2.2}$$

证明 用归纳法。对 $n=1$，由 $p_{ij}^{(1)}=f_{ij}^{(1)}$，易证式（5.2.2）成立。

假设对 $n-1$，已有 $p_{ij}^{(n-1)}=\sum_{l=1}^{n-1}f_{ij}^{(l)}p_{jj}^{(n-1-l)}$ 成立。

对 n 用 C-K 方程，有

$$\begin{aligned}
p_{ij}^{(n)}&=\sum_{k\in S}p_{ik}p_{kj}^{(n-1)}=p_{ij}^{(1)}p_{jj}^{(n-1)}+\sum_{\substack{k\neq j\\ k\in S}}p_{ik}p_{kj}^{(n-1)}\\
&=f_{ij}^{(1)}p_{jj}^{(n-1)}+\sum_{\substack{k\neq j\\ k\in S}}f_{ik}^{(1)}\left[\sum_{l=1}^{n-1}f_{kj}^{(l)}p_{jj}^{(n-1-l)}\right]\\
&=f_{ij}^{(1)}p_{jj}^{(n-1)}+\sum_{l=1}^{n-1}\left[\sum_{\substack{k\neq j\\ k\in S}}f_{ik}^{(1)}f_{kj}^{(l)}\right]p_{jj}^{(n-1-l)}\\
&=f_{ij}^{(1)}p_{jj}^{(n-1)}+\sum_{l=1}^{n-1}f_{ij}^{(l+1)}p_{jj}^{(n-1-l)}\\
&=f_{ij}^{(1)}p_{jj}^{(n-1)}+\sum_{l=2}^{n}f_{ij}^{(l)}p_{jj}^{(n-l)}
\end{aligned}$$

$$= \sum_{l=1}^{n} f_{ij}^{(l)} p_{jj}^{(n-l)}$$

证明中我们用到了等式 $f_{ij}^{(l+1)} = \sum_{k \neq j} f_{ik}^{(1)} f_{kj}^{(l)}$，请读者自行证之。现在我们就可以对定理5.2.3给出证明了。

定理 5.2.3 的证明：

用引理 5.2.1，有

$$\begin{aligned}
\sum_{n=0}^{\infty} p_{ii}^{(n)} &= p_{ii}^{(0)} + \sum_{n=1}^{\infty}\Big[\sum_{l=1}^{n} f_{ii}^{(l)} p_{ii}^{(n-l)}\Big] \\
&= 1 + \sum_{l=1}^{\infty}\sum_{n=l}^{\infty} f_{ii}^{(l)} p_{ii}^{(n-l)} \\
&= 1 + \Big[\sum_{l=1}^{\infty} f_{ii}^{(l)}\Big]\Big[\sum_{m=0}^{\infty} p_{ii}^{(m)}\Big]
\end{aligned}$$

所以

$$\sum_{n=0}^{\infty} p_{ii}^{(n)} = \frac{1}{1-f_{ii}}$$

从而

$$\sum_{n=0}^{\infty} p_{ii}^{(n)} < \infty \Leftrightarrow f_{ii} < 1;\ \sum_{n=0}^{\infty} p_{ii}^{(n)} = \infty \Leftrightarrow f_{ii} = 1$$

引理 5.2.2 若 $i \leftrightarrow j$ 且 i 为常返状态，则 $f_{ji}=1$。

证明 假如 $f_{ji}<1$，则以正概率 $1-f_{ji}>0$ 使得从 j 出发不能在有限步内回到 i。这意味着系统中存在一个正概率，使得它从 i 出发不能在有限步内回到 i，从而 $f_{ii}<1$，与假设 i 是常返状态矛盾。所以只能有 $f_{ji}=1$。

定理 5.2.4 常返性是一个类性质。

证明 首先来证明若 $i \leftrightarrow j$，则 i，j 同为常返或非常返状态。

由 $i \leftrightarrow j$ 知，存在 n，$m \geqslant 0$，使得 $p_{ij}^{(n)}>0$，$p_{ji}^{(m)}>0$，由 C-K 方程总有

$$p_{ii}^{(n+m+l)} \geqslant p_{ij}^{(n)} p_{jj}^{(l)} p_{ji}^{(m)}$$
$$p_{jj}^{(n+m+l)} \geqslant p_{ji}^{(m)} p_{ii}^{(l)} p_{ij}^{(n)}$$

则求和得到

$$\sum_{l=0}^{\infty} p_{ii}^{(n+m+l)} \geqslant p_{ij}^{(n)} p_{ji}^{(m)} \sum_{l=0}^{\infty} p_{jj}^{(l)}$$
$$\sum_{l=0}^{\infty} p_{jj}^{(n+m+l)} \geqslant p_{ij}^{(n)} p_{ji}^{(m)} \sum_{l=0}^{\infty} p_{ii}^{(l)}$$

可见，$\sum_{l=0}^{\infty} p_{jj}^{(l)}$，$\sum_{l=0}^{\infty} p_{ii}^{(l)}$ 相互控制，同为无穷或有限，从而 i，j 同为常返或非常返状态。

其次我们还可以证明，当 i，j 同为常返状态时，它们同为正常返状态或零常返状态。

证明将在下一节给出。

例 5.2.4

设 Markov 链的状态空间 $S=\{0,1,2,\cdots\}$，转移概率为 $p_{00}=\dfrac{1}{2}$，$p_{i,i+1}=\dfrac{1}{2}$，$p_{i0}=\dfrac{1}{2}$ $(i\in S)$。由图 5-4 易知，$f_{00}^{(1)}=\dfrac{1}{2}$，$f_{00}^{(2)}=\dfrac{1}{2}\times\dfrac{1}{2}$，$f_{00}^{(3)}=\dfrac{1}{2}\times\dfrac{1}{2}\times\dfrac{1}{2}$，…，$f_{00}^{(n)}=\dfrac{1}{2^n}$，故 $f_{00}=\sum\limits_{n=1}^{\infty}\dfrac{1}{2^n}=1$，$\mu_0=\sum\limits_{n=1}^{\infty}n\,2^{-n}<\infty$。可见状态 0 是正常返状态，显然它是非周期的，故 0 是遍历状态。对其他状态 $i>0$，由$i\leftrightarrow 0$，故 i 也是遍历的。

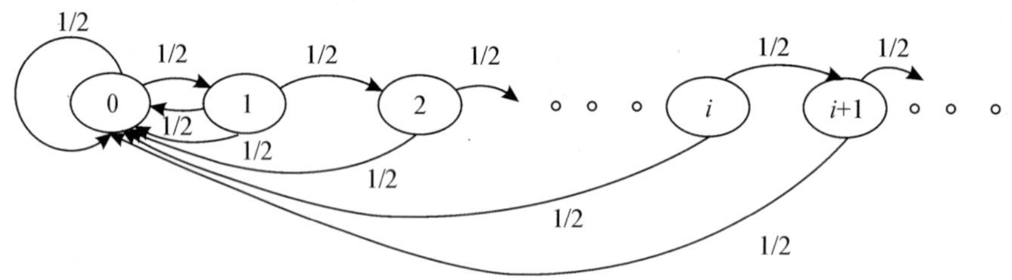

图 5-4　例 5.2.4 图示

5.3　极限定理及平稳分布

5.3.1　极限定理

对于一个系统来说，考虑它的长期的性质是很必要的，本节我们将研究 Markov 链的极限情况和平稳 Markov 链的有关性质。首先来看两个例子。

例 5.3.1

设 Markov 链的转移矩阵为：

$$\boldsymbol{P}=\begin{pmatrix}1-p & p\\ q & 1-q\end{pmatrix},\quad 0<p,q<1$$

现在考虑 $\boldsymbol{P}^{(n)}$ 在 $n\to\infty$ 时的情况。由 $\boldsymbol{P}^{(n)}=\boldsymbol{P}^n$ 知，只需计算 $\boldsymbol{P}$ 的 n 重乘积的极限。令

$$\boldsymbol{Q}=\begin{pmatrix}1 & -p\\ 1 & q\end{pmatrix}$$

$$\boldsymbol{D}=\begin{pmatrix}1 & 0\\ 0 & 1-p-q\end{pmatrix}$$

则

$$Q^{-1}=\begin{pmatrix} \frac{q}{p+q} & \frac{p}{p+q} \\ -\frac{1}{p+q} & \frac{1}{p+q} \end{pmatrix}, \quad P=QDQ^{-1}$$

从而

$$P^n=(QDQ^{-1})^n=Q\begin{pmatrix} 1 & 0 \\ 0 & 1-p-q \end{pmatrix}^n Q^{-1}$$

$$=\begin{pmatrix} \frac{q+p(1-p-q)^n}{p+q} & \frac{p-p(1-p-q)^n}{p+q} \\ \frac{q-q(1-p-q)^n}{p+q} & \frac{p+q(1-p-q)^n}{p+q} \end{pmatrix} \tag{5.3.1}$$

由于 $|1-p-q|<1$，式（5.3.1）的极限为：

$$\lim_{n\to\infty}P^n=\begin{pmatrix} \frac{q}{p+q} & \frac{p}{p+q} \\ \frac{q}{p+q} & \frac{p}{p+q} \end{pmatrix}$$

可见此 Markov 链的 n 步转移概率有一个稳定的极限。

例 5.3.2

在例 5.2.5 中令 $p=\frac{1}{3}$，则

$$\lim_{n\to\infty}p_{00}^{(2n)}=\lim_{n\to\infty}\frac{\left(4\times\frac{1}{3}\times\frac{2}{3}\right)^n}{\sqrt{n\pi}}=0 \tag{5.3.2}$$

令 $p=\frac{1}{2}$，则

$$\lim_{n\to\infty}p_{00}^{(2n)}=\lim_{n\to\infty}\frac{\left(4\times\frac{1}{2}\times\frac{1}{2}\right)^n}{\sqrt{n\pi}}=0 \tag{5.3.3}$$

由式（5.3.2）和式（5.3.3）可知，从 0 出发经过无穷次的转移之后，系统在某一规定时刻回到 0 的概率趋于 0。

我们容易证明例 5.3.1 中的所有状态是正常返状态，而在例 5.2.5 中当 $p=\frac{1}{3}$时状态 0 是非常返状态，当 $p=\frac{1}{2}$时 0 是零常返状态。那么两个例子给出的是不是一般结论呢？答案是肯定的，我们不加证明地引入 Markov 链的一个基本极限定理。

定理 5.3.1 若状态 i 是周期为 d 的常返状态，则

$$\lim_{n\to\infty} p_{ii}^{(nd)} = \frac{d}{\mu_i} \tag{5.3.4}$$

当 $\mu_i=\infty$时，$\frac{d}{\mu_i}=0$。

注：在定理 5.3.1 中只提到 i 是常返状态的情形。当 i 是非常返状态时，由于 $\sum_{n=1}^{\infty} p_{ii}^{(n)} < \infty$，易见 $\lim_{n\to\infty} p_{ii}^{(n)}=0$。

由定理 5.3.1，我们有以下推论。

推论 5.3.1 设 i 为常返状态，则

$$i\text{ 为零常返状态}\Leftrightarrow \lim_{n\to\infty} p_{ii}^{(n)}=0$$

证明 若 i 为零常返状态，则 $\mu_i=\infty$，从而 $\lim_{n\to\infty} p_{ii}^{(nd)}=0$。而当 m 不是 d 的整数倍时，$p_{ii}^{(m)}=0$，故 $\lim_{n\to\infty} p_{ii}^{(n)}=0$。

反之，若 $\lim_{n\to\infty} p_{ii}^{(n)}=0$。设 i 为正常返状态，则 $\mu_i<\infty$，由定理 5.3.1 知 $\lim_{n\to\infty} p_{ii}^{(nd)}>0$，矛盾。

利用推论 5.3.1，我们把定理 5.2.4 的第二部分补充证明如下：

证明（定理 5.2.4） 设 $i\leftrightarrow j$ 为常返状态且 i 为零常返状态，则 j 为零常返状态。

考虑到

$$p_{ii}^{(n+m+l)} \geqslant p_{ij}^{(n)} p_{jj}^{(m)} p_{ji}^{(l)} \geqslant 0 \tag{5.3.5}$$

令 $m\to\infty$，对式（5.3.5）取极限，知

$$0\geqslant \lim_{m\to\infty} p_{jj}^{(m)} \geqslant 0$$

故 j 也为零常返状态。反之，由 j 为零常返状态也可推得 i 为零常返状态，从而证明了 i，j 同为零常返状态或正常返状态。

下面我们要利用定理 5.3.1 来讨论 $p_{ij}^{(n)}$ 的极限性质。一般来说，讨论两个问题：一是极限 $\lim_{n\to\infty} p_{ij}^{(n)}$ 是否存在；二是其极限是否与 i 有关。首先有如下定理。

定理 5.3.2 （1）若 j 为非常返状态或零常返状态，则对 $\forall\, i\in S$，有

$$\lim_{n\to\infty} p_{ij}^{(n)} = 0 \tag{5.3.6}$$

（2）如果 Markov 链为不可约，正常返，且非周期，则对于任意 i，$j\in S$，有

$$\lim_{n\to+\infty} p_{ij}^{n} = \frac{1}{\mu_j} \tag{5.3.7}$$

证明需要用到 Coupling Markov Chain 的技巧，如果对于一般周期为 d 的 Markov 链还需要更多的准备知识，需要把状态空间划分成不同的 Cycle。这里省略，感兴趣的读者可参见 J. R. Norris, Markov Chains. Cambridge University Press, Jul 28, 1998, http://

www.statslab.cam.ac.uk/~james/Markov/。

证明 (1) 由引理5.2.1，得

$$p_{ij}^{(n)}=\sum_{l=1}^{n}f_{ij}^{(l)}p_{jj}^{(n-l)} \tag{5.3.8}$$

对 $N<n$，有

$$\sum_{l=1}^{n}f_{ij}^{(l)}p_{jj}^{(n-l)}\leqslant\sum_{l=1}^{N}f_{ij}^{(l)}p_{jj}^{(n-l)}+\sum_{l=N+1}^{n}f_{ij}^{(l)} \tag{5.3.9}$$

先固定 N，令 $n\to\infty$，由于 $p_{jj}^{(n)}\to0$，所以式（5.3.9）右端第一项趋于0。再令 $N\to\infty$，式（5.3.9）右端第二项因 $\sum_{l=1}^{\infty}f_{ij}^{(l)}\leqslant1$ 而趋于0，故

$$\lim_{n\to\infty}p_{ij}^{(n)}=0$$

(1) 得证。

(2) 依然利用式（5.3.8），对于 $1\leqslant N<n$，有

$$\sum_{l=1}^{N}f_{ij}^{(l)}p_{jj}^{(n-l)}\leqslant p_{ij}^{(n)}\leqslant\sum_{l=1}^{N}f_{ij}^{(l)}p_{jj}^{(n-l)}+\sum_{l=N+1}^{n}f_{ij}^{(l)}$$

先固定 N，令 $n\to\infty$，再令 $N\to\infty$，由定理5.3.1得

$$\frac{d}{\mu_j}\leqslant\lim_{n\to\infty}p_{ij}^{(nd)}\leqslant\frac{d}{\mu_j}$$

即 $\lim_{n\to\infty}p_{ij}^{(nd)}=\frac{d}{\mu_j}$，定理得证。

推论5.3.2 状态有限的Markov链，不可能全为非常返状态，也不可能有零常返状态，从而不可约的有限Markov链是正常返的。

证明 设状态空间 $S=\{1,2,\cdots,N\}$。若全部 N 个状态非常返，对状态 $i\to j$，有 $p_{ij}^{(n)}\to0$。若 $i\nrightarrow j$，即 i 不可达 j，$\forall n$，$p_{ij}^{(n)}=0$。于是当 $n\to\infty$ 时，$\sum_{j=1}^{N}p_{ij}^{(n)}\to0$，但 $\sum_{j=1}^{N}p_{ij}^{(n)}=1$，矛盾。

若 S 中有零常返状态，设为 i，令 $C=\{j: i\to j\}$，则有 $\sum_{j\in C}p_{ij}^{(n)}=1$ 并且对 $j\in C$，$j\to i$。因为若 $j\nrightarrow i$，则与 i 为常返状态矛盾。故 $i\leftrightarrow j$，从而 j 也为零常返状态，则 $\lim_{n\to\infty}p_{ij}^{(n)}=0$，从而 $\sum_{j\in C}p_{ij}^{(n)}\to0\ (n\to\infty)$，矛盾。

推论5.3.3 若Markov链有一个零常返状态，则必有无限个零常返状态。

例5.3.3

设Markov链的状态空间为 $S=\{1,2,3,4,5\}$，转移矩阵为：

$$P=\begin{pmatrix} 1 & 0 & 0 & 0 & 0 \\ 0 & 1 & 0 & 0 & 0 \\ \frac{1}{2} & 0 & 0 & \frac{1}{2} & 0 \\ 0 & 0 & \frac{1}{2} & 0 & \frac{1}{2} \\ 0 & \frac{1}{2} & 0 & \frac{1}{2} & 0 \end{pmatrix}$$

试确定常返状态、瞬过状态，并对常返状态 i 确定其平均回转时间 μ_i。

解 画出转移图（见图 5－5）。

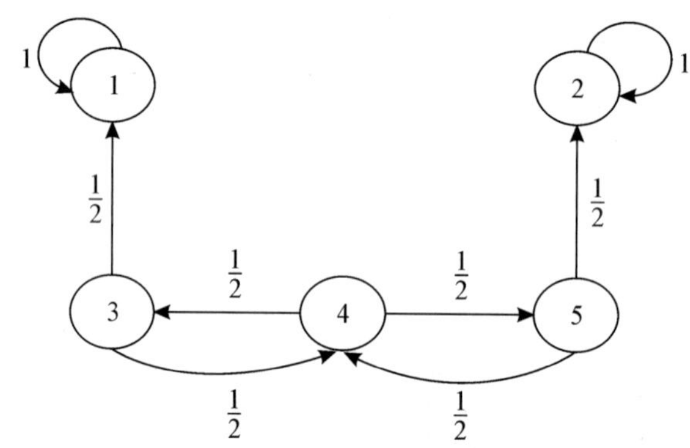

图 5－5 例 5.3.3 图示

显然，状态 1，2 的周期为 1，状态 3，4，5 的周期为 2。

$$P^n \xrightarrow{n\to\infty} \begin{pmatrix} 1 & 0 & 0 & 0 & 0 \\ 0 & 1 & 0 & 0 & 0 \\ * & * & 0 & 0 & 0 \\ * & * & 0 & 0 & 0 \\ * & * & 0 & 0 & 0 \end{pmatrix}$$

从而 1，2 为正常返状态，3，4，5 为瞬过状态，$\mu_1=\mu_2=1$。此 Markov 链可分为三类，即 $\{1\}$，$\{2\}$ 和 $\{3,4,5\}$。

5.3.2 平稳分布与极限分布

前面只讨论了 Markov 链的转移概率 p_{ij} 的有关问题，下面将就它的初始分布问题给出一些结论。首先是关于 Markov 链的平稳分布和极限分布的概念。

定义 5.3.1 对于 Markov 链，概率分布 $\{p_j, j\in S\}$ 称为平稳分布，若

$$p_j = \sum_{i\in S} p_i p_{ij} \tag{5.3.10}$$

可见，若 Markov 链的初始分布 $P\{X_0=j\}=p_j$ $(j\in S)$ 是平稳分布，则 X_1 的分布将是

$$\begin{aligned} P\{X_1=j\} &= \sum_{i\in S} P\{X_1=j \mid X_0=i\}\cdot P\{X_0=i\} \\ &= \sum_{i\in S} p_{ij}p_i \\ &= p_j \end{aligned} \tag{5.3.11}$$

这与 X_0 的分布是相同的，依次递推 X_n（$n=0,1,2,\cdots$）将有相同的分布，这也是称 $\{p_i,i\in S\}$ 为平稳分布的原因。

定义 5.3.2 称 Markov 链是遍历的，如果所有状态相通且均是周期为 1 的正常返状态。对于遍历的 Markov 链，极限

$$\lim_{n\to\infty} p_{ij}^{(n)}=\pi_j,\quad j\in S \tag{5.3.12}$$

称为 Markov 链的极限分布。

由定理 5.3.2 知，$\pi_j=\dfrac{1}{\mu_j}$。

下面的定理说明对于遍历的 Markov 链，极限分布就是平稳分布并且还是唯一的平稳分布。

定理 5.3.3 对于不可约非周期的 Markov 链：

（1）若它是遍历的，则 $\pi_j=\lim\limits_{n\to\infty}p_{ij}^{(n)}>0$（$j\in S$）是平稳分布且是唯一的平稳分布；

（2）若状态都是瞬过的或全为零常返的，则平稳分布不存在。

证明 （1）对遍历的 Markov 链，由定理 5.3.2 知 $\lim\limits_{n\to\infty}p_{ij}^{(n)}>0$ 存在，记为 π_j。

首先证明 $\{\pi_j,j\in S\}$ 是平稳分布。由于 $\sum\limits_{j\in S}p_{ij}^{(n)}=1$，则有

$$\lim_{n\to\infty}\sum_{j\in S}p_{ij}^{(n)}=1 \tag{5.3.13}$$

易证式（5.3.13）中极限与求和可交换。即有

$$\sum_{j\in S}\pi_j=1$$

利用 C-K 方程得

$$p_{ij}^{(n+1)}=\sum_{k\in S}p_{ik}^{(n)}p_{kj}$$

两边取极限得

$$\lim_{n\to\infty}p_{ij}^{(n+1)}=\lim_{n\to\infty}\sum_{k\in S}p_{ik}^{(n)}p_{kj}=\sum_{k\in S}\left[\lim_{n\to\infty}p_{ik}^{(n)}\right]p_{kj}$$

即 $\pi_j=\sum\limits_{k\in S}\pi_k p_{kj}$，从而 $\{\pi_j,j\in S\}$ 是平稳分布。

再证 $\{\pi_j,j\in S\}$ 是唯一的平稳分布。假设另外还有一个平稳分布 $\{\tilde{\pi}_j,j\in S\}$，则由 $\tilde{\pi}_j=\sum\limits_{k\in S}\tilde{\pi}_k p_{kj}$ 归纳得到

$$\tilde{\pi}_j = \sum_{k \in S} \tilde{\pi}_k p_{kj}^{(n)}, \quad n=1,2,\cdots$$

令 $n \to \infty$，对上式两端取极限，有

$$\tilde{\pi}_j = \sum_{i \in S} \tilde{\pi}_i \lim_{n \to \infty} p_{ij}^{(n)} = \sum_{i \in S} \tilde{\pi}_i \pi_j$$

因为 $\sum\limits_{i \in S} \tilde{\pi}_i = 1$，所以 $\tilde{\pi}_j = \pi_j$，得证平稳分布唯一。

（2）假设存在一个平稳分布 $\{\pi_j, j \in S\}$，则由（1）中证明知道

$$\pi_j = \sum_{i \in S} \pi_i p_{ij}^{(n)}, \quad n=1,2,\cdots$$

成立，令 $n \to \infty$ 知 $p_{ij}^{(n)} \to 0$，则推出 $\pi_j = 0$（$j \in S$），这是不可能的。于是对于非常返的或零常返的 Markov 链不存在平稳分布。

对于状态有限的遍历 Markov 链，定理确定了求解极限分布的方法，即 π_j（$j \in S$）是方程 $\pi_j = \sum\limits_{i \in S} \pi_i p_{ij}$ 的解，同时由 $\pi_j = \dfrac{1}{\mu_j}$ 给出了求解状态的平均回转时间的简单方法。

例 5.3.4

设 Markov 链的转移阵为：

$$\boldsymbol{P} = \begin{pmatrix} 0.5 & 0.5 & 0 \\ 0.5 & 0 & 0.5 \\ 0 & 0.5 & 0.5 \end{pmatrix}$$

则它的平稳分布满足

$$\begin{cases} \pi_1 = 0.5\pi_1 + 0.5\pi_2 \\ \pi_2 = 0.5\pi_1 + 0.5\pi_3 \\ \pi_3 = 0.5\pi_2 + 0.5\pi_3 \end{cases}$$

求解 $\boldsymbol{\pi} = (\pi_1, \pi_2, \pi_3) = \left(\dfrac{1}{3}, \dfrac{1}{3}, \dfrac{1}{3}\right)$。则

$$\lim_{n \to \infty} p_{ij}^{(n)} = \lim_{n \to \infty} P\{X_n = j \mid X_0 = i\} = \frac{1}{3}$$

即 0 时刻从 i 出发，在很久的时间之后 Markov 链处于状态 1，2，3 的概率均为 $\dfrac{1}{3}$，即 X_n 的极限分布为离散均匀分布。

例 5.3.5

设有 6 个车站，车站之间的公路连接情况如图 5－6 所示。

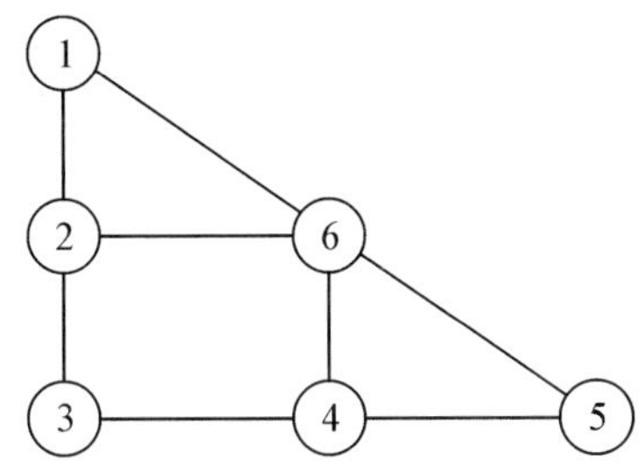

图 5-6　例 5.3.5 图示

汽车每天可以从一个车站驶向与之直接相邻的车站，并在夜晚到达车站留宿，次日凌晨重复相同的活动。设每天凌晨汽车开往邻近的任何一个车站都是等可能的，试说明很长时间后，各站每晚留宿的汽车比例趋于稳定。求出这个比例以便正确地设置各站的服务规模。

解　以 X_n 记第 n 天某辆汽车留宿的车站号，则 $\{X_n, n=0,1,\cdots\}$ 是一个时齐 Markov 链，转移概率矩阵为：

$$\boldsymbol{P}=\begin{pmatrix} 0 & \frac{1}{2} & 0 & 0 & 0 & \frac{1}{2} \\ \frac{1}{3} & 0 & \frac{1}{3} & 0 & 0 & \frac{1}{3} \\ 0 & \frac{1}{2} & 0 & \frac{1}{2} & 0 & 0 \\ 0 & 0 & \frac{1}{3} & 0 & \frac{1}{3} & \frac{1}{3} \\ 0 & 0 & 0 & \frac{1}{2} & 0 & \frac{1}{2} \\ \frac{1}{4} & \frac{1}{4} & 0 & \frac{1}{4} & \frac{1}{4} & 0 \end{pmatrix}$$

解方程

$$\begin{cases} \pi\boldsymbol{P}=\pi \\ \sum_{i=1}^{6}\pi_i = 1 \end{cases}$$

其中 $\boldsymbol{\pi}=(\pi_1,\pi_2,\pi_3,\pi_4,\pi_5,\pi_6)$，可得 $\boldsymbol{\pi}=\left(\frac{1}{8},\frac{3}{16},\frac{1}{8},\frac{3}{16},\frac{1}{8},\frac{1}{4}\right)$，从而无论开始汽车从哪一个车站出发，在很长时间后它在任一个车站留宿的概率都是固定的，因而所有的汽车也将以一个稳定的比例在各车站留宿。

例 5.3.6

设甲袋中有 k 个白球和 1 个黑球，乙袋中有 $k+1$ 个白球，每次从两袋中各任取一球，交换后放入对方的袋中。证明经过 n 次交换后，黑球仍在甲袋中的概率 p_n 满足 $\lim\limits_{n\to\infty}p_n=\frac{1}{2}$。

解 以 X_n 表示第 n 次取球后甲袋中的黑球数，则 $\{X_n,n=0,1,2,\cdots\}$ 是状态空间为 $S=\{0,1\}$ 的时齐 Markov 链，一步转移概率矩阵为：

$$\boldsymbol{P}=\begin{pmatrix}\frac{k}{k+1} & \frac{1}{k+1}\\ \frac{1}{k+1} & \frac{k}{k+1}\end{pmatrix}$$

则它的平稳分布满足

$$\begin{cases}\pi_0=\frac{k}{k+1}\pi_0+\frac{1}{k+1}\pi_1\\ \pi_1=\frac{1}{k+1}\pi_0+\frac{k}{k+1}\pi_1\end{cases}$$

且有 $\pi_0+\pi_1=1$。

求解得 $\boldsymbol{\pi}=(\pi_0,\pi_1)=\left(\frac{1}{2},\frac{1}{2}\right)$，故经过 n 次交换后，黑球仍在甲袋中的概率 p_n 满足

$$\lim_{n\to\infty}p_n=\lim_{n\to\infty}P\{X_n=1\}=\pi_1=\frac{1}{2}$$

例 5.3.7

我国某种商品在国外销售情况共有连续 24 个季度的数据（其中 1 表示畅销，2 表示滞销）：

1,1,2,1,2,2,1,1,1,2,1,2,1,1,2,2,1,1,2,1,2,1,1,1

如果该商品销售情况近似满足时齐性与 Markov 性：

(1) 试确定销售状态的一步转移概率矩阵。

(2) 如果现在是畅销，试预测之后的第四个季度的销售状况。

(3) 如果影响销售的所有因素不变，试预测长期的销售状况。

解 以 X_n 表示第 n 季度该种商品在国外的销售情况，则 $\{X_n,n=1,2,\cdots\}$ 是状态空间为 $\{1,2\}$ 的时齐 Markov 链。

(1) 由 1→1 有 7 次，1→2 有 7 次，得 $p_{11}=p_{12}=\frac{7}{14}=\frac{1}{2}$。

由 2→1 有 7 次，2→2 有 2 次，得 $p_{21}=\frac{7}{9}$，$p_{22}=\frac{2}{9}$。

一步转移概率矩阵为：

$$\boldsymbol{P}=\begin{pmatrix}p_{11} & p_{12}\\ p_{21} & p_{22}\end{pmatrix}=\begin{pmatrix}\frac{1}{2} & \frac{1}{2}\\ \frac{7}{9} & \frac{2}{9}\end{pmatrix}$$

(2) $\boldsymbol{P}^{(4)}=\boldsymbol{P}^4=\begin{pmatrix}0.611 & 0.389\\ 0.605 & 0.395\end{pmatrix}$

$$p_{11}^{(4)}=0.611>p_{12}^{(4)}=0.389$$

即如果现在是畅销，之后第四个季度该种商品将以概率 0.611 畅销。

(3) 由平稳方程 $(\pi_1,\pi_2)=(\pi_1,\pi_2)\boldsymbol{P}$ 及规范性条件 $\pi_1+\pi_2=1$，得

$$\begin{cases}\pi_1=\dfrac{1}{2}\pi_1+\dfrac{7}{9}\pi_2\\ \pi_2=\dfrac{1}{2}\pi_1+\dfrac{2}{9}\pi_2\\ \pi_1+\pi_2=1\end{cases}$$

解得 $\boldsymbol{\pi}=(\pi_1,\pi_2)=\left(\dfrac{14}{23},\dfrac{9}{23}\right)$

即长期下去，该种商品将以$\dfrac{14}{23}$的概率畅销。

5.4 Markov 链的应用

5.4.1 群体消失模型（分支过程）

考虑一个能产生同类后代的个体组成的群体。每一个体生命结束时以概率 p_j（$j=0,1,2,\cdots$）产生了 j 个新的后代，与别的个体产生的后代个数相互独立。初始的个体数以 X_0 表示，称为第零代的总数；第零代的后代构成第一代，其总数记为 X_1，第一代的每个个体以同样的分布产生第二代……一般，以 X_n 记第 n 代的总数。此 Markov 链 $\{X_n,n=0,1,2,\cdots\}$ 称为分支过程。

现在假设群体是从单个祖先开始的，即 $X_0=1$，则有

$$X_n=\sum_{i=1}^{X_{n-1}}Z_{n-1,i}$$

式中，$Z_{n-1,i}$表示第 n 代的第 i 个成员的后代的个数。

首先来考虑第 n 代的平均个体数 $E(X_n)$，对 X_n 取条件期望，有

$$\begin{aligned}E(X_n)&=E[E(X_n\mid X_{n-1})]\\&=\mu E(X_{n-1})\\&=\mu^2E(X_{n-2})\\&=\cdots\cdots\\&=\mu^n\end{aligned}$$

式中，$\mu=\sum_{i=0}^{\infty} i p_i$ 是每个个体的后代个数的均值。从而可以看出，若 $\mu<1$，则平均个体数单调下降趋于0。若 $\mu=1$，各代平均个体数相同。若 $\mu>1$，平均个体数按指数阶上升至无穷。

下面就来考虑群体最终会消亡的概率 π_0。对第一代个体数取条件，则

$$\begin{aligned}\pi_0 &= P\{\text{群体消亡}\} \\ &= \sum_{j=0}^{\infty} P\{\text{群体消亡} \mid X_1=j\} \cdot p_j \\ &= \sum_{j=0}^{\infty} \pi_0^j p_j\end{aligned}$$

上面的第二个等式成立是因为群体最终灭绝是以第一代为祖先的 j 个家族全部消亡，而各家族已经假定为独立的，每一家族灭绝的概率均为 π_0。

很自然我们会假设：家族消亡与 μ 有关，在此给出一个定理，以证明 $\pi_0=1$ 的充要条件是 $\mu\leqslant 1$（不考虑 $p_0=1$ 和 $p_0=0$ 的平凡情况，即家族在第零代后就消失或永不消失）。

定理 5.4.1 设 $0<p_0<1$，则 $\pi_0=1 \Leftrightarrow \mu\leqslant 1$。

证明 由 π_0 的表达式

$$\pi_0=\sum_{j=0}^{\infty} \pi_0^j p_j \triangleq F(\pi_0) \tag{5.4.1}$$

知它是直线 $y=x$ 和曲线 $y=F(x)$ 交点的横坐标，显然 (1,1) 是一个交点。当 $p_0+p_1=1$ 时，$y=F(x)$ 是一条直线。当 $p_0+p_1<1$ 时，由于

$$F'(x)=\sum_{j=1}^{\infty} j x^{j-1} p_j>0, \quad 0<x<1$$

$$F''(x)=\sum_{j=2}^{\infty} j(j-1) x^{j-2} p_j>0, \quad 0<x<1$$

可见 $F(x)$ 是单调增加的凸函数，如图 5-7 所示。

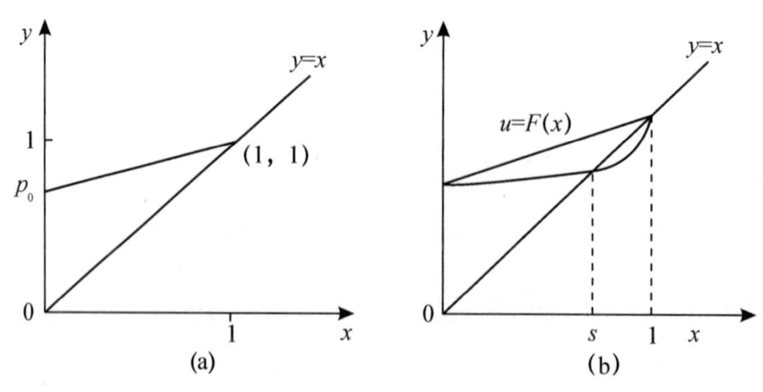

图 5-7 F(x) 图示

从图 5-7(a) 可以知道，当 $p_0+p_1=1$ 时，方程 (5.4.1) 只有一个解，即 $\pi_0=1$，家

族最终必定消亡。图 5-7(b) 可分为两种情况：(1) 若 $0<s<1$，$F(s)>s$，$F(1)=1$，方程 (5.4.1) 只有唯一 $\pi_0=1$；(2) 存在一个 $0<s<1$ 使得 $F(s)=s$，那么此时 π_0 应取 s 还是 1 呢？可以证明，π_0 必定取值为 s，为此只需证明 π_0 是方程 (5.4.1) 的最小解。利用归纳法，首先，当 $n=1$ 时，有

$$\pi=\sum_{j=0}^{\infty}\pi^j p_j \geqslant \pi^0 p_0=p_0=P\{X_1=0\}$$

假设 $\pi\geqslant P\{X_n=0\}$，则

$$\begin{aligned}
P\{X_{n+1}=0\} &= \sum_{j=0}^{\infty}P\{X_{n+1}=0 \mid X_1=j\}\cdot p_j \\
&= \sum_{j=0}^{\infty}P\{X_n=0\}^j\cdot p_j \\
&\leqslant \sum_{j=0}^{\infty}\pi^j p_j \\
&= \pi
\end{aligned}$$

从而对一切 n，$\pi\geqslant P\{X_n=0\}$。而$\lim\limits_{n\to\infty}P\{X_n=0\}=P\{\text{群体最终灭绝}\}=\pi_0$，从而$\pi\geqslant\pi_0$。这就证明了在这种情况下 π_0 的取值应为 s。

再来看在上述这三种情况下 μ 的情况。

第一种情况，若 $p_0+p_1=1$，显然

$$\mu=\sum_{j=0}^{\infty}jp_j=p_1<1$$

第二种情况，若 $p_0+p_1<1$ 而且方程 (5.4.1) 只有一个根 $\pi_0=1$，由图 5-7(b) 容易看出，此时 $F'(1)\leqslant1$，而 $F'(1)=\sum\limits_{j=0}^{\infty}jp_j=\mu$，从而 $\mu\leqslant1$。

第三种情况下，容易看出 $F'(1)=\mu>1$，这就证明了 $\pi_0=1\Leftrightarrow\mu\leqslant1$。

在实际应用中，考虑一个群体的真实增长时，分支过程的假定在群体达到无限之前就不成立了（比如独立同分布性）。但另一方面，利用分支过程研究消亡现象是有意义的，因为一般灭绝常常发生在过程的早期。

5.4.2 人口结构变化的 Markov 链模型

考虑社会的教育水平与文化程度的发展变化，可以建立如下模型：将全国所有 16 岁以上的人口分为文盲、初中、高中（含中专）、大学（含大专）、中级技术人才、高级技术人才、特级专家等 7 类，结构的变化为升级、退化（如初中文化者会重新变为文盲）、进入（年龄达到 16 岁或移民进入）、迁出（死亡或移民国外）。用 $(n_1(t),n_2(t),\cdots,n_7(t))$ 表示在 t 年各等级的人数，$N(t)=\sum\limits_{i=1}^{7}n_i(t)$ 为全社会 16 岁以上人口总数（简称为总人数），以 q_{ij} 记每年从 i 级转为 j 级的人数在 i 级人数中的百分比，则

$$Q=(q_{ij})_{7\times 7}$$

是一个准转移阵（每行所有元素之和≤1）。

再考虑进入与迁出，记 w_i 为每年从 i 级迁出占 i 级总人数的比例，r_i 为每年进入 i 级的人数占总进入人数的比例，则

$$\sum_{j=1}^{7} q_{ij} + w_i = 1, \quad r_i \geqslant 0, \quad \sum_{i=1}^{7} r_i = 1$$

记 $R(t)$ 为总进入人数，$W(t)$ 为总迁出人数，则

$$N(t+1) = N(t) + R(t) - W(t)$$

$$n_j(t+1) = \sum_{i=1}^{7} n_i(t) q_{ij} + r_j R(t) - n_j(t) w_j$$

令

$$M(t)=N(t+1)-N(t)=R(t)-W(t)$$

设总人数以常数百分比 α 增长（可以为负增长），即

$$M(t)=\alpha N(t); \ \alpha=\frac{N(t+1)}{N(t)}-1$$

于是

$$\begin{aligned}\frac{n_j(t+1)}{N(t+1)} &= \frac{N(t)}{N(t+1)}\left[\sum_{i=1}^{7}\frac{n_i(t)}{N(t)}q_{ij} + r_j\frac{R(t)}{N(t)} - \frac{n_j(t)}{N(t)}w_j\right] \\ &= \frac{1}{1+\alpha}\left[\sum_{i=1}^{7}\frac{n_i(t)}{N(t)}q_{ij} + r_j\frac{R(t)}{N(t)} - \frac{n_j(t)}{N(t)}w_j\right]\end{aligned}$$

记 $a_j(t)=\dfrac{n_j(t)}{N(t)}$，上式可改写为：

$$a_j(t+1) = \frac{1}{1+\alpha}\left[\sum_{i=1}^{7} a_i(t) q_{ij} + r_j\frac{R(t)}{N(t)} - w_j a_j(t)\right] \tag{5.4.2}$$

由 $R(t)=W(t)+M(t)$，式（5.4.2）可改写为：

$$a_j(t+1) = \frac{1}{1+\alpha}\left[\sum_{i=1}^{7} a_i(t)(q_{ij} + r_j w_i) - w_j a_j(t) + \alpha r_j\right]$$

（这是由于$\dfrac{W(t)}{N(t)}=\dfrac{\sum_{i=1}^{7} n_i(t) w_i}{N(t)}=\sum_{i=1}^{7} a_i(t) w_i$。）特别地，当 $\alpha=0$ 时，有

$$a_j(t+1) = \sum_{i=1}^{7} a_i(t)(q_{ij} + r_j w_i) - w_j a_j(t)$$

记 $\boldsymbol{a}(t)=(a_1(t),a_2(t),\cdots,a_7(t))$，$\widetilde{\boldsymbol{P}}=(\widetilde{p}_{ij})$，其中

$$\tilde{p}_{ij}=\begin{cases}q_{ij}+r_jw_i, & i\neq j\\ q_{jj}+r_jw_j-w_j, & i=j\end{cases}$$

则上式变为 $\boldsymbol{a}(t+1)=\boldsymbol{a}(t)\cdot\widetilde{\boldsymbol{P}}$。这是一个以 $\widetilde{\boldsymbol{P}}$ 为转移矩阵的 Markov 链在 t 时刻的分布满足的方程。

在实际中，我们希望人口结构维持一个合理的稳定水平 $\boldsymbol{a}^*$，文盲越少越好，而专家也不需要太多，并且从现在的 $\boldsymbol{a}(0)$ 出发，通过控制人口进入各级的比例 $\boldsymbol{r}=(r_1, r_2,\cdots,r_7)$ 来尽快地达到这个稳定水平。为此我们讨论在不同的 $\boldsymbol{r}$ 下全部可能的稳定结构。

由于 $\boldsymbol{a}=\boldsymbol{a}\cdot\widetilde{\boldsymbol{P}}$（因为 $\boldsymbol{a}$ 是稳定的），即

$$\boldsymbol{a}=\boldsymbol{a}[\boldsymbol{Q}+(w_ir_j)-(w_j\delta_{ij})]=\boldsymbol{aQ}+(\boldsymbol{aw}')\boldsymbol{r}-(a_1w_1,a_2w_2,\cdots,a_7w_7)$$

式中，$\boldsymbol{w}=(w_1,w_2,\cdots,w_7)$，$\boldsymbol{r}=(r_1,r_2,\cdots,r_7)$。当 $\boldsymbol{aw}'\neq 0$ 时，有

$$\boldsymbol{r}=\boldsymbol{a}[\boldsymbol{I}-\boldsymbol{Q}+(w_j\delta_{ij})](\boldsymbol{aw}')^{-1}$$

即 $\boldsymbol{a}=(\boldsymbol{aw}')\cdot\boldsymbol{r}[\boldsymbol{I}-\boldsymbol{Q}+(w_j\delta_{ij})]^{-1}$。又因为要求 $r_i\geqslant 0$，从而 $a_j\geqslant\sum_{i=1}^{7}a_iq_{ij}-a_jw_j\ (\forall j)$，这样 $\forall\,\boldsymbol{a}\in A\triangleq\{\boldsymbol{a}: a_j\geqslant\sum_{i=1}^{7}a_iq_{ij}-a_jw_j,\ \forall j\}$，就可由式（5.4.2）找出 $\boldsymbol{r}$，使其满足

$$\boldsymbol{a}=\boldsymbol{aQ}+\boldsymbol{aw}'\boldsymbol{r}-\boldsymbol{a}(w_i\delta_{ij})=\boldsymbol{a}\cdot\widetilde{\boldsymbol{P}}$$

从而对于此 $\boldsymbol{r}$，$\boldsymbol{a}$ 是一个稳定的结构。

5.5　连续时间 Markov 链

5.5.1　连续时间 Markov 链

前面几节讨论的是时间和状态空间都是离散的 Markov 过程，本节我们将介绍另外一种情况的 Markov 过程，它的状态空间仍然是离散的，但时间是连续变化的，称为连续时间 Markov 链。我们会给出它的一些性质、一个重要的方程（Kolmogrov 方程）和一个重要的应用（生灭过程）。

定义 5.5.1　过程 $\{X(t),t\geqslant 0\}$ 的状态空间 S 为离散空间，为方便书写，设 S 为 $\{0, 1, 2, \cdots\}$ 或其子集。若对一切 s，$t\geqslant 0$ 及 i，$j\in S$，有

$$\begin{aligned}&P\{X(t+s)=j\,|\,X(s)=i,\ X(u)=x(u),\ 0\leqslant u<s\}\\&=P\{X(t+s)=j\,|\,X(s)=i\}\end{aligned}\tag{5.5.1}$$

成立，则称 $\{X(t),t\geqslant 0\}$ 是一个连续时间 Markov 链。

条件概率 $P\{X(t+s)=j\mid X(s)=i\}$ 记作 $p_{ij}(s,t)$，表示过程在时刻 s 处于状态 i，经 t 时间后转移到 j 的转移概率，并称 $\boldsymbol{P}(s,t)=(p_{ij}(s,t))$ 为相应的转移概率矩阵。

定义 5.5.2 称连续时间 Markov 链是时齐的，若 $p_{ij}(s,t)$ 与 s 无关。简记$p_{ij}(s,t)=p_{ij}(t)$，相应地记 $\boldsymbol{P}(t)=(p_{ij}(t))$。

我们只讨论时齐的连续时间 Markov 链，并且简称为连续时间 Markov 链（在不引起混淆的情况下有时也称为 Markov 链）。

对于连续时间 Markov 链来说，除了要考虑在某一时刻它将处于什么状态外，还关心它在离开这个状态之前会停留多长时间。从它具备 Markov 性来看，这个“停留时间”具备“无记忆性”的特征，应该服从指数分布。下面给出一个具体的解释。

定理 5.5.1 设 $\{X(t),t\geqslant 0\}$ 是连续时间 Markov 链，假定在时刻 0 过程刚刚到达 $i(i\in S)$。以 τ_i 记过程在离开 i 之前在 i 停留的时间，则 τ_i 服从指数分布。

证明 只需证明对 s，$t\geqslant 0$，有

$$P\{\tau_i>s+t\mid\tau_i>s\}=P\{\tau_i>t\} \tag{5.5.2}$$

即无记忆性。

注意到

$$\{\tau_i>s\}\Leftrightarrow\{X(u)=i,0<u\leqslant s\mid X(0)=i\}$$
$$\{\tau_i>s+t\}\Leftrightarrow\{X(u)=i,0<u\leqslant s,X(v)=i,s<v\leqslant s+t\mid X(0)=i\}$$

则

$$\begin{aligned}
&P\{\tau_i>s+t\mid\tau_i>s\}\\
=&P\{X(u)=i,0<u\leqslant s,X(v)=i,s<v\leqslant s+t\mid X(u)=i,0\leqslant u\leqslant s\}\\
=&P\{X(v)=i,s<v\leqslant s+t\mid X(s)=i\}\\
=&P\{X(u)=i,0<u\leqslant t\mid X(0)=i\}\\
=&P\{\tau_i>t\}
\end{aligned}$$

由上述定理，实际上得到了另一种构造连续时间 Markov 链的方法，它是具有如下两条性质的随机过程。

（1）在转移到下一种状态之前处于状态 i 的时间服从参数为 μ_i 的指数分布；

（2）在过程离开状态 i 时，将以概率 p_{ij} 到达 j，且 $\sum\limits_{j\in S}p_{ij}=1$。

注：当 $\mu_i=\infty$时，它在状态 i 停留的平均时间为 0，即一旦进入马上离开，称这样的状态为瞬过的。但我们假设所考虑的连续时间 Markov 链中不存在瞬过状态，即设 $\forall i$，$0\leqslant\mu_i<+\infty$（若 $\mu_i=0$，称 i 为吸收态，即一旦进入，将停留的平均时间为无限长）。由此我们看出，连续时间 Markov 链是一个做下面运动的随机过程：它以一个 Markov 链的方式在各种状态之间转移，在两次转移之间以指数分布停留。从上面已经知道，这个指数分布与过程现在所处的状态有关，但一定要与下面将转移到的状态独立（试用 Markov 性说明原因）。

定义 5.5.3 称一个连续时间 Markov 链是正则的，若以概率 1 在任意有限长的时间内转移的次数是有限的。

从而可得连续性条件

$$\lim_{t\to 0} p_{ij}(t)=\delta_{ij}=\begin{cases}1, & i=j\\ 0, & i\neq j\end{cases} \tag{5.5.3}$$

以下总假定所考虑的 Markov 链都满足正则性条件。下面是几个连续时间 Markov 链的典型例子。

例 5.5.1

(Poisson 过程) 参数为 λ 的 Poisson 过程 $\{N(t),t\geqslant 0\}$，取值为 $\{0,1,2,\cdots\}$。由第 3 章知道，它在任一种状态 i 停留的时间服从指数分布，并且在离开 i 时以概率 1 转到 $i+1$ (又一个事件发生)，由 Poisson 过程的独立增量性容易看出它在 i 停留的时间与状态的转移是独立的 (特别是由它的平稳增量性 $\mu_i=\mu_{i+1}=\dfrac{1}{\lambda}$，$i=0,1,2,\cdots$)，从而 Poisson 过程是时齐的连续时间 Markov 链。对 $i\in S$，它的转移概率为：

$$\begin{aligned}p_{i,i}(t)&=P\{N(t+s)=i\mid N(s)=i\}\\&=P\{N(t)=0\}\\&=\mathrm{e}^{-\lambda t}\end{aligned}$$

$$\begin{aligned}p_{i,i+1}(t)&=P\{N(t+s)=i+1\mid N(s)=i\}\\&=P\{N(t)=1\}\\&=\lambda t\mathrm{e}^{-\lambda t}\end{aligned}$$

$$p_{i,j}(t)=\frac{(\lambda t)^{j-i}}{(j-i)!}\mathrm{e}^{-\lambda t},\quad j>i+1$$

$$p_{i,j}(t)=0,\quad j<i$$

例 5.5.2

(Yule 过程) 考察生物群体繁殖过程的模型。设群体中各个生物体的繁殖是相互独立、强度为 λ 的 Poisson 过程，并且群体中没有死亡，此过程称为 Yule 过程。我们来说明 Yule 过程是一个连续时间 Markov 链。

设在时刻 0 群体中有 1 个个体，则群体将有的个体数是 $\{1,2,3,\cdots\}$。以 T_i ($i\geqslant 1$) 记群体数目从 i 增加到 $i+1$ 所需的时间，由 Yule 过程的定义，当群体数目为 i 时，这 i 个个体是以相互独立的 Poisson 过程来产生后代的。由 Poisson 过程的独立可加性知，这相当于一个强度为 λi 的 Poisson 过程；由 Poisson 过程的独立增量性易知，T_i 与状态的转移是独立的 ($i\geqslant 1$)，并且 $\{T_i\}$ 是相互独立的参数为 λi 的指数变量。这就说明了 Yule 过程是一个连续时间 Markov 链，我们来求它的转移概率 $p_{ij}(t)$。首先

$$P\{T_1\leqslant t\}=1-\mathrm{e}^{-\lambda t}$$

$$\begin{aligned}P\{T_1+T_2\leqslant t\}&=\int_0^t P\{T_1+T_2\leqslant t\mid T_1=x\}\lambda\mathrm{e}^{-\lambda x}\mathrm{d}x\\&=\int_0^t[1-\mathrm{e}^{-2\lambda(t-x)}]\lambda\mathrm{e}^{-\lambda x}\mathrm{d}x\\&=(1-\mathrm{e}^{-\lambda t})^2\end{aligned}$$

$$
\begin{aligned}
P\{T_1+T_2+T_3\leqslant t\} &= \int_0^t P\{T_1+T_2+T_3\leqslant t \mid T_1+T_2=x\}\mathrm{d}P\{T_1+T_2\leqslant x\} \\
&= \int_0^t [1-\mathrm{e}^{-3\lambda(t-x)}]2\lambda \mathrm{e}^{-\lambda x}(1-\mathrm{e}^{-\lambda x})\mathrm{d}x \\
&= (1-\mathrm{e}^{-\lambda t})^3
\end{aligned}
$$

……

一般，用归纳法不难证明

$$P\{T_1+T_2+\cdots+T_j\leqslant t\}=(1-\mathrm{e}^{-\lambda t})^j$$

而

$$\{T_1+T_2+\cdots+T_j\leqslant t\}\Leftrightarrow\{X(t)\geqslant j+1 \mid X(0)=1\}$$

所以

$$
\begin{aligned}
p_{1j}(t) &= P\{X(t)=j \mid X(0)=1\} \\
&= P\{X(t)\geqslant j \mid X(0)=1\}-P\{X(t)\geqslant j+1 \mid X(0)=1\} \\
&= (1-\mathrm{e}^{-\lambda t})^{j-1}-(1-\mathrm{e}^{-\lambda t})^j \\
&= \mathrm{e}^{-\lambda t}(1-\mathrm{e}^{-\lambda t})^{j-1},\quad j\geqslant 1
\end{aligned}
\tag{5.5.4}
$$

这是一个几何分布，均值为 $\mathrm{e}^{\lambda t}$。

又因为

$$p_{ij}(t)=P\{X(s+t)=j \mid X(s)=i\}$$

相当于一个总量从 i 个个体开始的 Yule 过程的群体总数在 t 时间内增加到 j 个的概率。而这相当于 i 个独立的服从式（5.5.4）的几何随机变量的和取值为 j 的概率（想一想为什么），于是

$$p_{ij}(t)=\binom{j-1}{i-1}\mathrm{e}^{-\lambda ti}(1-\mathrm{e}^{-\lambda t})^{j-i},\quad j\geqslant i\geqslant 1$$

例 5.5.3

（生灭过程）仍然考虑一个生物群体的繁殖模型。每个个体生育后代如例 5.5.2 的假定，但是每个个体将以指数速率 μ 死亡，这是一个生灭过程，一个生灭过程的状态为 $\{0, 1, 2, \cdots\}$。在状态 i，它能转移到 $i+1$（生了一个）或 $i-1$（死了一个），以 T_i 记过程从 i 到达 $i+1$ 或 $i-1$ 的时间。类似于例 5.5.2 可以得到，T_i 相互独立且与状态会转移到 $i+1$ 或 $i-1$ 是独立的，T_i 服从参数为 $i\mu+i\lambda$ 的指数分布（把生灭过程看成两个 Yule 过程之和，一个生，一个灭），并且下一次转移到 $i+1$ 的概率 $p_{i,i+1}$ 是 $\frac{\lambda}{\mu+\lambda}$，转移到 $i-1$ 的概率 $p_{i,i-1}$ 为 $\frac{\mu}{\mu+\lambda}$。

例 5.5.4

（$M/M/S$ 排队系统）顾客的来到是参数为 λ 的 Poisson 过程。服务员数为 s 个，每个顾客接受服务的时间服从参数为 μ 的指数分布。遵循先来先服务，若服务员没有空闲就排队的原则。以 $X(t)$ 记 t 时刻系统中的总人数，则 $\{X(t),t\geqslant 0\}$ 是一个生灭过程（来到看作出生，离去看作死亡），来到率是恒定参数为 λ 的 Poisson 过程，离去过程的参数会发生变化，以 μ_n 记系统中有 n 个顾客时的离去率，则

$$\mu_n=\begin{cases} n\mu, & 1\leqslant n\leqslant s \\ s\mu, & n>s \end{cases}$$

请读者自己证明。

5.5.2 Kolmogorov 微分方程

对于离散时间时齐 Markov 链，如果已知其转移概率矩阵 $\boldsymbol{P}=(p_{ij})$，则其 n 步转移概率矩阵由其一步转移矩阵的 n 次方可得。但是对于连续时间 Markov 链，转移概率 $p_{ij}(t)$ 的求解一般比较复杂。下面我们先考虑 $p_{ij}(t)$ 的一些性质。

定理 5.5.2 连续时间时齐 Markov 链的转移概率 $p_{ij}(t)$ 满足：

(1) $p_{ij}(t)\geqslant 0$;

(2) $\sum\limits_{j\in S}p_{ij}(t)=1$;

(3) $p_{ij}(t+s)=\sum\limits_{k\in S}p_{ik}(t)p_{kj}(s)$。

证明 (1) 和 (2) 由 $p_{ij}(t)$ 的定义易知。下面证明 (3)。

$$\begin{aligned}
p_{ij}(t+s) &= P\{X(t+s)=j\mid X(0)=i\} \\
&= \sum_{k\in S}P\{X(t+s)=j,X(t)=k\mid X(0)=i\} \\
&= \sum_{k\in S}P\{X(t+s)=j\mid X(t)=k,X(0)=i\}P\{X(t)=k\mid X(0)=i\} \\
&= \sum_{k\in S}P\{X(t+s)=j\mid X(t)=k\}p_{ik}(t) \\
&= \sum_{k\in S}p_{ik}(t)p_{kj}(s)
\end{aligned}$$

一般称 (3) 为连续时间 Markov 链的 C-K 方程。

定理 5.5.3

$$(1)\ \lim_{t\to 0}\frac{1-p_{ii}(t)}{t}=q_{ii}\leqslant+\infty \tag{5.5.5}$$

$$(2)\ \lim_{t\to 0}\frac{p_{ij}(t)}{t}=q_{ij}<\infty \tag{5.5.6}$$

证明略（参见参考文献 [34]），称 q_{ij} 为从状态 i 转移到 j 的转移速率。

推论 5.5.1 对有限状态时齐的连续时间 Markov 链，有

$$q_{ii}=\sum_{j\neq i}q_{ij}<+\infty \tag{5.5.7}$$

证明 由定理 5.5.2 知，$\sum_{j\in S}p_{ij}(t)=1$，即

$$1-p_{ii}(t)=\sum_{j\neq i}p_{ij}(t)$$

故

$$\begin{aligned}\lim_{t\to 0}\frac{1-p_{ii}(t)}{t}&=\lim_{t\to 0}\sum_{j\neq i}\frac{p_{ij}(t)}{t}\\&=\sum_{j\neq i}\lim_{t\to 0}\frac{p_{ij}(t)}{t}\\&=\sum_{j\neq i}q_{ij}<+\infty\end{aligned}$$

注：对于无限状态的情况，一般只能得到 $q_{ii}\geqslant\sum_{j\neq i}q_{ij}$。为了简单起见，设状态空间为 $S=\{1,2,\cdots,n,\cdots\}$，此时记

$$\boldsymbol{Q}=\begin{pmatrix}-q_{11} & q_{12} & q_{13} & \cdots & q_{1i} & \cdots\\ q_{21} & -q_{22} & q_{23} & \cdots & q_{2i} & \cdots\\ \vdots & \vdots & \vdots & & \vdots & \\ q_{i1} & q_{i2} & q_{i3} & \cdots & -q_{ii} & \cdots\\ \vdots & \vdots & \vdots & & \vdots & \end{pmatrix}$$

称为连续时间 Markov 链的 $\boldsymbol{Q}$ -矩阵，当矩阵元素 $q_{ii}=\sum_{j\neq i}q_{ij}<+\infty$ 时，称该矩阵为保守的。

下面我们应用这两个定理及推论来导出一个重要的微分方程。

定理 5.5.4 Kolmogorov 微分方程

对一切 i，$j\in S$，$t\geqslant 0$ 且 $\sum_{j\neq i}q_{ij}=q_{ii}<+\infty$，有

（1）向后方程

$$p'_{ij}(t)=\sum_{k\neq i}q_{ik}p_{kj}(t)-q_{ii}p_{ij}(t) \tag{5.5.8}$$

（2）在适当正则的条件下，有向前方程

$$p'_{ij}(t)=\sum_{k\neq j}q_{kj}p_{ik}(t)-q_{jj}p_{ij}(t) \tag{5.5.9}$$

证明 由定理 5.5.2(3)，有

$$p_{ij}(t+h)=\sum_{k\in S}p_{ik}(h)p_{kj}(t)$$

或等价地

$$p_{ij}(t+h)-p_{ij}(t)p_{ii}(h)=\sum_{k\neq i}p_{ik}(h)p_{kj}(t)$$

变形为：

$$p_{ij}(t+h)-p_{ij}(t)=\sum_{k\neq i}p_{ik}(h)p_{kj}(t)-[1-p_{ii}(h)]p_{ij}(t)$$

于是

$$\lim_{h\to 0}\frac{p_{ij}(t+h)-p_{ij}(t)}{h}=\lim_{h\to 0}\sum_{k\neq i}\frac{p_{ik}(h)}{h}p_{kj}(t)-\lim_{h\to 0}\frac{1-p_{ii}(h)}{h}p_{ij}(t) \qquad (5.5.10)$$

若此 Markov 链状态是有限的，应用定理 5.5.3 和推论 5.5.1 从上式直接可得（1)(向后方程)。

下面证明在无限状态下依然有（1）成立。由式（5.5.10）我们只需证明其中的极限与求和可交换次序即可。

对于固定的 N，有

$$\begin{aligned}\liminf_{h\to 0}\sum_{k\neq i}\frac{p_{ik}(h)}{h}p_{kj}(t)&\geqslant \liminf_{h\to 0}\sum_{\substack{k\neq i\\ k<N}}\frac{p_{ik}(h)}{h}p_{kj}(t)\\&=\sum_{\substack{k\neq i\\ k<N}}\liminf_{h\to 0}\frac{p_{ik}(h)}{h}p_{kj}(t)\\&=\sum_{\substack{k\neq i\\ k<N}}q_{ik}p_{kj}(t)\end{aligned}$$

由 N 的任意性，得

$$\liminf_{h\to 0}\sum_{k\neq i}\frac{p_{ik}(h)}{h}p_{kj}(t)\geqslant \sum_{k\neq i}q_{ik}p_{kj}(t)$$

又因为 $p_{kj}(t)\leqslant 1$，$\forall k\in S$，所以

$$\begin{aligned}&\limsup_{h\to 0}\sum_{k\neq i}\frac{p_{ik}(h)}{h}p_{kj}(t)\leqslant \limsup_{h\to 0}\left[\sum_{\substack{k\neq i\\ k<N}}\frac{p_{ik}(h)}{h}p_{kj}(t)+\sum_{\substack{k\neq i\\ k\geqslant N}}\frac{p_{ik}(h)}{h}\right]\\&=\limsup_{h\to 0}\left\{\sum_{\substack{k\neq i\\ k<N}}\frac{p_{ik}(h)}{h}p_{kj}(t)+\left[\sum_{k\neq i}\frac{p_{ik}(h)}{h}-\sum_{\substack{k\neq i\\ k<N}}\frac{p_{ik}(h)}{h}\right]\right\}\\&=\limsup_{h\to 0}\left\{\sum_{\substack{k\neq i\\ k<N}}\frac{p_{ik}(h)}{h}p_{kj}(t)+\left[\frac{1-p_{ii}(h)}{h}-\sum_{\substack{k\neq i\\ k<N}}\frac{p_{ik}(h)}{h}\right]\right\}\\&=\sum_{\substack{k\neq i\\ k<N}}q_{ik}p_{kj}(t)+q_{ii}-\sum_{\substack{k\neq i\\ k<N}}q_{ik}\end{aligned}$$

同样由 N 的任意性，可知

$$\limsup_{h\to 0}\sum_{k\neq i}\frac{p_{ik}(h)}{h}p_{kj}(t)\leqslant \sum_{k\neq i}q_{ik}p_{kj}(t) \quad \left(因为\ q_{ii}=\sum_{k\neq i}q_{ik}<\infty\right)$$

这就证明了

$$\lim_{h\to 0}\sum_{k\neq i}\frac{p_{ik}(h)}{h}p_{kj}(t)=\sum_{k\neq i}q_{ik}p_{kj}(t)$$

于是（1）得证。（1）用矩阵形式写出即 $\boldsymbol{P}'(t)=\boldsymbol{Q}\boldsymbol{P}(t)$，其中 $\boldsymbol{P}(t)=(p_{ij}(t))$，$\boldsymbol{Q}=(q_{ij})$。依定理条件可知，$\boldsymbol{Q}$ 是保守的。

下面证明（2）。在（1）中计算 $t+h$ 的状态时是对退后到时刻 h 的状态来取条件的（所以称为向后方程），这里我们考虑对时刻 t 的状态取条件，用 C-K 方程

$$p_{ij}(t+h)=\sum_{k\in S}p_{ik}(t)p_{kj}(h)$$

同理得到

$$\lim_{h\to 0}\frac{p_{ij}(t+h)-p_{ij}(t)}{h}=\lim_{h\to 0}\left[\sum_{k\neq j}p_{ik}(t)\frac{p_{kj}(h)}{h}-\frac{1-p_{jj}(h)}{h}p_{ij}(t)\right]$$

假若上式中极限与求和号可交换，则有（2）成立，以矩阵形式写出即为：

$$\boldsymbol{P}'(t)=\boldsymbol{P}(t)\boldsymbol{Q}$$

但是这个假定不一定成立，所以在定理中，我们加了“适当正则”这个条件，但是对于有限状态的 Markov 链或生灭过程（特别是只生不灭的纯生过程），它都是成立的。

例 5.5.5

（Poisson 过程）由 Poisson 过程的第二个定义知

$$\begin{aligned}p_{k,k+1}(h)&=P\{N(t+h)-N(t)=1\,|\,N(t)=k\}\\&=\lambda h+o(h)\\p_{kk}(h)&=P\{N(t+h)-N(t)=0\,|\,N(t)=k\}\\&=1-\lambda h+o(h)\end{aligned}$$

由此导出 $p_{ij}(t)$ 满足的微分方程，首先

$$\lim_{h\to 0}\frac{1-p_{kk}(h)}{h}=q_{kk}=\lambda$$

$$\lim_{h\to 0}\frac{p_{k,k+1}(h)}{h}=q_{k,k+1}=\lambda$$

从而

$$p'_{ij}(t)=q_{i,i+1}p_{i+1,j}(t)-q_{ii}p_{ij}(t)=\lambda p_{i+1,j}(t)-\lambda p_{ij}(t)$$

当 $j=i$ 时，有

$$p'_{ii}(t)=-\lambda p_{ii}(t)$$

当 $j=i+1$ 时，有

$$p'_{i,i+1}(t)=\lambda p_{i+1,i+1}(t)-\lambda p_{i,i+1}(t)$$

当 $j=i+2$ 时，有

$$p'_{i,i+2}(t)=\lambda p_{i+1,i+2}(t)$$

在其他情况下，微分方程不存在。

由条件 $p_{ii}(0)=1$，上述微分方程的解为：

$$p_{ij}(t)=e^{-\lambda t}\frac{(\lambda t)^{j-i}}{(j-i)!}, \quad j\geqslant i\geqslant 0$$

可由此验证这个定义与 Poisson 过程的第一个定义的等价性。

例 5.5.6

（Yule 过程）类似 Poisson 过程，给出 Yule 过程 $\{X(t),t\geqslant 0\}$ 的转移概率。

解 由于考虑的是单一祖先，所以 $X(0)=1$。根据模型的假定（见例 5.5.2），有

$$P\{X(t+h)-X(t)=1|X(t)=k\}=k\lambda h+o(h)$$
$$P\{X(t+h)-X(t)=0|X(t)=k\}=1-k\lambda h+o(h)$$
$$P\{X(t+h)-X(t)\geqslant 2|X(t)=k\}=o(h)$$
$$P\{X(t+h)-X(t)<0|X(t)=k\}=0$$

重复例 5.5.5 的过程得 Yule 过程的转移概率 $p_{ij}(t)$ 满足的向前方程为：

$$p'_{ii}(t)=-i\lambda p_{ii}(t)$$
$$p'_{ij}(t)=(j-1)\lambda p_{i,j-1}(t)-j\lambda p_{ij}(t), \quad j>i$$

解得

$$p_{ij}(t)=\binom{j-1}{i-1}e^{-\lambda ti}(1-e^{-\lambda t})^{j-i}, \quad j\geqslant i\geqslant 1$$

与例 5.5.2 中的结论是相同的。

例 5.5.7

（生灭过程）同样，例 5.5.3 的生灭过程应满足

$$P\{X(t+h)-X(t)=1\mid X(t)=i\}=i\lambda h+o(h)$$
$$P\{X(t+h)-X(t)=-1\mid X(t)=i\}=i\mu h+o(h)$$
$$P\{X(t+h)-X(t)=0\mid X(t)=i\}=1-(i\lambda+i\mu)h+o(h)$$
$$p_{ii}(0)=1,\ p_{ij}(0)=0 \quad (j\neq i)$$

从而导出 Kolmogorov 向后方程为：

$$\begin{cases}p'_{ij}(t)=i\mu p_{i-1,j}(t)-(i\lambda+i\mu)p_{ij}(t)+i\lambda p_{i+1,j}(t), & i\geqslant 1\\ p'_{0,j}(t)=-\lambda p_{0,j}(t)+\lambda p_{1,j}(t)\end{cases}$$

向前方程为：

$$\begin{cases} p'_{ij}(t)=(j+1)\mu p_{i,j+1}(t)-(j\lambda+j\mu)p_{ij}(t)+(j-1)\lambda p_{i,j-1}(t), & j\geqslant 1 \\ p'_{i,0}(t)=-\lambda p_{i,0}(t)+\mu p_{i,1}(t) \end{cases}$$

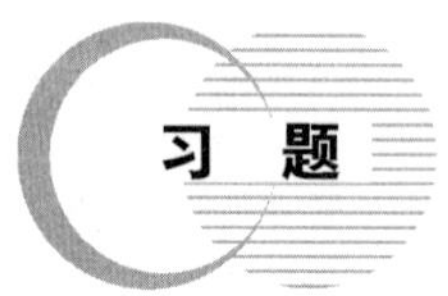

习题

5.1 设今日有雨明日也有雨的概率为0.7，今日无雨明日有雨的概率为0.5。求星期一有雨，星期三也有雨的概率。

5.2 某人有 r 把伞用于上下班，如果一天开始时他在家（一天结束时他在办公室）而且天下雨，只要有伞可取到，他将拿一把到办公室（家）中。如果天不下雨，那么他不带伞，假设每天的开始（结束）下雨的概率为 p，不下雨的概率为 q，且与过去情况独立。

(1) 定义一个有 $r+1$ 种状态的Markov链并确定转移概率；

(2) 计算极限分布；

(3) 他被淋湿的平均次数所占比例是多少？（如果天下雨而伞全部在另一处，那么称他被淋湿。）

5.3 对例5.1.5试确定状态的周期、常返性，并对此Markov链分类。

5.4 若 $f_{ii}<1$，$f_{jj}<1$，证明

$$\sum_{n=1}^{\infty} p_{ij}^{(n)} < +\infty$$

及

$$f_{ij}=\frac{\sum_{n=1}^{\infty} p_{ij}^{(n)}}{1+\sum_{n=1}^{\infty} p_{jj}^{(n)}}$$

5.5 设一只蚂蚁在直线上爬行，原点处一只蜘蛛在等待捕食，N 处有一挡板，蚂蚁到 N 后只能返回。设蚂蚁向左爬和向右爬的概率分别为 p 和 $1-p$。证明：蚂蚁被吃掉的概率为1。

5.6 上题中设 $N=1$，但蜘蛛也在0～1之间爬行，起始位置在0，蚂蚁的初始位置在1，蜘蛛和蚂蚁分别依如下转移矩阵在0～1之间转移：

$$\begin{pmatrix} 0.7 & 0.3 \\ 0.3 & 0.7 \end{pmatrix}, \begin{pmatrix} 0.7 & 0.3 \\ 0.3 & 0.7 \end{pmatrix}$$

(1) 求在时刻 n，蜘蛛和蚂蚁分别处于0和1的概率；

(2) 捕捉过程需要的平均时间为多长（设蚂蚁不会在途中被吃掉）？

5.7 将两个红球、四个白球分别放入甲、乙两个盒子中。每次从两个盒子中各取一球交换，以 X_n 记第 n 次交换后甲盒中的红球数。

(1) 说明 $\{X_n, n=0,1,\cdots\}$ 是一Markov链并求转移矩阵 $\boldsymbol{P}$；

(2) 试证 $\{X_n, n=0,1,\cdots\}$ 是遍历的；

(3) 求它的极限分布。

5.8 设有三个盒子装有红、白两种颜色的球，装球情况如下表所示：

盒子	红球	白球
甲	90	10
乙	50	50
丙	40	60

对甲盒做下面的抽取：随机抽取一球，记下它的颜色，然后重新放回一个颜色与它不同的球；对乙盒，随机抽取后记下颜色再放回；对丙盒，抽取后只记颜色不放回。现在某人随机选中一个盒子，按与此盒子相应的抽取方式得到了一个如下记录（红，红，红，红，白），则他最可能选取的是哪一个盒子？（提示：对每一个盒子的情况建立一个 Markov 链。）

5.9 转移矩阵称为双随机的，若对一切 j，$\sum_{i=0}^{\infty} p_{ij}=1$。设一个具有双随机转移矩阵的 Markov 链有 n 种状态，且是遍历的，求它的极限概率。

5.10 对于 Yule 过程计算群体总数从 1 增长到 N 的平均时间。

5.11 假定一生物群体中的各个个体以指数率 λ 出生，以指数率 μ 死亡，另外还存在由迁入引起的指数增长率 θ，试对此建立一个生灭模型。

5.12 在习题 5.11 中假设当群体总数是 N 或更多时，就不允许迁入，建立一个生灭模型。

5.13 考虑有两种状态的连续时间 Markov 链，状态为 0 和 1，链在离开 0 到达 1 之前在状态 0 停留的时间服从参数为 λ 的指数分布，相应地在 1 停留的时间是参数为 μ 的指数变量。对此建立 Kolmogorov 微分方程，并求解。

5.14 设有一质点在 1，2，3 上做随机跳跃，在时刻 t 它位于 1/3，且在 $[t,t+h]$ 内以概率$\frac{1}{2}+o(h)$ 分别跳到其他两种状态。试求转移概率满足的 Kolmogorov 方程并求转移概率。

5.15 对于例 5.5.4 的排队模型建立一个 Kolmogorov 方程。

5.16 无限制地抛掷一枚硬币多次，以 H_n 和 T_n 分别表示前 n 次抛掷中正面和反面出现的次数，令 $Y_n=H_n-T_n$，试问 $\{H_n, n\geqslant 1\}$，$\{Y_n, n\geqslant 1\}$ 是 Markov 链吗？若是，求一步转移的概率。

5.17 设 Markov 链的转移概率矩阵为

$$P=\begin{pmatrix} \frac{1}{3} & \frac{1}{3} & \frac{1}{3} & 0 \\ \frac{1}{2} & \frac{1}{2} & 0 & 0 \\ \frac{1}{4} & \frac{1}{4} & 0 & \frac{1}{2} \\ 0 & \frac{1}{2} & 0 & \frac{1}{2} \end{pmatrix}$$

(1) 问以第二个状态至少需要几步才能转移到第三个状态？

(2) 求两步转移概率矩阵。

5.18 设 Markov 链的转移概率矩阵为 $P=\begin{pmatrix}\frac{1}{2} & \frac{1}{2}\\ \frac{1}{3} & \frac{2}{3}\end{pmatrix}$，求首达概率 $f_{11}^{(n)}$，$f_{12}^{(n)}$ $(n=1,2,3)$。

5.19 设 Markov 链的状态空间为 $S=\{1,2,3,4\}$，其一步转移概率矩阵为

$$P=\begin{pmatrix}0 & 0 & 1 & 0\\ 1 & 0 & 0 & 0\\ 0 & \frac{1}{2} & \frac{1}{2} & 0\\ \frac{1}{3} & 0 & 0 & \frac{2}{3}\end{pmatrix}$$

试问哪些状态是非常返的？哪些状态是常返的？求常返状态的平均返回时间；求各状态的周期并将状态空间分解。

5.20 设甲、乙两个容器共有 $2N$ 个球，每隔单位时间从这 $2N$ 个球中任取一球放入另一容器中，记 X_n 为在时刻 n 甲容器中球的个数，则 $\{X_n, n\geqslant 0\}$ 是齐次 Markov 链，称为 Erenfest 链，求该链的平稳分布。

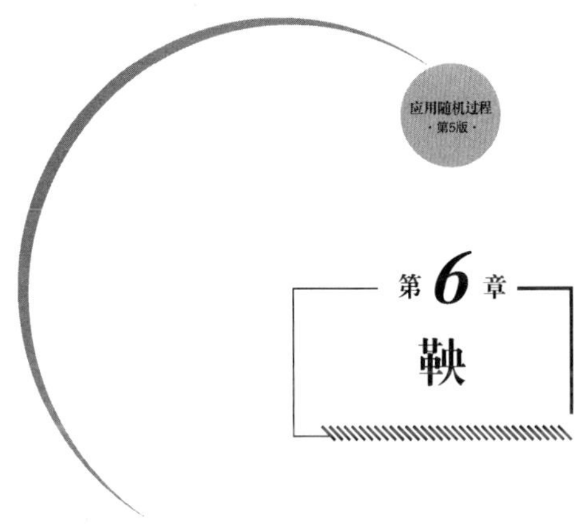

第6章 鞅

本章将介绍另一类特殊的随机过程——鞅。近几十年来，鞅理论不仅在随机过程及其他数学分支中占据了重要的地位，在诸如金融、保险和医学等实际问题上也得到了广泛的应用。在此我们将阐述鞅的一些基本理论，并以介绍离散时间鞅为主。

鞅的定义是从条件期望出发的，所以对条件期望不熟悉的读者请先学习第1章中的相关内容，这对于理解鞅理论至关重要。

6.1 基本概念

每个赌博者自然都对能使他在一系列赌博后获得最大期望收益的策略感兴趣。然而在数学上可以证明，在“公平”的博弈中，是没有这样的赌博策略的。

假设一个赌博者正在进行一系列赌博，每次赌博输赢的概率都是$\frac{1}{2}$。令$\{Y_n, n=1, 2, \cdots\}$是一列独立同分布的随机变量，表示每次赌博的结果。

$$P\{Y_n=1\}=P\{Y_n=-1\}=\frac{1}{2}$$

这里$\{Y_n=1\}(\{Y_n=-1\})$表示赌博者在第n次赌博时赢（输）。如果赌博者采用的赌博策略（即所下赌注）依赖于前面的赌博结果，那么他的赌博可以用下面的随机变量序列

$$b_n=b_n(Y_1, Y_2, \cdots, Y_{n-1}), \quad n=2,3,\cdots$$

描述，其中b_n（$b_n<\infty$）是第n次的赌注，若赌赢则获利b_n，否则输掉b_n。

设X_0是该赌博者的初始赌资，则

$$X_n = X_0 + \sum_{i=1}^{n} b_i Y_i \tag{6.1.1}$$

是他在第 n 次赌博后的赌资。可以断言

$$E(X_{n+1} | Y_1, Y_2, \cdots, Y_n) = X_n$$

事实上，由式（6.1.1）我们可以得到

$$X_{n+1} = X_n + b_{n+1} Y_{n+1}$$

因此

$$\begin{aligned} E(X_{n+1} | Y_1, Y_2, \cdots, Y_n) &= E(X_n | Y_1, Y_2, \cdots, Y_n) + E(b_{n+1} Y_{n+1} | Y_1, Y_2, \cdots, Y_n) \\ &= X_n + b_{n+1} E(Y_{n+1} | Y_1, Y_2, \cdots, Y_n) \\ &\quad \text{（因为 } X_n \text{ 与 } b_{n+1} \text{ 由 } Y_1, Y_2, \cdots, Y_n \text{ 确定）} \\ &= X_n + b_{n+1} E(Y_{n+1}) \text{（因为} \{Y_n\} \text{是独立随机变量序列）} \\ &= X_n \text{（因为 } E(Y_{n+1}) = 0, \forall n \geqslant 0\text{）} \end{aligned}$$

这证明了，如果每次赌博的输赢机会是均等的，并且赌博策略依赖于前面的赌博结果，则赌博是“公平的”。因此，任何赌博者都不可能通过改变赌博策略将公平的赌博变成有利于自己的赌博。

定义 6.1.1 随机过程 $\{X_n, n \geqslant 0\}$ 称为关于 $\{Y_n, n \geqslant 0\}$ 的下鞅，如果对 $n \geqslant 0$，X_n 是 $Y_0, Y_1, \cdots, Y_n$ 的函数，$E(X_n^+) < \infty$，并且

$$E(X_{n+1} | Y_0, Y_1, \cdots, Y_n) \geqslant X_n \tag{6.1.2}$$

这里 $X_n^+ = \max\{0, X_n\}$。

我们称 $\{X_n, n \geqslant 0\}$ 为关于 $\{Y_n, n \geqslant 0\}$ 的上鞅，如果对 $n \geqslant 0$，X_n 是 Y_0，Y_1，…，Y_n 的函数，$E(X_n^-) < \infty$，并且

$$E(X_{n+1} | Y_0, Y_1, \cdots, Y_n) \leqslant X_n \tag{6.1.3}$$

这里 $X_n^- = \max\{0, -X_n\}$。

若 $\{X_n, n \geqslant 0\}$ 兼为关于 $\{Y_n, n \geqslant 0\}$ 的下鞅与上鞅，则称为关于 $\{Y_n, n \geqslant 0\}$ 的鞅，此时

$$E(X_{n+1} | Y_0, Y_1, \cdots, Y_n) = X_n \tag{6.1.4}$$

鞅描述的是“公平”的赌博，下鞅和上鞅分别描述了“有利”赌博与“不利”赌博。

下面我们定义关于 σ 代数的鞅。为此，首先介绍有关概念。设 $(\Omega, \mathscr{F}, P)$ 是完备的概率空间，我们所讨论的随机变量都是定义在这个概率空间上的。$\{\mathscr{F}_n, n \geqslant 0\}$ 是 $\mathscr{F}$ 上的一列子 σ 代数并且使得 $\mathscr{F}_n \subset \mathscr{F}_{n+1}$ $(n \geqslant 0)$，称为子 σ 代数流。

随机过程 $\{X_n, n \geqslant 0\}$ 称为 $\{\mathscr{F}_n\}$ 适应的，如果 $\forall n \geqslant 0$，X_n 是 $\mathscr{F}_n$ 可测的，即 $\forall x \in \mathbb{R}$，$\{X_n \leqslant x\} \in \mathscr{F}_n$。此时称 $\{X_n, \mathscr{F}_n, n \geqslant 0\}$ 为适应列。在定义 6.1.1 中，定义下鞅时，我们假定了 X_n 是 Y_0，Y_1，…，Y_n 的函数。令 $\mathscr{F}_n = \sigma\{Y_0, Y_1, \cdots, Y_n\}$ $(n \geqslant 0)$，则 $\{\mathscr{F}_n, n \geqslant 0\}$ 是一个 σ 代数流。X_n 是 Y_0，Y_1，…，Y_n 的函数的确切含义是 $\{X_n\}$ 是 $\{\mathscr{F}_n\}$ 适应的。

定义 6.1.2 设 $\{\mathscr{F}_n, n\geqslant 0\}$ 是一个 $\mathscr{F}$ 中的单调递增的子 σ 代数流。随机过程 $\{X_n, n\geqslant 0\}$ 称为关于 $\{\mathscr{F}_n, n\geqslant 0\}$ 的鞅，如果 $\{X_n\}$ 是 $\{\mathscr{F}_n\}$ 适应的，$E(|X_n|)<\infty$，并且 $\forall n\geqslant 0$，有

$$E(X_{n+1}|\mathscr{F}_n)=X_n \tag{6.1.5}$$

适应列 $\{X_n, \mathscr{F}_n, n\geqslant 0\}$ 称为下鞅，如果 $\forall n\geqslant 0$，有

$$E(X_n^+)<\infty \quad 且 \quad E(X_{n+1}|\mathscr{F}_n)\geqslant X_n \tag{6.1.6}$$

上鞅可以类似定义。

在给出例子之前，先给出由定义直接推出的命题。

命题 6.1.1 （1）适应列 $\{X_n, \mathscr{F}_n, n\geqslant 0\}$ 是下鞅当且仅当 $\{-X_n, \mathscr{F}_n, n\geqslant 0\}$ 是上鞅。

（2）如果 $\{X_n, \mathscr{F}_n\}$，$\{Y_n, \mathscr{F}_n\}$ 是两个下鞅，a，b 是两个正常数，则 $\{aX_n+bY_n, \mathscr{F}_n\}$ 是下鞅。

（3）如果 $\{X_n, \mathscr{F}_n\}$，$\{Y_n, \mathscr{F}_n\}$ 是两个下鞅（或上鞅），则 $\{\max\{X_n, Y_n\}, \mathscr{F}_n\}$（$\{\min\{X_n, Y_n\}, \mathscr{F}_n\}$）是下鞅（上鞅）。

证明是简单的，留作习题。在本命题以及其他类似命题中，子 σ 代数流 $\{\mathscr{F}_n\}$ 可以由 $\{Y_k, k=1,2,\cdots,n\}$ 替代，即 $\{X_n\}$ 是关于 $\{Y_n\}$ 的下鞅。

若以 X_n 表示一个赌博者在第 n 次赌博后所有的赌资。式（6.1.5）表示：平均而言，他在下一次赌博结束时的赌资将等于现时的赌资，与他过去赌博的输赢无关。这也就是说鞅具有一种“无后效性”，同时这体现的正是博弈的公平性。

例 6.1.1

设 X_1，X_2，…是一族零均值独立随机变量序列，且 $E(|X_i|)<\infty$，令 $S_0=0$，$S_n=\sum\limits_{k=1}^{n}X_k$，则 $\{S_n\}$ 是（关于 $\mathscr{F}_n=\sigma(X_1, X_2, \cdots, X_n)$ 的）鞅。另外，若 X_k（$k=1$，2，…）的均值为 $\mu\neq 0$，则 $\{M_n=S_n-n\mu\}$ 是（关于 $\{\mathscr{F}_n\}$ 的）鞅。

证明 当 $E(X_k)=0(k=1, 2, \cdots)$ 时，易见 S_n 是 $\mathscr{F}_n$ 可测的，而且

$$E(|S_n|)\leqslant \sum_{i=1}^{n}E(|X_i|)<\infty$$

于是

$$\begin{aligned}E(S_{n+1}|\mathscr{F}_n)&=E(X_1+X_2+\cdots+X_{n+1}|\mathscr{F}_n)\\&=E(X_1+X_2+\cdots+X_n|\mathscr{F}_n)+E(X_{n+1}|\mathscr{F}_n)\\&=S_n\end{aligned}$$

从而 $\{S_n\}$ 是一个关于 $\{\mathscr{F}_n\}$ 的鞅。同理可以证明，当 $E(X_k)=\mu\neq 0$（$k=1,2,\cdots$）时，$\{M_n\}$ 也是一个关于 $\{\mathscr{F}_n\}$ 的鞅。

例 6.1.2

在例 6.1.1 中设 $E(X_k)=\mu\neq 0$，$E(|X_k|)<\infty$（$k=1$，2，…），则有 $E(|S_n|)<\infty$，及

$$E(S_{n+1} \mid \mathscr{F}_n) = E(\sum_{i=1}^{n} X_i + X_{n+1} \mid \mathscr{F}_n) = S_n + \mu$$

显然，若 $\mu>0$ ($\mu<0$)，则 $\{S_n\}$ 是关于 $\{\mathscr{F}_n\}$ 的下鞅（上鞅）。

例 6.1.3

考虑一个公平博弈问题。设 X_1，X_2，…独立同分布，分布函数为：

$$P\{X_i=1\}=P\{X_i=-1\}=\frac{1}{2}$$

于是可以将 X_i（$i=1,2,\cdots$）看作一个抛硬币游戏的结果：如果出现正面就赢 1 元，出现反面则输 1 元。假设我们按以下的规则来赌博：每次抛硬币之前的赌注都比上一次翻一倍，直到赢了赌博即停。令 W_n 表示第 n 次赌博后所输（或赢）的总金额，则 $W_0=0$，由于无论何时只要赢了就停止赌博，所以 W_n 从赢了之后起就不再变化，于是有 $P\{W_{n+1}=1 \mid W_n=1\}=1$。

假设前 n 次抛硬币都出现了反面，按照规则，我们已经输了 $1+2+4+\cdots+2^{n-1}=2^n-1$（元），即 $W_n=-(2^n-1)$。假如下一次硬币出现的是正面，按规则 $W_{n+1}=2^n-(2^n-1)=1$，由公平的前提知道：

$$P\{W_{n+1}=1|W_n=-(2^n-1)\}=\frac{1}{2}$$

$$P\{W_{n+1}=-2^n-2^n+1|W_n=-(2^n-1)\}=\frac{1}{2}$$

易证 $E(W_{n+1} \mid \mathscr{F}_n)=W_n$，这里 $\mathscr{F}_n=\sigma(X_1,X_2,\cdots,X_n)$，从而 $\{W_n\}$ 是一个关于 $\{\mathscr{F}_n\}$ 的鞅。

例 6.1.4

我们可以把例 6.1.3 一般化。设 X_1，X_2，…仍如例 6.1.3 的假定，而每次赌博所下赌注将与前面的结果有关，以 B_n 记第 n 次所下的赌注，则 B_n 是 X_1，X_2，…，X_{n-1} 的函数，换言之，B_n 是 $\mathscr{F}_{n-1}$ 可测的（设 B_1 为常数）。仍然令 W_n 同例 6.1.3 之定义，$W_0=0$，则有

$$W_n = \sum_{j=1}^{n} B_j X_j$$

假设 $E(|B_n|)<\infty$（这保证了每次的赌本都有一定节制），那么 $\{W_n\}$ 是一个关于 $\{\mathscr{F}_n\}$ 的鞅。

事实上，注意到 $E(|W_n|)<\infty$（这可由 $E(|B_n|)<\infty$ 得到），而且 W_n 是 $\mathscr{F}_n$ 可测的，并且

$$\begin{aligned}E(W_{n+1} \mid \mathscr{F}_n) &= E(\sum_{j=1}^{n+1} B_j X_j \mid \mathscr{F}_n) \\ &= E(\sum_{j=1}^{n} B_j X_j \mid \mathscr{F}_n) + E(B_{n+1} X_{n+1} \mid \mathscr{F}_n)\end{aligned}$$

$$
\begin{aligned}
&= \sum_{j=1}^{n} B_j X_j + B_{n+1} E(X_{n+1} \mid \mathscr{F}_n) \\
&= W_n + B_{n+1} E(X_{n+1}) \\
&= W_n
\end{aligned}
$$

例 6.1.5

（Polya 坛子抽样模型）考虑一个装有红、黄两色球的坛子。假设最初坛子中装有红、黄两色球各一个，每次都按如下规则有放回地随机抽取：如果拿出的是红色的球，则放回的同时再加入一个同色的球；如果拿出的是黄色的球也采取同样做法。以 X_n 表示第 n 次抽取后坛子中的红球数，则 $X_0=1$，且 $\{X_n\}$ 是一个非时齐的 Markov 链，转移概率为：

$$P\{X_{n+1}=k+1 \mid X_n=k\}=\frac{k}{n+2}$$

$$P\{X_{n+1}=k \mid X_n=k\}=\frac{n+2-k}{n+2}$$

令 M_n 表示第 n 次抽取后红球所占的比例，则 $M_n=\dfrac{X_n}{n+2}$，并且 $\{M_n\}$ 是一个鞅。这是因为

$$E(X_{n+1} \mid X_n)=X_n+\frac{X_n}{n+2}$$

由于 $\{X_n\}$ 是一个 Markov 链，则 $\mathscr{F}_n=\sigma(X_1, X_2, \cdots, X_n)$ 中对 X_{n+1} 有影响的信息都包含在 X_n 中，所以

$$
\begin{aligned}
E(M_{n+1} \mid \mathscr{F}_n) &= E(M_{n+1} \mid X_n) \\
&= E\left(\frac{X_{n+1}}{n+1+2} \mid X_n\right) \\
&= \frac{1}{n+3} E(X_{n+1} \mid X_n) \\
&= \frac{1}{n+3}\left(X_n+\frac{X_n}{n+2}\right) \\
&= \frac{X_n}{n+2} \\
&= M_n
\end{aligned}
$$

本例研究的模型是 Polya 首次引入的，它适用于描述群体增值和传染病的传播等现象。

下面的引理可以让我们由已知的鞅或下鞅构造出许多新的下鞅。

考虑定义在区间 I 上的函数 $\varphi(x)$，称它为凸的，若 $\forall\, x$，$y \in I$，$0<\alpha<1$，有

$$\alpha\varphi(x)+(1-\alpha)\varphi(y) \geqslant \varphi[\alpha x+(1-\alpha) y] \tag{6.1.7}$$

成立。

引理 6.1.1 （条件 Jensen 不等式）设 $\varphi(x)$ 为实数集 $\mathbb{R}$ 上的凸函数，随机变量 M 满足

(1) $E(|M|)<\infty$；

(2) $E(|\varphi(M)|)<\infty$，

则有

$$E[\varphi(M)|\mathscr{F}_n]\geqslant\varphi[E(M|\mathscr{F}_n)] \tag{6.1.8}$$

式中，$\{\mathscr{F}_n\}$ 是任意递增的 σ 代数流。

证明见参考文献［47］。式（6.1.8）是著名的条件 Jensen 不等式，由它即可得到以下定理。

定理 6.1.1 设 $\{M_n,n\geqslant0\}$ 是关于 $\{\mathscr{F}_n,n\geqslant0\}$ 的鞅（下鞅），$\varphi(x)$ 是 $\mathbb{R}$ 上的凸函数（非降凸函数），且满足 $E[\varphi(M_n)^+]<\infty$，$\forall n\geqslant0$，则 $\{\varphi(M_n),n\geqslant0\}$ 是关于 $\{\mathscr{F}_n,n\geqslant0\}$ 的下鞅。特别地，$\{|M_n|,n\geqslant0\}$ 是下鞅；当 $E(M_n^2)<\infty$，$\forall n\geqslant0$ 时，$\{M_n^2,n\geqslant0\}$ 也是下鞅。

证明 请读者利用引理 6.1.1 推导。

6.2 鞅的停时定理及其应用

6.2.1 鞅的停时定理

本节中讨论的鞅都是指关于某个随机变量序列的鞅，所得到的结论对关于 σ 代数流的鞅也是成立的。为便于理解和应用，我们没有追求结论的一般性。对于一个关于 $\{X_n,n\geqslant0\}$ 的鞅 $\{M_n,n\geqslant0\}$，易知对 $\forall n\geqslant0$，有

$$E(M_n)=E(M_0) \tag{6.2.1}$$

我们想知道如果把此处固定的时间 n 换作一个随机变量 T，是否仍然有

$$E(M_T)=E(M_0) \tag{6.2.2}$$

一般，此结论未必成立。但在一定的条件下可以保证它成立，这就是鞅的停时定理。鞅的停时定理的意义是："在公平的赌博中，你不可能赢。"设想 $\{M_n,n\geqslant0\}$ 是一种公平的博弈，M_n 表示局中人第 n 次赌局结束后的赌本。式（6.2.1）说明他在每次赌局结束时的赌本与他开始时的赌本一样，但是他未必一直赌下去，他可以选择任一时刻停止赌博，这一时刻是随机的。式（6.2.2）说明他停止时的赌本和他开始时的赌本相同，然而很容易看出在一般的情况下，这是不正确的。比如例 6.1.3 中的赌博者采取的策略，就可以保证他在赢 1 元之后结束，所以我们要为式（6.2.2）的成立附加一些条件。

定义 6.2.1 （停时）设 $\{X_n,n\geqslant0\}$ 是一个随机变量序列，称随机函数 T 是关于 $\{X_n,n\geqslant0\}$ 的停时，如果 T 在 $\{0,1,2,\cdots,\infty\}$ 中取值，且对每个 $n\geqslant0$，$\{T=n\}\in\sigma(X_0,X_1,\cdots,X_n)$。

由定义我们知道事件 $\{T=n\}$ 或 $\{T\neq n\}$ 都应该由 n 时刻及其之前的信息完全确定，

而不需要也无法借助将来的情况。仍然回到公平博弈的例子，赌博者决定何时停止赌博只能以他已经赌过的结果为依据，而不能说，如果我下一次要输我现在就停止赌博，这是对停止时刻 T 的第一个要求：它必须是一个停时。

以下看几个停时的例子。

例 6.2.1

确定时刻 $T=n$ 是一个停时，即在赌博开始已确定 n 局之后一定结束，易见这是一个停时。

例 6.2.2

（首达时）$\{X_n,n\geqslant 0\}$ 是一个随机变量序列，A 是一个事件集，令

$$T(A)=\inf\{n,X_n\in A\}\text{，并约定 } T(\varnothing)=\inf\{n,X_n\in\varnothing\}=\infty$$

可见 $T(A)$ 是 $\{X_n,n\geqslant 0\}$ 首次进入 A（即发生了 A 中所含事件）的时刻，称 $T(A)$ 是 $\{X_n,n\geqslant 0\}$ 到集合 A 的首达时，可以证明 $T(A)$ 是关于 $\{X_n,n\geqslant 0\}$ 的停时。事实上

$$\{T(A)=n\}=\{X_0\notin A,X_1\notin A,\cdots,X_{n-1}\notin A,X_n\in A\}$$

显然 $\{T(A)=n\}$ 完全由 X_0，X_1，…，X_n 决定，从而 $T(A)$ 是关于 $\{X_n,n\geqslant 0\}$ 的停时。

例 6.2.3

如果 T 和 S 是两个停时，则 $T+S$，$\min\{T,S\}$ 和 $\max\{T,S\}$ 也是停时。这可由下述简单的命题来证明。

命题 6.2.1　设 T 是取值于 $\{0,1,2,\cdots,\infty\}$ 的随机变量，则下述三者等价：

(1) $\{T=n\}\in\sigma(X_0,X_1,\cdots,X_n)$；

(2) $\{T\leqslant n\}\in\sigma(X_0,X_1,\cdots,X_n)$；

(3) $\{T>n\}\in\sigma(X_0,X_1,\cdots,X_n)$。

只要注意到如下等式，即可证明 (1)，(2)，(3) 的等价性。

$$\{T\leqslant n\}=\bigcup_{k=0}^{n}\{T=k\}$$
$$\{T>n\}=\Omega-\{T\leqslant n\}$$
$$\{T=n\}=\{T\leqslant n\}-\{T\leqslant n-1\}$$

这就可以证明 $T+S$，$\max\{T,S\}$ 是停时。特别地，由例 6.2.1 可知，常数 n 是停时。设 T 是停时，令 $T_n=\min\{T,n\}$，则每个 T_n 都是停时，并且有 $T_0\leqslant T_1\leqslant T_2\leqslant\cdots\leqslant T_n\leqslant n$，$\forall n$。

在给出停时定理之前先注意以下事实。

命题 6.2.2　设 $\{M_n,n\geqslant 0\}$ 是一个关于 $\{X_n,n\geqslant 0\}$ 的鞅，T 是一个关于 $\{X_n,n\geqslant 0\}$

的停时并且 $T\leqslant K$，$\mathscr{F}_n=\sigma(X_0,X_1,\cdots,X_n)$，则

$$E(M_T|\mathscr{F}_n)=M_0$$

特别地，有

$$E(M_T)=E(M_0)$$

证明 由于 $T\leqslant K$，即 T 只取有限值，且当 $T=j$ 时 $M_T=M_j$，我们可以把 M_T 写作

$$M_T=\sum_{j=0}^{K}M_jI_{\{T=j\}} \tag{6.2.3}$$

对式（6.2.3）关于 $\mathscr{F}_{K-1}$取条件期望，有

$$\begin{aligned}E(M_T\mid\mathscr{F}_{K-1})&=E\Big(\sum_{j=0}^{K}M_jI_{\{T=j\}}|\mathscr{F}_{K-1}\Big)\\&=E\Big(\sum_{j=0}^{K-1}M_jI_{\{T=j\}}|\mathscr{F}_{K-1}\Big)+E(M_KI_{\{T=K\}}|\mathscr{F}_{K-1})\end{aligned}$$

当 $j\leqslant K-1$ 时，M_j 和 $I_{\{T=j\}}$都是 $\mathscr{F}_{K-1}$可测的，从而

$$E\Big(\sum_{j=0}^{K-1}M_jI_{\{T=j\}}|\mathscr{F}_{K-1}\Big)=\sum_{j=0}^{K-1}M_jI_{\{T=j\}}$$

又因为 $T\leqslant K$ 已知，则 $\{T=K\}$ 与 $\{T>K-1\}$ 是等价的，由例 6.2.3 中结果知 $\{T>K-1\}\in\sigma(X_0,X_1,\cdots,X_{K-1})$，因此

$$\begin{aligned}E(M_KI_{\{T=K\}}|\mathscr{F}_{K-1})&=I_{\{T>K-1\}}E(M_K|\mathscr{F}_{K-1})\\&=I_{\{T>K-1\}}M_{K-1}\end{aligned}$$

从而

$$\begin{aligned}E(M_T\mid\mathscr{F}_{K-1})&=I_{\{T>K-1\}}M_{K-1}+\sum_{j=0}^{K-1}M_jI_{\{T=j\}}\\&=I_{\{T>K-2\}}M_{K-1}+\sum_{j=0}^{K-2}M_jI_{\{T=j\}}\end{aligned}$$

重复以上运算，关于 $\mathscr{F}_{K-2}$取条件期望，我们可以得到

$$\begin{aligned}E[M_T|\mathscr{F}_{K-2}]&=E[E(M_T|\mathscr{F}_{K-1})|\mathscr{F}_{K-2}]\\&=I_{\{T>K-3\}}M_{K-2}+\sum_{j=0}^{K-3}M_jI_{\{T=j\}}\end{aligned}$$

继续这样的过程，最终有

$$E(M_T|\mathscr{F}_0)=I_{\{T\geqslant 0\}}M_0=M_0$$

这个命题是鞅停时定理的一种特殊情况，可以看出，它的条件太强了，实际上我们感兴趣的问题中有许多都不满足 T 有界这一严格条件。假设 T 是一停时并且$P\{T<\infty\}=1$，也就是说以概率 1 可以保证会停止（相对于 $P\{T=\infty\}=0$）。但与 T 有界不同的是，并没有确定的 K 使 $P\{T\leqslant K\}=1$。例如，上面博弈的例子中，赌博者并不能确定在某一时刻

之前肯定停止赌博，但可以保证这场赌博不会无限期地延续下去，那么在这种情况下，何种条件下可以得到 $E(M_T)=E(M_0)$ 的结论呢？

考虑停时 $T_n=\min\{T,n\}$，注意到

$$M_T=M_{T_n}+M_TI_{\{T>n\}}-M_nI_{\{T>n\}}$$

从而

$$E(M_T)=E(M_{T_n})+E(M_TI_{\{T>n\}})-E(M_nI_{\{T>n\}})$$

可以看出，T_n 是一个有界停时 $\{T_n\leqslant n\}$，由上面命题可知 $E(M_{T_n})=E(M_0)$。我们希望当 $n\to\infty$ 时，后面两项趋于 0，对于第二项来说，这不困难，因为 $P\{T<\infty\}=1$，所以当 $n\to\infty$ 时，$P\{T>n\}\to 0$，$E(M_TI_{\{T>n\}})$ 相当于对 M_T 限制在一个趋于空集的集合上取期望。容易看出若要求 $E(|M_T|)<\infty$，就可保证 $E(M_TI_{\{T>n\}})\to 0$。

第三项要麻烦一些，考虑前面的例 6.1.3，在这个例子中，事件 $\{T>n\}$ 相当于事件：前 n 次抛硬币，均出现反面。这个概率是 $\left(\frac{1}{2}\right)^n$，如果这个事件发生了，则至少赌博者已经输掉了 2^n-1 元，即 $M_n=1-2^n$，从而

$$E(M_nI_{\{T>n\}})=2^{-n}(1-2^n)$$

当 $n\to\infty$ 时，上式并不趋于 0，这也是停时定理的结论在此处不成立的原因。然而，如果 M_n 和 T 满足

$$\lim_{n\to\infty}E(|M_n|I_{\{T>n\}})=0$$

就可以得出结论 $E(M_T)=E(M_0)$。我们把这个过程写成如下的停时定理。

定理 6.2.1 鞅的停时定理

设 $\{M_n,n\geqslant 0\}$ 是一个关于 $\{\mathscr{F}_n=\sigma(X_0,X_1,\cdots,X_n)\}$ 的鞅，T 是停时且满足

(1) $P\{T<\infty\}=1$ (6.2.4)

(2) $E(|M_T|)<\infty$ (6.2.5)

(3) $\lim_{n\to\infty}E(|M_n|I_{\{T>n\}})=0$ (6.2.6)

则有

$$E(M_T)=E(M_0)$$

例 6.2.4

设 $\{X_n\}$ 是在 $\{0,1,\cdots,N\}$ 上的简单随机游动 $\left(p=\frac{1}{2}\right)$，并且 0 和 N 为两个吸收壁。设 $X_0=a$，则 $\{X_n\}$ 是一个鞅（试简单证明）。令 $T=\min\{j:X_j=0\text{ 或 }N\}$，则 T 是一个停时，由于 X_n 的取值有界，故式（6.2.5）和式（6.2.6）满足（注意到若鞅本身取值有界且式（6.2.4）成立，则式（6.2.5）和式（6.2.6）一定成立，这也是另一种形式的鞅停时定理），从而

$$E(X_T)=E(X_0)=a$$

由于此时 X_T 只取 N，0 两个值，有

$$E(X_T)=N\cdot P\{X_T=N\}+0\cdot P\{X_T=0\}$$

从而得到

$$P\{X_T=N\}=\frac{E(X_T)}{N}=\frac{a}{N}$$

即在被吸收时刻它处于 N 点的概率为$\frac{a}{N}$。

例 6.2.5

令 X_n 和 T 如例 6.2.4 所定义，假定 $M_n=X_n^2-n$，则 $\{M_n\}$ 是关于 $\{X_n\}$ 的鞅。这是因为

$$\begin{aligned}E(M_{n+1}|\mathscr{F}_n)&=E[X_{n+1}^2-(n+1)|\mathscr{F}_n]=E(X_{n+1}^2|\mathscr{F}_n)-(n+1)\\&=\frac{1}{2}(X_n+1)^2+\frac{1}{2}(X_n-1)^2-(n+1)\\&=X_n^2-n=M_n\end{aligned}$$

易见，此时 M_n 不是一个有界鞅，不能立刻得出式（6.2.5）和式（6.2.6）成立，但是可以证明，存在 $C<\infty$，$\rho<1$，使得

$$P\{T>n\}\leqslant C\rho^n \tag{6.2.7}$$

因为 $|M_n|\leqslant N^2+n$，可知 $E(|M_T|)<\infty$，并且

$$E(|M_n|I_{\{T>n\}})\leqslant C\rho^n(N^2+n)\rightarrow 0$$

从而停时定理的条件满足，我们有结论

$$E(M_T)=E(M_0)=a^2$$

注意到

$$\begin{aligned}E(M_T)&=E(X_T^2)-E(T)\\&=N^2P\{X_T=N\}+0\cdot P\{X_T=0\}-E(T)\\&=aN-E(T)\end{aligned}$$

从而

$$E(T)=aN-a^2=a(N-a)$$

这是停止之前需要的平均时间。

注：式（6.2.7）是 Markov 链中的一个问题，设 $\{X_n\}$ 是一个不可约的 Markov 链，状态空间为 $\{0,1,\cdots,N\}$，则存在 $C<\infty$，$\rho<1$，使得

$$P\{X_m\neq j,m=0,1,\cdots,n|X_0=i\}\leqslant C\rho^n$$

读者可自己证明。（提示：存在 $\delta>0$，使得 $\forall i$，从 i 出发在 N 步内到达过 j 的概率大于 δ。）

例 6.2.6

令 $\{X_n\}$ 是一个在 $\{0,\pm1,\pm2,\cdots\}$ 上的简单随机游动 $\left(p=\dfrac{1}{2}\right)$，我们已经知道 $\{X_n\}$ 是一个鞅。令 $T=\min\{j:X_j=1\}$，由例 5.2.5 知这个简单随机游动是常返的，从而 $P\{T<\infty\}=1$。又由 $X_T=1$ 知 $E(X_T)=1\neq0=E(X_0)$，所以停时定理不成立。实际上，此时停时定理的条件是不满足的，我们不再给出具体证明，只给出如下事实：在这种情况下，$P\{T>n\}\sim Cn^{-\frac{1}{2}}$，$C$ 为常数，从而

$$E(|X_n|I_{\{T>n\}})\not\to0$$

在介绍了鞅的停时定理之后，我们简单地讨论一下有关上鞅停时定理的两个结果。这在下面的例子中是必需的。

定理 6.2.2 设 $\{M_n,n\geqslant0\}$ 是关于 $\{X_n,n\geqslant0\}$ 的上鞅，T 是关于 $\{X_n,n\geqslant0\}$ 的停时，$T_n=\min\{T,n\}$。设存在一非负随机变量 W，满足 $E(W)<\infty$，且使得

$$M_{T_n}\geqslant-W,\quad\forall n\geqslant0$$

则有

$$E(M_0)\geqslant E(M_TI_{\{T<\infty\}})$$

特别地，若 $P\{T<\infty\}=1$，则有

$$E(M_0)\geqslant E(M_T)$$

证明略。

推论 6.2.1 设 $\{M_n,n\geqslant0\}$ 是关于 $\{X_n,n\geqslant0\}$ 的上鞅，T 是关于 $\{X_n,n\geqslant0\}$ 的停时，且 $M_n\geqslant0$，则有

$$E(M_0)\geqslant E(M_TI_{\{T<\infty\}})$$

我们已经知道对于上鞅，有 $E(M_n)\leqslant E(M_0)$，$\forall n\geqslant0$，此处上鞅停时定理说明当把 n 换为停时 T 时，在附加某些条件的前提下，结论也成立。

6.2.2 停时定理的应用——关于期权值的界

设某种股票的单股上市价 $W_0=\omega$，以 W_n 表示第 n 天的开盘价，令

$$Y_n=\frac{W_n}{W_{n-1}},\quad n\geqslant1$$

则有

$$W_n=\omega Y_1Y_2\cdots Y_n,\quad n\geqslant1\tag{6.2.8}$$

考虑一种期权，它保证期权持有人可以在一个限定的期限内以预定的价格购入股票。不妨设这一预定的行使期权的价位为 1，并假设我们考虑的期权行使期限为无限。若$W_n>1$，则期权持有人有可能在第 n 天行使期权，以价位 1 购入股票，立即以 W_n 价位抛出，从而获利 W_n-1；若 $W_n<1$ 则无法获利。由此，期权持有人在第 n 天的潜在利润为：

$$r(W_n)=(W_n-1)^+=\begin{cases}W_n-1, & W_n\geqslant 1\\ 0, & W_n<1\end{cases},\quad \forall n\geqslant 1 \tag{6.2.9}$$

设贴现率为 $a>0$，将 $r(W_n)$ 贴现到第 1 天为 $\mathrm{e}^{-na}r(W_n)$，可取任一停时 T 作为行使期权的时刻，我们要寻找 $\mathrm{e}^{-na}r(W_n)$ 的期望值的上界，即这一期权最高的潜在利润为多少。为此要对 Y_n 作出一个假设，假定存在 $\theta>1$，使得

$$E(Y_n^\theta|Y_0,Y_1,\cdots,Y_{n-1})\leqslant \mathrm{e}^a,\quad \forall n\geqslant 1 \tag{6.2.10}$$

称

$$f(w,\theta)=\sup_T E[\mathrm{e}^{-aT}r(W_T)] \tag{6.2.11}$$

为初始单股价为 w 的期权值。式（6.2.11）中的上确界是对一切关于 $\{Y_n\}$ 的停时 T 取的。因为 $\{Y_n\}$ 满足式（6.2.10），所以该期权值 $f(w,\theta)$ 与式（6.2.10）中的参数 θ 有关。

定理 6.2.3 设 $\{Y_n\}$ 按如上定义并满足式（6.2.10），$W_0=w$，则期权值 $f(w,\theta)$ 满足不等式

$$f(w,\theta)\leqslant g(w,\theta)$$

式中

$$g(w,\theta)=\begin{cases}\dfrac{w^\theta(\theta-1)^{\theta-1}}{\theta^\theta}, & w\leqslant\dfrac{\theta}{\theta-1}\\[2ex] w-1, & w>\dfrac{\theta}{\theta-1}\end{cases} \tag{6.2.12}$$

证明 证明分为四部分。

（1）对任意固定的 $t>1$，定义

$$v(w,t)=\frac{w^t(t-1)^{t-1}}{t^t},\quad \forall w\geqslant 0 \tag{6.2.13}$$

则有

$$v(w,t)\geqslant g(w,\theta),\quad \forall 1<t\leqslant\theta, w\geqslant 0 \tag{6.2.14}$$

事实上，若记

$$h_t(w)=v(w,t)-(w-1);\quad w_0=\frac{t}{t-1}>\frac{\theta}{\theta-1}$$

可以验证 $h_t(w_0)=h_t'(w_0)=0$，此处导数是对变量 w 取的。另外，可以验证 $h_t''(w)>$

$0(\forall w\geqslant 0)$。于是得到 $h_t(w)\geqslant h_t(w_0)=0$（$\forall w\geqslant 0$），或等价地

$$v(w,t)\geqslant w-1,\forall w\geqslant 0 \tag{6.2.15}$$

再计算 $\ln v(w,t)$ 关于 t 的导数，简化后得

$$\frac{\mathrm{d}[\ln v(w,t)]}{\mathrm{d}t}=\ln\left[\frac{w}{t/(t-1)}\right]$$

上式在 $w<\frac{\theta}{\theta-1}$ 时为负。这表明当 t 从满足 $w\leqslant\frac{\theta}{\theta-1}$ 的 θ 开始减少时，$v(w,t)$ 将增加。于是当 $w\leqslant\frac{\theta}{\theta-1}$ 时，有

$$v(w,t)\geqslant v(w,\theta)=g(w,\theta),\quad \forall 1<t\leqslant\theta \tag{6.2.16}$$

综合式（6.2.15）和式（6.2.16）可得式（6.2.14）。

（2）要证

$$g(w,\theta)\geqslant \mathrm{e}^{-a}E[g(w\times Y_n,\theta)],\quad \forall w\geqslant 0,n\geqslant 1 \tag{6.2.17}$$

首先由式（6.2.10）可知

$$E(Y_n^\theta)=E[E(Y_n^\theta|Y_0,Y_1,\cdots,Y_{n-1})]\leqslant \mathrm{e}^a,\quad \forall n\geqslant 1 \tag{6.2.18}$$

于是，当 $w\leqslant\frac{\theta}{\theta-1}$ 时，有

$$\begin{aligned}g(w,\theta)&=v(w,\theta)\quad (\text{由式}(6.2.13))\\&\geqslant \mathrm{e}^{-a}v(w,\theta)E[Y_n^\theta]\quad (\text{由式}(6.2.18))\\&=\mathrm{e}^{-a}E[v(w\times Y_n,\theta)]\quad (\text{由式}(6.2.13))\\&\geqslant \mathrm{e}^{-a}E[g(w\times Y_n,\theta)]\quad (\text{由式}(6.2.14))\end{aligned}$$

当 $w>\frac{\theta}{\theta-1}$ 时，Y_n^x 是 $x\in[0,\theta]$ 的凸函数，并且 $E(Y_n^0)=1<\mathrm{e}^a$，由 Jensen 不等式和（6.2.18）可知

$$E(Y_n^{\frac{w}{w-1}})\leqslant \mathrm{e}^a,\quad \forall \frac{w}{w-1}<\theta \tag{6.2.19}$$

因此

$$\begin{aligned}g(w,\theta)&=w-1=v\left(w,\frac{w}{w-1}\right)\\&\geqslant \mathrm{e}^{-a}E\left[v\left(w\times Y_n,\frac{w}{w-1}\right)\right]\\&\geqslant \mathrm{e}^{-a}E[v(w\times Y_n,\theta)]\\&\geqslant \mathrm{e}^{-a}E[g(w\times Y_n,\theta)]\end{aligned}$$

由此可知式（6.2.17）成立。

（3）令

$$X_n=e^{-na}g(W_n,\theta),\quad \forall n\geqslant 0 \tag{6.2.20}$$

则 $\{X_n,n\geqslant 0\}$ 是关于 $\{Y_n\}$ 的非负上鞅。

事实上，易见 X_n 是 Y_0，Y_1，…，Y_n 的函数，又由于 $W_n=W_{n-1}Y_n$，W_{n-1} 是 Y_0，Y_1，…，Y_{n-1}的函数。由式（6.2.20）和式（6.2.17）可得

$$\begin{aligned}E[X_n|Y_0,Y_1,\cdots,Y_{n-1}]&=e^{-na}E[g(W_{n-1}\times Y_n,\theta)|Y_0,Y_1,\cdots,Y_{n-1}]\\&\leqslant e^{-(n-1)a}g(W_{n-1},\theta)\\&=X_{n-1}\end{aligned}$$

这就证明了 $\{X_n,n\geqslant 0\}$ 是关于 $\{Y_n\}$ 的非负上鞅，于是由推论 6.2.1 可知对于 $\{Y_n\}$ 的任一停时 T，应有

$$E(X_0)\geqslant E(X_T I_{\{T<\infty\}})$$

再由式（6.2.20）知，当 $T=\infty$时，$X_T=0$，于是上式应为：

$$g(w,\theta)\geqslant E[e^{-aT}g(W_T,\theta)] \tag{6.2.21}$$

（4）最后证明定理结论，先证明

$$g(w,\theta)\geqslant r(w)=(w-1)^+ \tag{6.2.22}$$

当 $w<\dfrac{\theta}{\theta-1}$时，易算出

$$\frac{\mathrm{d}g(w,\theta)}{\mathrm{d}w}=\left(\frac{\theta-1}{\theta}\right)^{\theta-1}w^{\theta-1}<1$$

两边积分得

$$g\left(\frac{\theta}{\theta-1},\theta\right)-g(w,\theta)<\frac{\theta}{\theta-1}-w$$

所以当 $w<\dfrac{\theta}{\theta-1}$时，由式（6.2.12）可得

$$g(w,\theta)>w-1$$

此外有 $g(w,\theta)\geqslant 0$，$\forall w\geqslant 0$，并且当 $w\geqslant\dfrac{\theta}{\theta-1}$时，有

$$g(w,\theta)=w-1$$

这就证明了式（6.2.22）。由式（6.2.21）和式（6.2.22）可得

$$g(w,\theta)\geqslant E[e^{-aT}r(W_T)]$$

再由停时的任意性，即知定理结论成立。

注 1：由式（6.2.14）我们知道

$$g(w,\theta)\leqslant v(w,\theta)=\frac{w^{\theta}(\theta-1)^{\theta-1}}{\theta^{\theta}},\quad \forall w\geqslant 0$$

若初始单股价 w 超过$\frac{\theta}{\theta-1}$，则期权的平均潜在利润至多为 $g(w,\theta)=w-1$。这一值可通过即刻行使期权获得（取 $T=0$）。这表示，一旦股票的单股价格超过$\frac{\theta}{\theta-1}$，期权持有人就应马上行使他的期权，以期获得最大的潜在利润。

注 2：本定理是以式（6.2.10）为前提的，如果对这个假设存在怀疑，则定理就不适用，但一般来讲这一假设是合理的。至于 θ 的选取，可根据以往的经验或者统计方法进行。

6.3 一致可积性

在鞅的停时定理的条件中，式（6.2.6）一般是很难验证的，为此我们将给出一些容易验证的条件，这些条件是包含式（6.2.6）的。

首先考虑一个随机变量 X，满足 $E(|X|)<\infty$，$|X|$ 的分布函数为 F，则

$$\lim_{n\to\infty}E(|X|I_{\{|X|>n\}})=\lim_{n\to\infty}\int_n^{\infty}x\,\mathrm{d}F(x)=0$$

设 $P\{|X|>n\}=\delta$，A 是另外一个发生概率为 δ 的事件，即 $P(A)=\delta$。容易看出 $E(|X|I_A)\leqslant E(|X|I_{\{|X|>n\}})$，从而可以有以下结论：如果随机变量 X 满足$E(|X|)<\infty$，则 $\forall\varepsilon>0$，$\exists\delta>0$，当 $P(A)<\delta$ 时，$E(|X|I_A)<\varepsilon$。

定义 6.3.1 假设有一列随机变量 X_1，X_2，…，称它们是一致可积的，如果 $\forall\varepsilon>0$，$\exists\delta>0$，使得 $\forall A$，当 $P(A)<\delta$ 时，有

$$E(|X_n|I_A)<\varepsilon \tag{6.3.1}$$

对任意 n 成立。

这个定义的关键在于 δ 不能依赖于 n，并且式（6.3.1）对任意 n 成立。为便于读者理解，先给一个不一致可积的例子。

例 6.3.1

考虑例 6.1.3。令 A_n 是事件 $\{X_1=X_2=\cdots=X_n=-1\}$，则 $P(A_n)=\frac{1}{2^n}$，$E(|W_n|I_{A_n})=2^{-n}(2^n-1)\to 1$。容易看出它不满足一致可积的条件。

假设 $\{M_n,n\geqslant 0\}$ 是一个关于 $\{X_n,n\geqslant 0\}$ 的一致可积鞅，T 是停时且$P\{T<\infty\}=1$ 或$\lim\limits_{n\to\infty}P\{T>n\}=0$。则由一致可积性可得

$$\lim_{n\to\infty}E(|M_n|I_{\{T>n\}})=0$$

即式（6.2.6）成立，据此我们给出停时定理的另一种叙述。

定理 6.3.1　停时定理

设 $\{M_n,n\geqslant0\}$ 是一个关于 $\{X_n,n\geqslant0\}$ 的一致可积鞅，T 是停时，满足$P\{T<\infty\}=1$ 且 $E(|M_T|)<\infty$，则有 $E(M_T)=E(M_0)$。

一致可积的条件一般较难验证，下面给出两个一致可积的充分条件。

命题 6.3.1　假设 X_1，X_2，…是一列随机变量，并且存在常数 $C<\infty$，使得$E(X_n^2)<C$ 对所有的 n 成立，则此序列是一致可积的。

证明　$\forall\varepsilon>0$，令 $\delta=\dfrac{\varepsilon^2}{4C}$，设 $P(A)<\delta$，则

$$\begin{aligned}E(|X_n|I_A)&=E(|X_n|I_{\{A\cap\{|X_n|\geqslant\frac{2C}{\varepsilon}\}\}})+E(|X_n|I_{\{A\cap\{|X_n|<\frac{2C}{\varepsilon}\}\}})\\&\leqslant\frac{\varepsilon}{2C}\cdot E(|X_n|^2I_{\{A\cap\{|X_n|\geqslant\frac{2C}{\varepsilon}\}\}})+\frac{2C}{\varepsilon}\cdot P\left\{A\cap\left\{|X_n|<\frac{2C}{\varepsilon}\right\}\right\}\\&\leqslant\frac{\varepsilon}{2C}E(X_n^2)+\frac{2C}{\varepsilon}P(A)<\varepsilon\end{aligned}$$

命题 6.3.2　设 $\{M_n\}$ 是关于 $\{\mathscr{F}_n\}$ 的鞅。如果存在一个非负随机变量 Y，满足 $E(Y)<\infty$且$|M_n|<Y$，对$\forall n\geqslant0$ 成立，则 $\{M_n\}$ 是一致可积鞅。

请读者自己证明此命题。一致可积的充分条件还有一些，我们不再多列举了。

例 6.3.2

（分支过程）令 X_n 表示分支过程第 n 代的个体数。设每个个体产生后代的分布有均值 μ 和方差 σ^2，则 $\{M_n=\mu^{-n}X_n\}$ 是关于 $\{X_n，n\geqslant0\}$ 的鞅（习题 6.3）。假设 $\mu>1$，则存在一个常数 C，使得$\forall n$，$E(M_n^2)<C$，从而 $\{M_n\}$ 是一致可积鞅（习题 6.6（2））。

6.4　鞅收敛定理

鞅论中有两个深刻的结论，一个是 6.2 节的停时定理，另一个就是鞅收敛定理。本节将介绍鞅收敛定理。

鞅收敛定理说明在很一般的条件下，鞅 $\{M_n\}$ 会收敛到一个随机变量，在此记为 M_∞。我们首先来考虑一个特殊的例子——Polya 坛子抽样模型（见例 6.1.5），令 M_n 表示第 n 次摸球后红球所占的比例，当 $n\to\infty$时，这个比例会如何变化呢？下面来说明其变化趋势。

设 $0<a<b<1$，$M_n<a$，且令

$$T=\min\{j:j\geqslant n,M_j\geqslant b\}$$

式中，T 表示 n 次摸球之后第一个比例从小于 a 到超越 b 的时刻。令 $T_m=\min\{T,m\}$，则

对于 $m>n$，由停时定理可知

$$E(M_{T_m})=E(M_n)<a$$

但是

$$\begin{aligned}E(M_{T_m})&\geqslant E(M_{T_m}I_{\{T\leqslant m\}})\\&=E(M_T I_{\{T\leqslant m\}})\\&\geqslant bP\{T\leqslant m\}\end{aligned}$$

从而

$$P\{T\leqslant m\}<\frac{a}{b}$$

因为上式对一切 $m>n$ 成立，于是有

$$P\{T<\infty\}\leqslant\frac{a}{b}$$

这说明至少以概率 $1-\frac{a}{b}$ 红球的比例永远不会超过 b。现在我们假定这一比例确实超过了 b，那么它能够再一次降回到 a 以下的概率是多少呢？由同样的讨论可知，这一概率最大为 $\frac{1-b}{1-a}$。继续同样的讨论，我们可以知道，从 a 出发超过 b，再小于 a，再大于 b……有 n 个循环的概率应为：

$$\left(\frac{a}{b}\right)\left(\frac{1-b}{1-a}\right)\left(\frac{a}{b}\right)\cdots\left(\frac{a}{b}\right)\left(\frac{1-b}{1-a}\right)=\left(\frac{a}{b}\right)^n\left(\frac{1-b}{1-a}\right)^n\to 0,\quad n\to\infty$$

由此可见，这个比例不会在 a，b 之间无限次地跳跃。由 a，b 的任意性，也表明这一比例不会在任意的两个数之间无限地跳跃，换言之，极限 $\lim\limits_{n\to\infty}M_n$ 存在，记为 M_∞。这一极限是一个随机变量，可以证明 M_∞ 服从 $[0,1]$ 上的均匀分布（习题 6.7）。

下面我们给出一般的结论。

定理 6.4.1　鞅收敛定理

设 $\{M_n,n\geqslant 0\}$ 是关于 $\{X_n,n\geqslant 0\}$ 的鞅，并且存在常数 $C<\infty$，使得 $E(|M_n|)<C$ 对任意 n 成立，则当 $n\to\infty$ 时，$\{M_n\}$ 收敛到一个随机变量 M_∞。

本定理的证明与前面的讨论类似，此处略去。下面我们给出一个结论。

定理 6.4.2　如果 $\{M_n,n\geqslant 0\}$ 是关于 $\{X_n,n\geqslant 0\}$ 的一致可积鞅，则 $\lim\limits_{n\to\infty}M_n$ 存在，记为 M_∞，并且

$$E(M_\infty)=E(M_0)$$

证明略。

例 6.4.1

令 X_n 表示分支过程中第 n 代的个体数，每个个体生育后代的分布有均值 μ 和方差 σ^2，假定 $X_0=1$，令 $M_n=\mu^{-n}X_n$。由前面例子已知道 $\{M_n\}$ 是鞅。如果 $\mu\leqslant 1$，由第 5 章的结

论知道灭绝一定会发生，由此 $M_n \to M_\infty = 0$，从而 $E(M_\infty) \neq E(M_0)$。在 6.3 节我们说明了若 $\mu > 1$，则 $\{M_n\}$ 是一致可积的，所以在 $\mu > 1$ 时，有 $E(M_\infty) = E(M_0) = 1$。

例 6.4.2

令 X_1，X_2，…为一个独立同分布随机变量序列

$$P\{X_i = 1\} = P\{X_i = -1\} = \frac{1}{2}$$

令

$$M_n = \sum_{j=1}^{n} \frac{1}{j} X_j$$

则 $\{M_n\}$ 是鞅。

我们来证明 $\{M_n\}$ 是一致可积的。显然 $E(M_n) = 0$，则

$$E(M_n^2) = Var(M_n) = \sum_{j=1}^{n} Var\left(\frac{1}{j} X_j\right) = \sum_{j=1}^{n} \frac{1}{j^2} \leqslant \sum_{j=1}^{\infty} \frac{1}{j^2} < \infty$$

从而当 $n \to \infty$ 时，$M_n \to M_\infty$ 并且 $E(M_\infty) = 0$。

例 6.4.3

再考虑 Polya 模型（见例 6.1.5）。这里假定最初坛子中有 m 个黄球，k 个红球，所以在第 n 次摸球后坛子中应有 $n+m+k$ 个球。假定 M_n 为红球的比例。因为 $0 < M_n < 1$，容易看出 $\{M_n\}$ 是一致可积鞅，所以当 $n \to \infty$ 时，$M_n \to M_\infty$ 并且 $E(M_\infty) = E(M_0) = \frac{k}{k+m}$。可以证明，$M_\infty$ 服从 Beta 分布 $Be(k,m)$，其分布密度为：

$$\frac{\Gamma(k+m)}{\Gamma(k)\Gamma(m)} x^{k-1} (1-x)^{m-1}, \quad 0 < x < 1$$

证明略。

在 Bayes 统计中，这一结果是很自然的。假设我们对某一事件发生的概率 P 感兴趣，而对 P 又一无所知，我们就只能假定 P 是 $[0,1]$ 上的均匀分布（这就是先验分布）。现在假设我们一共做了 $k+m-2$ 次试验，事件发生了 $k-1$ 次，则根据 Bayes 定理，对 P 的后验分布就应该是参数为 k 和 m 的 Beta 分布。

例 6.4.4

令 $\{M_n\}$ 是一个关于 X_0，X_1，…的鞅，T 是停时，且 $P\{T < \infty\} = 1$，令 $T_n = \min\{T, n\}$，$Y_n = M_{T_n}$，则 $Y_n \to Y_\infty$ 且 $Y_\infty = M_T$。根据停时定理，若 $\{M_n\}$ 是一致可积的，将有 $E(Y_\infty) = E(Y_0)$。

例6.4.5

令 X_1，X_2，…是独立同分布的随机变量序列，$P\left\{X_i=\frac{3}{2}\right\}=P\left\{X_i=\frac{1}{2}\right\}=\frac{1}{2}$。令 $M_0=1$，对 $n>0$，令 $M_n=X_1X_2\cdots X_n$。注意到 $E(M_n)=E(X_1)E(X_2)\cdots E(X_n)=1$，实际上

$$\begin{aligned}E(M_{n+1}\mid\mathscr{F}_n)&=E(X_1X_2\cdots X_{n+1}\mid\mathscr{F}_n)\\&=X_1X_2\cdots X_n\cdot E(X_{n+1}\mid\mathscr{F}_n)\\&=X_1X_2\cdots X_n\cdot E(X_{n+1})\\&=M_n\end{aligned}$$

所以 $\{M_n\}$ 是关于 X_1，X_2，…的鞅。由于 $E(|M_n|)=E(M_n)=1$，鞅收敛定理的条件成立，从而 $M_n\rightarrow M_\infty$。

那么 $\{M_n\}$ 一致可积吗？答案是否定的。事实上，$M_\infty=0$（这样 $E(M_\infty)\neq E(M_0)$）。为此考虑

$$\ln M_n=\sum_{j=1}^{n}\ln X_j$$

右边是独立同分布随机变量的和，并且

$$E(\ln X_i)=\frac{1}{2}\ln\frac{1}{2}+\frac{1}{2}\ln\frac{3}{2}<0$$

根据大数定律，$\ln M_n\rightarrow-\infty$，从而 $M_n\rightarrow 0$，故 $\{M_n\}$ 不是一致可积的。

6.5 连续鞅

前面我们讨论了鞅的停时定理，也称为可选抽样定理（optional sampling theorem）和鞅收敛定理。请注意这里的鞅都是以离散时间 n 为参数的。事实上，对于连续参数鞅（仍称为鞅）也有类似定理。出于应用的考虑，我们不加证明地给出这些定理，同时利用它们证明 Lundberg-Cramer 破产理论中的 Lundberg 不等式。对于连续鞅论有兴趣的读者请参阅参考文献［44］。

首先给出鞅的定义。设（$\Omega,\mathscr{F},P$）是一个完备的概率空间；$\{\mathscr{F}_t\}_{t\geqslant 0}$ 为一个非降的 $\mathscr{F}$ 的子 σ 代数流。本书中所涉及的子 σ 代数流都是非降的，因此以后我们就将“非降的”省略，简称为子 σ 代数流。

定义 6.5.1 随机过程 $\{X(t),t\geqslant 0\}$（简记为 $\{X_t\}$）称为 $\{\mathscr{F}_t\}$ 适应的，如果对每个 $t\geqslant 0$，X_t 为 $\mathscr{F}_t$ 可测的（即 $\forall B\in\mathscr{B}$，有 $X_t^{-1}(B)\in\mathscr{F}_t$）。一个适应过程 $\{X_t\}$ 称为关于 $\{\mathscr{F}_t\}$ 的鞅，如果每个 X_t 可积（即 $E(|X_t|)<\infty$），且对一切$0\leqslant s<t$，有

$$E(X_t|\mathscr{F}_s)=X_s, \quad \text{a. s.} \tag{6.5.1}$$

特别地，当 $\mathscr{F}_t=\sigma(X_u,0\leqslant u\leqslant t)$（由 $\{X_u,0\leqslant u\leqslant t\}$ 生成的 σ 代数，即包含一切形如 $\{X_s\leqslant x\}$（$s\leqslant t,x\in\mathbb{R}$）的事件的最小 σ 代数）时，式（6.5.1）变为

$$E(X_t|X_u,0\leqslant u\leqslant s)=X_s, \quad \text{a. s.}$$

此时，简称 $\{X_t\}$ 为鞅。

若随机过程 $\{X_t,t\geqslant 0\}$ 是鞅，则对 $t>0$，有

$$E(X_t)=E[E(X_t|X_0)]=E(X_0) \tag{6.5.2}$$

与离散鞅类似，有下述简单例子。

例 6.5.1

设 $\{Y_t,t\geqslant 0\}$ 是零初值具有平稳独立增量的随机过程，令

$$X_t=X_0\mathrm{e}^{Y_t}$$

其中 X_0 为一常数。若 $E(\mathrm{e}^{Y_1})=1$，则 $\{X_t,t\geqslant 0\}$ 是一个鞅。事实上

$$E(|X_t|)=|X_0|E(\mathrm{e}^{Y_t})=|X_0|[E(\mathrm{e}^{Y_1})]^t=|X_0|<\infty$$

再对 $0\leqslant s<t$，有

$$\begin{aligned}E(X_t|X_r,0\leqslant r\leqslant s)&=E(X_s\mathrm{e}^{Y_t-Y_s}|X_r,0\leqslant r\leqslant s)\\&=X_sE(\mathrm{e}^{Y_t-Y_s})\\&=X_sE(\mathrm{e}^{Y_{t-s}})\\&=X_s, \quad \text{a. s.}\end{aligned}$$

定义 6.5.2 非负广义随机函数 τ（即 $\tau:\Omega\to[0,\infty]$）称为 $\mathscr{F}_t$ 停时，如果$P\{\tau<\infty\}=1$，并且对一切 $t\geqslant 0$，$\{\tau\leqslant t\}$ 是 $\mathscr{F}_t$ 可测的，即

$$\{\tau\leqslant t\}\in\mathscr{F}_t$$

特别地，当 $\mathscr{F}_t=\sigma(X_s,0\leqslant s\leqslant t)$ 时，称 τ 为关于随机过程 $\{X_t,t\geqslant 0\}$ 的停时。若存在常数 $k>0$ 使得 $P\{\tau\leqslant k\}=1$，则称 τ 为有界停时。

下面是鞅论的一个重要结论——停时定理，即在适当条件下，将式（6.5.2）中的 t 置换成停时 τ 时，等式仍然成立。

定理 6.5.1 若 τ 是有界停时，则有

$$E(X_\tau)=E(X_0)$$

鞅论的另一个重要的结果是收敛定理。

定理 6.5.2 设 $\{X_t,t\geqslant 0\}$ 是一个鞅并且 $X_t\geqslant 0$，$\forall t\geqslant 0$（简称非负鞅），则存在几乎处处收敛的有限极限，即有

$$\lim_{t\to\infty}X_t=X_\infty<\infty, \quad \text{a. s.}$$

习题

6.1　考虑一个掷色子的试验。设甲、乙二人同时掷色子，以 X 记甲掷出的点数，Y 表示甲、乙二人掷出的点数之和，给出不同 Y 值下的所有 $E(X|Y=y)$ 值。

6.2　设 X_1，X_2，…是独立同分布随机变量，令 $m(t)=E(e^{tX_i})$，固定 t 并假定 $m(t)<\infty$。令 $S_0=0$，$S_n=X_1+X_2+\cdots+X_n$，$\forall n>0$。证明 $\{M_n=[m(t)]^{-n}\cdot e^{tS_n}\}$ 是关于 X_1，X_2，…的鞅。

6.3　令 X_0，X_1，…表示分支过程各代的个体数，$X_0=1$，任意一个个体生育后代的分布有均值 μ。证明 $\{M_n=\mu^{-n}X_n\}$ 是一个关于 X_0，X_1，…的鞅。

6.4　考虑一个在整数上的随机游动模型，设向右移动的概率 $p<\frac{1}{2}$，向左移动的概率为 $1-p$，S_n 表示时刻 n 质点所处的位置，假定 $S_0=a$ $(0<a<N)$。

(1) 证明：$\left\{M_n=\left(\frac{1-p}{p}\right)^{S_n}\right\}$是鞅；

(2) 令 T 表示随机游动第一次到达 0 或 N 的时刻，即

$$T=\min\{n: S_n=0 \text{ 或 } N\}$$

利用鞅停时定理，求出 $P\{S_T=0\}$。

6.5　设 S_n 如习题 6.4 所定义。

(1) 证明 $\{M_n=S_n+(1-2p)n\}$ 是一个鞅；

(2) 令 $T=\min\{n: S_n=0 \text{ 或 } N\}$，根据鞅停时定理及上题结论求出 $E(T)$。

6.6　令 X_n 表示分支过程中第 n 代的个体数，每个个体产生后代的分布具有均值 μ 和方差 σ^2，我们已经知道 $\{M_n=\mu^{-n}X_n\}$ 是鞅。

(1) 令 $\mathscr{F}_n$ 表示 X_0，X_1，…，X_n 生成的 σ 代数，证明

$$E(X_{n+1}^2|\mathscr{F}_n)=\mu^2X_n^2+\sigma^2X_n$$

(2) 设 $\mu>1$，证明存在 $C<\infty$ 使得对所有 n，有

$$E(M_n^2)<C$$

(3) 证明当 $\mu\leqslant 1$ 时，上式不成立。

6.7　考虑 Polya 模型。令 M_n 表示第 n 次摸球后红球的比例（设最初有 1 只红球，1 只黄球），证明

$$P\left\{M_n=\frac{k}{n+2}\right\}=\frac{1}{n+1},\quad k=1,2,\cdots,n+1$$

6.8　设 X_1，X_2，…是独立同分布随机变量序列，均值为 μ。令 T 为关于 X_1，X_2，…的停时，$E(T)<\infty$。

(1) 令 $Y=\sum\limits_{n=1}^{\infty}|X_n|I_{\{T\geqslant n\}}$，证明 $E(Y)<\infty$；

(2) 令 $T_n=\min\{T,n\}$，$M_n=X_1+X_2+\cdots+X_{T_n}-\mu T_n$，证明 $\{M_n\}$ 是一致可积鞅；

(3) 证明 Wald 等式：

$$E(\sum_{n=1}^{T}X_n)=\mu E(T)$$

6.9 设 X_1，X_2，…是 *i.i.d.* 序列（即独立同分布随机变量序列），在 $\{-1,0,1,\cdots\}$ 上取值，均值为 $\mu<0$，令 $S_0=1$，$S_n=1+X_1+\cdots+X_n$ $(n=1,2,\cdots)$，令 $T=\min\{n:S_n=0\}$，根据大数定律，我们知道 $P\{T<\infty\}=1$。证明

$$E(T)\leqslant\frac{1}{|\mu|}$$

（提示：只要证明对所有的 n，$E(T_n)\leqslant\frac{1}{|\mu|}$，考虑鞅 $\{M_n=S_n-n\mu\}$。）

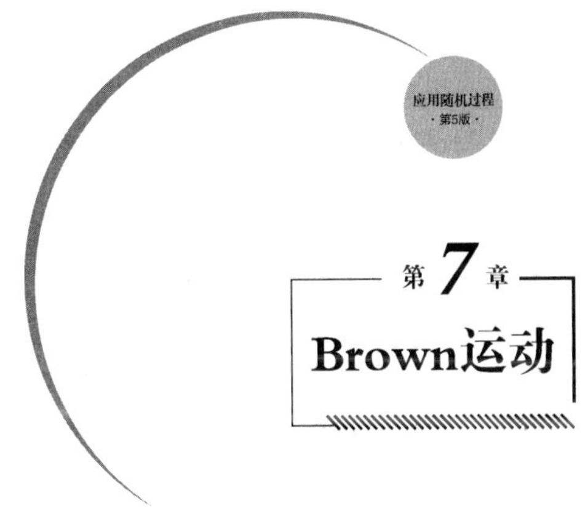

7.1 基本概念与性质

我们从讨论简单的随机游动开始。设有一个粒子在直线上随机游动，在每个单位时间内等可能地向左或向右移动一个单位长度。现在加速这个过程，在越来越小的时间间隔中走越来越小的步子。若能以正确的方式趋于极限，我们就得到 Brown 运动。详细地说，就是令此过程每隔 Δt 时间等概率地向左或向右移动 Δx 的距离。如果以$X(t)$记时刻 t 粒子的位置，则

$$X(t)=\Delta x(X_1+X_2+\cdots+X_{[t/\Delta t]}) \tag{7.1.1}$$

式中，$[t/\Delta t]$ 表示 $t/\Delta t$ 的整数部分，其中

$$X_i=\begin{cases}+1, & \text{如果第 } i \text{ 步向右}\\ -1, & \text{如果第 } i \text{ 步向左}\end{cases}$$

且假设诸 X_i 相互独立，有

$$P\{X_i=1\}=P\{X_i=-1\}=\frac{1}{2}$$

由于 $E(X_i)=0$，$Var(X_i)=E(X_i^2)=1$ 及式 (7.1.1)，我们有 $E[X(t)]=0$，$Var[X(t)]=(\Delta x)^2[t/\Delta t]$ 。现在要令 Δx 和 Δt 趋于零，并使得极限有意义。如果取 $\Delta x=\Delta t$，令 $\Delta t\to 0$，则 $Var[X(t)]\to 0$，从而 $X(t)=0$，a.s.。如果取 $\Delta t=(\Delta x)^3$，则$Var[X(t)]\to\infty$，这是不合理的，因为粒子的运动是连续的，不可能在很短时间内远离出发点。因此，我们作下面的

假设：令 $\Delta x=\sigma\sqrt{\Delta t}$，$\sigma$ 为某个正常数。从上面的讨论可见，当 $\Delta t\to 0$ 时，$E[X(t)]=0$，$Var[X(t)]\to\sigma^2 t$。下面来看这一极限过程的一些直观性质。由式（7.1.1）及中心极限定理可得：

(1) $X(t)$ 服从均值为 0，方差为 $\sigma^2 t$ 的正态分布。

此外，由于随机游动的值在不相重叠的时间区间中的变化是独立的，所以有

(2) $\{X(t),t\geqslant 0\}$ 有独立增量。

又因为随机游动在任一时间区间中的位置变化的分布只依赖于区间的长度，可见

(3) $\{X(t),t\geqslant 0\}$ 有平稳增量。

下面我们给出 Brown 运动的严格定义。

定义 7.1.1 随机过程 $\{X(t),t\geqslant 0\}$ 如果满足：

(1) $X(0)=0$；

(2) $\{X(t),t\geqslant 0\}$ 有平稳独立增量；

(3) 对每个 $t>0$，$X(t)$ 服从正态分布 $N(0,\sigma^2 t)$，

则称 $\{X(t),t\geqslant 0\}$ 为 Brown 运动，也称为 Wiener 过程，常记为 $\{B(t),t\geqslant 0\}$或 $\{W(t),t\geqslant 0\}$。

如果 $\sigma=1$，我们称之为标准 Brown 运动；如果 $\sigma\neq 1$，则可考虑 $\{X(t)/\sigma,t\geqslant 0\}$，它是标准 Brown 运动。故不失一般性，可以只考虑标准 Brown 运动的情形。

由于这一定义在应用中不是十分方便，因此我们不加证明地给出下面的性质作为 Brown 运动的等价定义，其证明可以在许多随机过程的著作中找到。

性质 7.1.1 Brown 运动是具有下述性质的随机过程 $\{B(t),t\geqslant 0\}$。

(1)（正态增量）$\forall\, 0\leqslant s<t$，$B(t)-B(s)\sim N(0,t-s)$，即 $B(t)-B(s)$ 服从均值为 0，方差为 $t-s$ 的正态分布。当 $s=0$ 时，$B(t)-B(0)\sim N(0,t)$。

(2)（独立增量）$\forall\, 0\leqslant s<t$，$B(t)-B(s)$ 独立于过程的过去状态 $B(u)$，$0\leqslant u\leqslant s$。

(3)（路径的连续性）$B(t)$（$t\geqslant 0$）是 t 的连续函数。

注：性质 7.1.1 中并没有假设 $B(0)=0$，因此称之为始于 x 的 Brown 运动，所以有时为了强调起始点，也记为 $\{B^x(t)\}$。这样，定义 7.1.1 所指的就是始于 0 的 Brown 运动 $\{B^0(t)\}$。易见

$$B^x(t)-x=B^0(t) \tag{7.1.2}$$

式（7.1.2）按照下面的定义 7.1.2 称为 Brown 运动的空间齐次性。此性质也说明，$B^x(t)$ 和 $x+B^0(t)$ 是相同的，我们只需研究始于 0 的 Brown 运动就可以了，如不加说明，Brown 运动就是指始于 0 的 Brown 运动。

定义 7.1.2 设 $\{X(t),t\geqslant 0\}$ 是随机过程，如果它的有限维分布是空间平移不变的，即

$$\begin{aligned}&P\{X(t_1)\leqslant x_1,X(t_2)\leqslant x_2,\cdots,X(t_n)\leqslant x_n\mid X(0)=0\}\\=&P\{X(t_1)\leqslant x_1+x,X(t_2)\leqslant x_2+x,\cdots,X(t_n)\leqslant x_n+x\mid X(0)=x\}\end{aligned}$$

则称此过程为空间齐次的。

下面给出关于 Brown 运动的概率计算的例子。

例 7.1.1

设 $\{B(t),t\geqslant 0\}$ 是标准 Brown 运动，计算 $P\{B(2)\leqslant 0\}$ 和$P\{B(t)\leqslant 0,\ t=0,1,2\}$。

解 由于 $B(2)\sim N(0,2)$，所以$P\{B(2)\leqslant 0\}=\frac{1}{2}$。因为 $B(0)=0$，所以$P\{B(t)\leqslant 0,t=0,1,2\}=P\{B(t)\leqslant 0,t=1,2\}=P\{B(1)\leqslant 0,B(2)\leqslant 0\}$。虽然$B(1)$ 和$B(2)$ 不是独立的，但由性质 7.1.1（2）和（3）可知 $B(2)-B(1)$ 与 $B(1)$ 是相互独立的标准正态分布随机变量，于是利用分解式

$$B(2)=B(1)+[B(2)-B(1)]$$

有

$$\begin{aligned}P\{B(1)\leqslant 0,B(2)\leqslant 0\}&=P\{B(1)\leqslant 0,B(1)+[B(2)-B(1)]\leqslant 0\}\\&=P\{B(1)\leqslant 0,B(2)-B(1)\leqslant -B(1)\}\\&=\int_{-\infty}^{0}P\{B(2)-B(1)\leqslant -x\}\varphi(x)\mathrm{d}x\\&=\int_{-\infty}^{0}\Phi(-x)\mathrm{d}\Phi(x)=\int_{0}^{\infty}\Phi(x)\varphi(-x)\mathrm{d}x\\&=\int_{0}^{\infty}\Phi(x)\mathrm{d}\Phi(x)=\int_{\frac{1}{2}}^{1}y\mathrm{d}y=\frac{3}{8}\end{aligned}$$

这里 Φ 和 φ 分别表示标准正态分布的分布函数和密度函数。

如果过程从 x 开始，$B(0)=x$，则 $B(t)\sim N(x,t)$，于是

$$P_x\{B(t)\in(a,b)\}=\int_a^b\frac{1}{\sqrt{2\pi t}}\mathrm{e}^{-\frac{(y-x)^2}{2t}}\mathrm{d}y$$

这里，概率 P_x 的下标 x 表示过程始于 x。积分号中的函数

$$p_t(x,y)=\frac{1}{\sqrt{2\pi t}}\mathrm{e}^{-\frac{(y-x)^2}{2t}}\tag{7.1.3}$$

称为 Brown 运动的转移概率密度。利用独立增量性以及转移概率密度，我们可以计算任意 Brown 运动的有限维分布

$$\begin{aligned}&P_x\{B(t_1)\leqslant x_1,B(t_2)\leqslant x_2,\cdots,B(t_n)\leqslant x_n\}\\&=\int_{-\infty}^{x_1}p_{t_1}(x,y_1)\mathrm{d}y_1\int_{-\infty}^{x_2}p_{t_2-t_1}(y_1,y_2)\mathrm{d}y_2\cdots\int_{-\infty}^{x_n}p_{t_n-t_{n-1}}(y_{n-1},y_n)\mathrm{d}y_n\end{aligned}\tag{7.1.4}$$

为了讨论 Brown 运动的路径性质，首先给出二次变差的定义。

定义 7.1.3 Brown 运动的二次变差 $[B,B](t)$ 定义为当 $\{t_i^n\}_{i=0}^n$遍取 $[0,t]$ 的分割，且其模 $\delta_n=\max\limits_{0\leqslant i\leqslant n-1}\{t_{i+1}^n-t_i^n\}\to 0$ 时，依概率收敛意义下的极限

$$[B,B](t)=[B,B]([0,t])=\lim_{\delta_n\to 0}\sum_{i=0}^{n-1}\mid B(t_{i+1}^n)-B(t_i^n)\mid^2 \tag{7.1.5}$$

下面是 Brown 运动的路径性质。从时刻 0 到时刻 T 对 Brown 运动的一次观察称为 Brown 运动在区间 $[0,T]$ 上的一个路径或一个实现。Brown 运动的几乎所有样本路径 $B(t)(0\leqslant t\leqslant T)$ 都具有下述性质：

（1）是 t 的连续函数；

（2）在任意区间（无论区间多么小）上都不是单调的；

（3）在任意点都不是可微的；

（4）在任意区间（无论区间多么小）上都是无限变差的；

（5）对任意 t，在 $[0,t]$ 上的二次变差等于 t。

上述性质（1）～（3）不难理解，（4）可以从（5）得到。

定理 7.1.1 $[B,B](t)=t$。

证明 取区间 $[0,t]$ 的分割 $\{t_i^n\}_{i=0}^n$ 使得 $\sum_n \delta_n<\infty$。记

$$S_n=\sum_{i=0}^{n-1}[B(t_{i+1}^n)-B(t_i^n)]^2$$

则

$$E(S_n)=\sum_{i=0}^{n-1}E[B(t_{i+1}^n)-B(t_i^n)]^2=\sum_{i=0}^{n-1}(t_{i+1}^n-t_i^n)=t$$

再由标准正态分布的四阶矩公式，得

$$\begin{aligned}Var(S_n)&=\mathrm{Var}\Big\{\sum_{i=0}^{n-1}[B(t_{i+1}^n)-B(t_i^n)]^2\Big\}\\&=\sum_{i=0}^{n-1}Var\{[B(t_{i+1}^n)-B(t_i^n)]^2\}\\&=\sum_{i=0}^{n-1}3(t_{i+1}^n-t_i^n)^2\\&\leqslant 3\max\{t_{i+1}^n-t_i^n\}t=3t\delta_n\end{aligned}$$

所以

$$\sum_{n=1}^{\infty}Var(S_n)<\infty$$

由单调收敛定理，得

$$E\Big[\sum_{n=1}^{\infty}(S_n-t)^2\Big]<\infty$$

因此 $\sum_{n=1}^{\infty}(S_n-t)^2<\infty$，a. s.，于是有 $S_n-t\to 0$，a. s.，故 $[B,B](t)=t$。

7.2 Gauss 过程

所谓 Gauss 过程，是指所有有限维分布都是多元正态分布的随机过程。本节的主要目的是证明 Brown 运动是特殊的 Gauss 过程。首先，由多元正态分布的性质易知下面内容。

引理 7.2.1 设 $X\sim N(\mu_1,\sigma_1^2)$，$Y\sim N(\mu_2,\sigma_2^2)$ 是相互独立的，则 $(X,X+Y)\sim N(\boldsymbol{\mu},\boldsymbol{\Sigma})$。其中均值 $\boldsymbol{\mu}=(\mu_1,\mu_1+\mu_2)'$，协方差矩阵 $\boldsymbol{\Sigma}=\begin{bmatrix}\sigma_1^2 & \sigma_1^2\\ \sigma_1^2 & \sigma_1^2+\sigma_2^2\end{bmatrix}$。

定理 7.2.1 Brown 运动是均值函数为 $m(t)=0$，协方差函数为 $\gamma(s,t)=\min\{t,s\}$ 的 Gauss 过程。

证明 由于 Brown 运动的均值是 0，所以其协方差函数为：

$$\gamma(s,t)=Cov[B(t),B(s)]=E[B(t)B(s)]$$

若 $t<s$，则 $B(s)=B(t)+B(s)-B(t)$，由独立增量性可得

$$E[B(t)B(s)]=E[B^2(t)]+E\{B(t)[B(s)-B(t)]\}=E[B^2(t)]=t$$

类似地，若 $t>s$，则 $E[B(t)B(s)]=s$。再由上述引理及数学归纳法我们得到，$B(t)$ 的任何有限维分布都是正态的。

下面举几个例子。

例 7.2.1

设 $\{B(t)\}$ 是 Brown 运动，求 $B(1)+B(2)+B(3)+B(4)$ 的分布。

解 考虑随机向量 $\boldsymbol{X}=(B(1),B(2),B(3),B(4))'$，由定理 7.2.1 可知 $\boldsymbol{X}$ 服从多元正态分布，且具有零均值和协方差矩阵

$$\boldsymbol{\Sigma}=\begin{bmatrix}1&1&1&1\\1&2&2&2\\1&2&3&3\\1&2&3&4\end{bmatrix}$$

令 $\boldsymbol{A}=(1,1,1,1)$，则

$$\boldsymbol{AX}=X_1+X_2+X_3+X_4=B(1)+B(2)+B(3)+B(4)$$

具有均值为 0，方差为 $\boldsymbol{A\Sigma A}'=30$ 的正态分布。于是 $B(1)+B(2)+B(3)+B(4)$ 是服从正态分布的随机变量，其均值为 0，方差为 30。

例 7.2.2

求 $B\left(\frac{1}{4}\right)+B\left(\frac{1}{2}\right)+B\left(\frac{3}{4}\right)+B(1)$ 的分布。

解 考虑随机向量 $\boldsymbol{Y}=\left(B\left(\frac{1}{4}\right),B\left(\frac{1}{2}\right),B\left(\frac{3}{4}\right),B(1)\right)'$。易见，$\boldsymbol{Y}$ 与上例中的 $\boldsymbol{X}$ 具有相同的情形。所以它的协方差矩阵为$\frac{1}{4}\boldsymbol{\Sigma}$。因此 $\boldsymbol{AY}=B\left(\frac{1}{4}\right)+B\left(\frac{1}{2}\right)+B\left(\frac{3}{4}\right)+B(1)$ 服从均值为 0，方差为$\frac{15}{2}$的正态分布。

例 7.2.3

求概率 $P\left\{\int_0^1 B(t)\mathrm{d}t>\frac{2}{\sqrt{3}}\right\}$。

解 首先需要指出的是，Brown 运动具有连续路径，所以对每个路径来说，Riemann 积分 $\int_0^1 B(t)\mathrm{d}t$ 存在。我们只需找出 $\int_0^1 B(t)\mathrm{d}t$ 的分布。由 Riemann 积分的定义，我们可以从逼近和 $\sum B(t_i)\Delta t_i$ 的极限分布得到。这里 t_i 是 $[0,1]$ 的分点，$\Delta t_i=t_{i+1}-t_i$。例如取 $t_i=\frac{i}{n}$，当 $n=4$ 时，逼近和即为上例中的随机变量。一般，类似地证明，所有逼近和的分布都是零均值的正态分布，因此它们的极限分布是正态分布。于是 $\int_0^1 B(t)\mathrm{d}t$ 也是零均值的正态分布。下面来计算 $\int_0^1 B(t)\mathrm{d}t$ 的方差。

$$\begin{aligned}
Var\left[\int_0^1 B(t)\mathrm{d}t\right] &= Cov\left[\int_0^1 B(t)\mathrm{d}t,\int_0^1 B(s)\mathrm{d}s\right]\\
&= E\left[\int_0^1 B(t)\mathrm{d}t\int_0^1 B(s)\mathrm{d}s\right]\\
&= \int_0^1\int_0^1 E[B(t)B(s)]\mathrm{d}t\mathrm{d}s\\
&= \int_0^1\int_0^1 Cov[B(t)B(s)]\mathrm{d}t\mathrm{d}s\\
&= \int_0^1\int_0^1 \min\{t,s\}\mathrm{d}t\mathrm{d}s = \frac{1}{3}
\end{aligned}$$

这样，$\int_0^1 B(t)\mathrm{d}t \sim N\left(0,\frac{1}{3}\right)$。于是所求概率为：

$$P\left\{\int_0^1 B(t)\mathrm{d}t > \frac{2}{\sqrt{3}}\right\} = P\left\{\sqrt{3}\int_0^1 B(t)\mathrm{d}t > 2\right\} = 1-\Phi(2) \approx 0.025$$

这里 $\Phi(x)$ 是标准正态分布的分布函数，通过查表可得 $\Phi(2)$ 的近似值。

7.3 Brown 运动的鞅性质

本节讨论与 Brown 运动相联系的几个鞅，首先回忆连续鞅的定义。随机过程 $\{X(t),t\geqslant 0\}$ 称为鞅，如果 $\forall t$，$E[|X(t)|]<\infty$，且 $\forall s>0$，有

$$E[X(t+s)|\mathscr{F}_t]=X(t),\quad \text{a. s.} \tag{7.3.1}$$

这里 $\mathscr{F}_t=\sigma\{X(u),0\leqslant u\leqslant t\}$ 是由 $\{X(u),0\leqslant u\leqslant t\}$ 生成的 σ 代数，其中的等式（7.3.1）是几乎必然成立的，在后面有关的证明中，有时也省略 a. s. 。

定理 7.3.1 设 $\{B(t)\}$ 是 Brown 运动，则

（1）$\{B(t)\}$ 是鞅；

（2）$\{B(t)^2-t\}$ 是鞅；

（3）对任意实数 u，$\exp\left\{uB(t)-\dfrac{u^2}{2}t\right\}$是鞅。

证明 首先，由 $B(t+s)-B(t)$ 与 $\mathscr{F}_t$ 的独立性可知，对任意函数 $g(x)$，有

$$E\{g[B(t+s)-B(t)]|\mathscr{F}_t\}=E\{g[B(t+s)-B(t)]\} \tag{7.3.2}$$

由 Brown 运动的定义，$B(t)\sim N(0,t)$，所以 $B(t)$可积，且 $E[B(t)]=0$，再由其他性质得

$$\begin{aligned}E[B(t+s)|\mathscr{F}_t]&=E[B(t)+(B(t+s)-B(t))|\mathscr{F}_t]\\&=E[B(t)|\mathscr{F}_t]+E[B(t+s)-B(t)|\mathscr{F}_t]\\&=B(t)+E[B(t+s)-B(t)]=B(t)\end{aligned}$$

从而（1）得证。

由于 $E[B^2(t)]=t<\infty$，所以 $B^2(t)$ 可积。于是得到

$$\begin{aligned}B^2(t+s)&=[B(t)+B(t+s)-B(t)]^2\\&=B^2(t)+2B(t)[B(t+s)-B(t)]+[B(t+s)-B(t)]^2\end{aligned}$$

$$\begin{aligned}E[B^2(t+s)|\mathscr{F}_t]&=B^2(t)+2E\{B(t)[B(t+s)-B(t)]|\mathscr{F}_t\}\\&\quad+E\{[B(t+s)-B(t)]^2|\mathscr{F}_t\}\\&=B^2(t)+s\end{aligned} \tag{7.3.3}$$

这里我们利用了 $B(t+s)-B(t)$ 与 $\mathscr{F}_t$ 的独立性且具有均值 0，并对 $g(x)=x^2$ 应用式（7.3.2）。在式（7.3.3）两端同时减去 $t+s$，则（2）得证。

考虑 $B(t)\sim N(0,t)$ 的矩母函数 $E[e^{uB(t)}]=e^{tu^2/2}<\infty$，这蕴涵着 $e^{uB(t)}$是可积的，并且

$$E[e^{uB(t)-\frac{u^2}{2}t}]=1$$

取 $g(x)=e^{ux}$，利用式（7.3.2），可得

$$
\begin{aligned}
E[\mathrm{e}^{uB(t+s)} \mid \mathscr{F}_t] &= E\{\mathrm{e}^{uB(t)+u[B(t+s)-B(t)]} \mid \mathscr{F}_t\} \\
&= \mathrm{e}^{uB(t)} E\{\mathrm{e}^{u[B(t+s)-B(t)]} \mid \mathscr{F}_t\} \\
&= \mathrm{e}^{uB(t)} E\{\mathrm{e}^{u[B(t+s)-B(t)]}\} \\
&= \mathrm{e}^{uB(t)} \mathrm{e}^{\frac{u^2}{2}s}
\end{aligned}
$$

两端同时乘以 $\mathrm{e}^{-\frac{u^2}{2}(t+s)}$，则（3）得证。

注：上述定理所给的这三个鞅在理论上也有十分重要的意义，比如鞅 $\{B^2(t)-t\}$ 就是 Brown 运动的特征，即如果连续鞅 $\{X(t)\}$ 使得 $\{X^2(t)-t\}$ 也是鞅，则 $\{X(t)\}$ 是 Brown 运动。

7.4 Brown 运动的 Markov 性

所谓 Markov 性，是指在知道过程的现在与过去的状态的条件下，过程将来的表现与过去无关。换言之，过程依赖于现在，但是并不记忆现在的状态是如何得到的，即具有“遗忘性”。在第 5 章中介绍了 Markov 链和连续时间离散状态的 Markov 过程，而在这里讨论的 Brown 运动是连续时间连续状态过程，为此从连续 Markov 过程的定义开始。

定义 7.4.1 设 $\{X(t),t\geqslant 0\}$ 是一个连续随机过程，如果对 $\forall\, t,s>0$，有

$$
P\{X(t+s)\leqslant y \mid \mathscr{F}_t\} = P\{X(t+s)\leqslant y \mid X(t)\}, \quad \text{a. s.} \tag{7.4.1}
$$

则称 $\{X(t)\}$ 为 Markov 过程，这里 $\mathscr{F}_t=\sigma\{X(u),0\leqslant u\leqslant t\}$。性质（7.4.1）称为 Markov 性。

定理 7.4.1 Brown 运动 $\{B(t)\}$ 具有 Markov 性。

证明 用矩母函数方法容易得到 $B(t+s)$ 在给定条件 $\mathscr{F}_t$ 下的分布与在给定条件 $B(t)$ 下的分布是一致的。事实上

$$
\begin{aligned}
E[\mathrm{e}^{uB(t+s)} \mid \mathscr{F}_t] &= \mathrm{e}^{uB(t)} E\{\mathrm{e}^{u[B(t+s)-B(t)]} \mid \mathscr{F}_t\} \\
&= \mathrm{e}^{uB(t)} E\{\mathrm{e}^{u[B(t+s)-B(t)]}\} \quad (\text{因为 } \mathrm{e}^{u[B(t+s)-B(t)]} \text{独立于 } \mathscr{F}_t) \\
&= \mathrm{e}^{uB(t)} \mathrm{e}^{\frac{u^2 s}{2}} \quad (\text{因为 } B(t+s)-B(t)\sim N(0,s)) \\
&= \mathrm{e}^{uB(t)} E\{\mathrm{e}^{u[B(t+s)-B(t)]} \mid B(t)\} \\
&= E\{\mathrm{e}^{u[B(t+s)]} \mid B(t)\}
\end{aligned}
$$

所以 $\{B(t)\}$ 具有 Markov 性。

连续状态 Markov 过程 $\{X(t)\}$ 的转移概率定义为过程在时刻 s 处于状态 x 的条件下，在时刻 t 的分布函数

$$
F(y,t,x,s) = P\{X(t)\leqslant y \mid X(s)=x\}
$$

在 Brown 运动的情况下，这一分布函数是正态的：

$$F(y,t,x,s)=\int_{-\infty}^{y}\frac{1}{\sqrt{2\pi(t-s)}}\mathrm{e}^{-\frac{(u-x)^2}{2(t-s)}}\mathrm{d}u$$

Brown 运动的转移概率函数满足方程 $F(y,t,x,s)=F(y,t-s,x,0)$。换言之，有

$$P\{B(t)\leqslant y\,|\,B(s)=x\}=P\{B(t-s)\leqslant y\,|\,B(0)=x\} \tag{7.4.2}$$

当 $s=0$ 时，$F(y,t,x,0)$ 具有密度函数

$$p_t(x,y)=\frac{1}{\sqrt{2\pi t}}\mathrm{e}^{-\frac{(y-x)^2}{2t}}$$

式（7.4.2）给出的性质称为 Brown 运动的时齐性，即分布不随时间的平移而变化。于是由式（7.1.4）可知 Brown 运动的所有有限维分布都是时齐的。

下面讨论 Brown 运动的强 Markov 性，为此给出关于 $B(t)$ 停时的定义。

定义 7.4.2 如果非负随机变量 T 可以取无穷值，即 $T:\Omega\to[0,\infty]$，并且 $\forall t$，有 $\{T>t\}\in\mathscr{F}_t=\sigma\{B(u),0\leqslant u\leqslant t\}$，则称 T 为关于 $\{B(t),t\geqslant 0\}$ 的停时。

所谓强 Markov 性，实际上是将 Markov 性中固定的时间 t 用停时 T 来代替。下面我们不加证明地给出关于 Brown 运动的强 Markov 性定理，其证明见参考文献 [21]。

定理 7.4.2 设 T 是关于 Brown 运动 $\{B(t)\}$ 的有限停时，记

$$\mathscr{F}_T=\{A\in\mathscr{F},A\cap\{T\leqslant t\}\in\mathscr{F}_t,\forall t\geqslant 0\}$$

则

$$P\{B(T+t)\leqslant y\,|\,\mathscr{F}_T\}=P\{B(T+t)\leqslant y\,|\,B(T)\},\quad \text{a. s.}$$

即 Brown 运动 $\{B(t)\}$ 具有强 Markov 性。

由此定理可以看出，如果定义

$$\hat{B}(t)=B(T+t)-B(T) \tag{7.4.3}$$

则 $\hat{B}(t)$ 是始于 0 的 Brown 运动并且独立于 $\mathscr{F}_T$。

7.5 Brown 运动的最大值变量及反正弦律

以 T_x 记 Brown 运动首次击中 x 的时刻，即

$$T_x=\inf\{t>0,B(t)=x\}$$

当 $x>0$ 时，为计算 $P\{T_x\leqslant t\}$，我们考虑 $P\{B(t)\geqslant x\}$。由全概率公式

$$\begin{aligned}P\{B(t)\geqslant x\}=&P\{B(t)\geqslant x\,|\,T_x\leqslant t\}P\{T_x\leqslant t\}\\&+P\{B(t)\geqslant x\,|\,T_x>t\}P\{T_x>t\}\end{aligned} \tag{7.5.1}$$

若 $T_x \leqslant t$，则 $B(t)$ 在 $[0,t]$ 中的某个时刻击中 x，由对称性得

$$P\{B(t) \geqslant x \mid T_x \leqslant t\} = \frac{1}{2}$$

再由连续性可知，$B(t)$ 不可能还未击中 x 就大于 x，所以式（7.5.1）中第 2 项为零。因此

$$\begin{aligned} P\{T_x \leqslant t\} &= 2P\{B(t) \geqslant x\} \\ &= \frac{2}{\sqrt{2\pi t}} \int_x^{\infty} \mathrm{e}^{-\frac{u^2}{2t}} \mathrm{d}u \\ &= \frac{2}{\sqrt{2\pi}} \int_{x/\sqrt{t}}^{\infty} \mathrm{e}^{-\frac{y^2}{2}} \mathrm{d}y \end{aligned} \tag{7.5.2}$$

由此可见

$$P\{T_x < \infty\} = \lim_{t \to \infty} P\{T_x \leqslant t\} = \frac{2}{\sqrt{2\pi}} \int_0^{\infty} \mathrm{e}^{-\frac{y^2}{2}} \mathrm{d}y = 1$$

对分布函数求导数可得其分布密度

$$f_{T_x}(u) = \begin{cases} \dfrac{x}{\sqrt{2\pi}} u^{-\frac{3}{2}} \mathrm{e}^{-\frac{x^2}{2u}}, & u > 0 \\ 0, & u \leqslant 0 \end{cases} \tag{7.5.3}$$

利用式（7.5.2），可以得到

$$\begin{aligned} E(T_x) &= \int_0^{\infty} P\{T_x > t\} \mathrm{d}t \\ &= \int_0^{\infty} \left(1 - \frac{2}{\sqrt{2\pi}} \int_{x/\sqrt{t}}^{\infty} \mathrm{e}^{-\frac{y^2}{2}} \mathrm{d}y\right) \mathrm{d}t \\ &= \frac{2}{\sqrt{2\pi}} \int_0^{\infty} \int_0^{x/\sqrt{t}} \mathrm{e}^{-\frac{y^2}{2}} \mathrm{d}y \mathrm{d}t \\ &= \frac{2}{\sqrt{2\pi}} \int_0^{\infty} \mathrm{e}^{-\frac{y^2}{2}} \mathrm{d}y \int_0^{x^2/y^2} \mathrm{d}t \\ &= \frac{2x^2}{\sqrt{2\pi}} \int_0^{\infty} \frac{1}{y^2} \mathrm{e}^{-\frac{y^2}{2}} \mathrm{d}y \\ &\geqslant \frac{2x^2 \mathrm{e}^{-\frac{1}{2}}}{\sqrt{2\pi}} \int_0^1 \frac{1}{y^2} \mathrm{d}y \\ &= \infty \end{aligned}$$

因此，T_x 虽然几乎必然是有限的，但有无穷的期望。直观地看，就是 Brown 运动以概率 1 会击中 x，但它的平均时间是无穷的。性质 $P\{T_x < \infty\} = 1$ 称为 Brown 运动的常返性。由于始于 a 点的 Brown 运动与 $\{a + B(t)\}$ 是相同的，这里 $\{B(t)\}$ 是始于 0 的 Brown 运动，所以

$$P_a\{T_x < \infty\} = P_0\{T_{x-a} < \infty\} = 1$$

即 Brown 运动从任意点出发，击中 x 的概率都是 1。

当 $x<0$ 时，由对称性，T_x 与 T_{-x} 有相同的分布。于是有

$$P\{T_x \leqslant t\} = \frac{2}{\sqrt{2\pi}}\int_{|x|/\sqrt{t}}^{\infty} e^{-\frac{y^2}{2}}dy$$

$$f_{T_x}(u)=\begin{cases}\dfrac{-x}{\sqrt{2\pi}}u^{-\frac{3}{2}}e^{-\frac{x^2}{2u}}, & u>0\\ 0, & u\leqslant 0\end{cases} \tag{7.5.4}$$

另一个有趣的随机变量是 Brown 运动在 $[0,t]$ 中达到的最大值 $M(t)=\max\limits_{0\leqslant s\leqslant t}B(s)$ 的分布可由下述等式得到，对 $x>0$ 有

$$\begin{aligned}P\{M(t)\geqslant x\} &= P\{T_x \leqslant t\}\\ &= \frac{2}{\sqrt{2\pi}}\int_{x/\sqrt{t}}^{\infty} e^{-\frac{y^2}{2}}dy\end{aligned}$$

读者不难得到 Brown 运动在 $[0,t]$ 中达到的最小值 $m(t)=\min\limits_{0\leqslant s\leqslant t}B(s)$ 的分布。

如果时刻 τ 使得 $B(\tau)=0$，则称 τ 为 Brown 运动的零点。我们有下述定理。

定理 7.5.1 设 $\{B^x(t)\}$ 为始于 x 的 Brown 运动，则 $B^x(t)$ 在 $(0,t)$ 中至少有一个零点的概率为：

$$\frac{|x|}{\sqrt{2\pi}}\int_0^t u^{-\frac{3}{2}}e^{-\frac{x^2}{2u}}du$$

证明 如果 $x<0$，则由 $\{B^x(t)\}$ 的连续性及 $B^x(t)=B(t)+x$，我们有

$$\begin{aligned}&P\{B^x\text{ 在}(0,t)\text{ 中至少有一个零点}\}\\ &= P\{\max_{0\leqslant s\leqslant t}B^x(s)\geqslant 0\}\\ &= P\{\max_{0\leqslant s\leqslant t}B(s)+x\geqslant 0\} = P\{\max_{0\leqslant s\leqslant t}B(s)\geqslant -x\}\\ &= P\{T_{-x}\leqslant t\} = P\{T_x\leqslant t\}\\ &= \int_0^t f_{T_x}(u)du = \frac{-x}{\sqrt{2\pi}}\int_0^t u^{-\frac{3}{2}}e^{-\frac{x^2}{2u}}du\end{aligned} \tag{7.5.5}$$

对于 $x>0$ 的情况的证明类似，只要知道 Brown 运动的最小值的分布即可完成其证明。

利用此结果可以证明下面的定理。

定理 7.5.2 $B^y(t)$ 在区间 (a,b) 中至少有一个零点的概率为：

$$\frac{2}{\pi}\arccos\sqrt{\frac{a}{b}}$$

证明 记 $h(x)=P\{B^y$ 在 (a,b) 中至少有一个零点$|B(a)=x\}$。由Markov 性，$P\{B^y$ 在 (a,b) 中至少有一个零点$|B(a)=x\}$ 与 $P\{B^x$ 在 $(0,b-a)$ 中至少有一个零点$\}$ 相同。

由条件概率

$$\begin{aligned}
&P\{B^y \text{ 在}(a,b) \text{ 中至少有一个零点}\}\\
&=\int_{-\infty}^{\infty} P\{B^y \text{ 在}(a,b) \text{ 中至少有一个零点} \mid B(a)=x\}P(\mathrm{d}x)\\
&=\int_{-\infty}^{\infty} h(x)P(\mathrm{d}x)\\
&=\sqrt{\frac{2}{\pi a}}\int_0^{\infty} h(x)\mathrm{e}^{-\frac{x^2}{2a}}\mathrm{d}x\\
&=\sqrt{\frac{2}{\pi a}}\int_0^{\infty}\frac{x}{\sqrt{2\pi}}\mathrm{e}^{-\frac{x^2}{2a}}\mathrm{d}x\int_0^{b-a}u^{-\frac{3}{2}}\mathrm{e}^{-\frac{x^2}{2u}}\mathrm{d}u\\
&=\frac{1}{\pi\sqrt{a}}\int_0^{b-a}u^{-\frac{3}{2}}\int_0^{\infty}x\mathrm{e}^{-x^2\left(\frac{1}{2u}+\frac{1}{2a}\right)}\mathrm{d}x\mathrm{d}u\\
&=\frac{1}{\pi\sqrt{a}}\int_0^{b-a}u^{-\frac{3}{2}}\frac{au}{a+u}\mathrm{d}u\\
&=\frac{\sqrt{a}}{\pi}\int_0^{b-a}\frac{u^{-\frac{1}{2}}}{a+u}\mathrm{d}u\\
&=\frac{2}{\pi}\arctan\frac{\sqrt{b-a}}{\sqrt{a}}\\
&=\frac{2}{\pi}\arccos\sqrt{\frac{a}{b}}
\end{aligned}$$

于是，我们得到 Brown 运动的反正弦律。

定理 7.5.3 设 $\{B^y(t),t\geqslant 0\}$ 是 Brown 运动，则

$$P\{B^y \text{ 在}(a,b)\text{中没有零点}\}=\frac{2}{\pi}\arcsin\sqrt{\frac{a}{b}}$$

下面介绍 Brown 运动在时刻 t 之前的最后一个零点以及在 t 之后的第一个零点的分布情况。令

$$\zeta_t=\sup\{s\leqslant t,B(s)=0\}=t\text{ 之前的最后一个零点}$$
$$\beta_t=\inf\{s\geqslant t,B(s)=0\}=t\text{ 之后的第一个零点}$$

注意到 β_t 是一个停时，而 ζ_t 不是停时（请读者验证）。由反正弦律有

$$P\{\zeta_t\leqslant x\}=P\{B\text{ 在 }(x,t)\text{中没有零点}\}=\frac{2}{\pi}\arcsin\sqrt{\frac{x}{t}}$$

$$P\{\beta_t\geqslant y\}=P\{B\text{ 在}(t,y)\text{中没有零点}\}=\frac{2}{\pi}\arcsin\sqrt{\frac{t}{y}}$$

$$P\{\zeta_t\leqslant x,\beta_t\geqslant y\}=P\{B\text{ 在}(x,y)\text{中没有零点}\}=\frac{2}{\pi}\arcsin\sqrt{\frac{x}{y}},\quad x<y$$

7.6 Brown 运动的几种变化

7.6.1 Brown 桥

由 Brown 运动，我们可以定义另一类在数理金融中经常用到的过程——Brown 桥过程。

定义 7.6.1 设 $\{B(t),t\geqslant 0\}$ 是 Brown 运动。令

$$B^*(t)=B(t)-tB(1),\quad 0\leqslant t\leqslant 1$$

则称随机过程 $\{B^*(t),0\leqslant t\leqslant 1\}$ 为 Brown 桥（Brown bridge）。

因为 Brown 运动是 Gauss 过程，所以 Brown 桥也是 Gauss 过程，其 n 维分布由均值函数和协方差函数完全确定，且对 $\forall\, 0\leqslant s\leqslant t\leqslant 1$，有

$$\begin{aligned}&E[B^*(t)]=0\\&E[B^*(s)B^*(t)]=E\{[B(s)-sB(1)][B(t)-tB(1)]\}\\&\qquad=E[B(s)B(t)-tB(s)B(1)-sB(t)B(1)+tsB^2(1)]\\&\qquad=s-ts-ts+ts=s(1-t)\end{aligned}$$

此外，由定义可知 $B^*(0)=B^*(1)=0$，即此过程的起始点是固定的，就像桥一样，这就是 Brown 桥名称的由来。

7.6.2 有吸收值的 Brown 运动

设 T_x 为 Brown 运动 $\{B(t)\}$ 首次击中 x 的时刻，$x>0$。令

$$Z(t)=\begin{cases}B(t), & t<T_x\\ x, & t\geqslant T_x\end{cases}$$

则 $\{Z(t),\ t\geqslant 0\}$ 是击中 x 后，永远停留在那里的 Brown 运动。$\forall\, t>0$，随机变量$Z(t)$的分布有离散和连续两个部分。离散部分的分布是

$$\begin{aligned}P\{Z(t)=x\}&=P\{T_x\leqslant t\}\\&=\frac{2}{\sqrt{2\pi t}}\int_x^{\infty}\mathrm{e}^{-\frac{y^2}{2t}}\,\mathrm{d}y\end{aligned}$$

下面求连续部分的分布。$\forall\, y\leqslant x$，有

$$\begin{aligned}P\{Z(t)\leqslant y\}&=P\{B(t)\leqslant y,\max_{0\leqslant s\leqslant t}B(s)\leqslant x\}\\&=P\{B(t)\leqslant y\}-P\{B(t)\leqslant y,\max_{0\leqslant s\leqslant t}B(s)>x\}\end{aligned}\tag{7.6.1}$$

现计算式（7.6.1）中的最后一项，由条件概率公式，得

$$\begin{aligned}&P\{B(t)\leqslant y,\max_{0\leqslant s\leqslant t}B(s)>x\}\\&=P\{B(t)\leqslant y\mid\max_{0\leqslant s\leqslant t}B(s)>x\}P\{\max_{0\leqslant s\leqslant t}B(s)>x\}\end{aligned}\tag{7.6.2}$$

由事件$\{\max\limits_{0\leqslant s\leqslant t}B(s)>x\}$等价于事件$\{T_x<t\}$及 Brown 运动的对称性可知，$B(t)$在时刻$T_x(T_x<t)$击中$x$，为了使其在时刻$t$不大于$y$，则在$T_x$之后的$t-T_x$这段时间中就必须减少$x-y$，而减少与增加$x-y$的概率是相等的。所以有

$$P\{B(t)\leqslant y\mid\max_{0\leqslant s\leqslant t}B(s)>x\}=P\{B(t)\geqslant 2x-y\mid\max_{0\leqslant s\leqslant t}B(s)>x\}\tag{7.6.3}$$

从式（7.6.2）及式（7.6.3）得

$$\begin{aligned}&P\{B(t)\leqslant y,\max_{0\leqslant s\leqslant t}B(s)>x\}\\&=P\{B(t)\geqslant 2x-y,\max_{0\leqslant s\leqslant t}B(s)>x\}\\&=P\{B(t)\geqslant 2x-y\}\quad（因为 y\leqslant x）\end{aligned}$$

由式（7.6.1），有

$$\begin{aligned}P\{Z(t)\leqslant y\}&=P\{B(t)\leqslant y\}-P\{B(t)\geqslant 2x-y\}\\&=P\{B(t)\leqslant y\}-P\{B(t)\leqslant y-2x\}\\&=\frac{1}{\sqrt{2\pi t}}\int_{y-2x}^{y}\mathrm{e}^{-\frac{u^2}{2t}}\mathrm{d}u\end{aligned}$$

7.6.3 在原点反射的 Brown 运动

由$Y(t)=|B(t)|(t\geqslant 0)$定义的过程$\{Y(t),t\geqslant 0\}$称为在原点反射的 Brown 运动。它的概率分布为：

$$\begin{aligned}P\{Y(t)\leqslant y\}&=P\{B(t)\leqslant y\}-P\{B(t)\leqslant -y\}\\&=2P\{B(t)\leqslant y\}-1\\&=\frac{2}{\sqrt{2\pi t}}\int_{-\infty}^{y}\mathrm{e}^{-\frac{u^2}{2t}}\mathrm{d}u-1,\quad y>0\end{aligned}$$

7.6.4 几何 Brown 运动

由$X(t)=\mathrm{e}^{B(t)}(t\geqslant 0)$定义的过程$\{X(t),t\geqslant 0\}$称为几何 Brown 运动。由于 Brown 运动的矩母函数为$E[\mathrm{e}^{sB(t)}]=\mathrm{e}^{\frac{ts^2}{2}}$，所以几何 Brown 运动的均值函数与方差函数分别为：

$$\begin{aligned}&E[X(t)]=E[\mathrm{e}^{B(t)}]=\mathrm{e}^{\frac{t}{2}}\\&Var[X(t)]=E[X^2(t)]-\{E[X(t)]\}^2\\&\qquad=E[\mathrm{c}^{2B(t)}]-\mathrm{e}^{t}\\&\qquad=\mathrm{e}^{2t}-\mathrm{e}^{t}\end{aligned}$$

在金融市场中，人们经常假定股票的价格按照几何 Brown 运动变化，在下面的例子中我们亦如此假定。

例 7.6.1

（股票期权的价值）设某人拥有某种股票的交割时刻为 T，交割价格为 K 的欧式看涨期权，即他具有在时刻 T 以固定的价格 K 购买一股这种股票的权利。假设这种股票目前的价格为 y，并按照几何 Brown 运动变化，我们计算拥有这个期权的平均价值。设 $X(T)$ 表示时刻 T 的股票价格，$X(T)$高于 K 时，期权将被行使，因此该期权在时刻 T 的平均价值应为：

$$\begin{aligned}E[\max\{X(T)-K,0\}] &= \int_0^\infty P\{X(T)-K>u\}\mathrm{d}u \\ &= \int_0^\infty P\{y\mathrm{e}^{B(T)}-K>u\}\mathrm{d}u \\ &= \int_0^\infty P\{B(T)>\ln\frac{K+u}{y}\}\mathrm{d}u \\ &= \frac{1}{\sqrt{2\pi T}}\int_0^\infty\int_{\ln[(K+u)/y]}^\infty \mathrm{e}^{-\frac{x^2}{2T}}\mathrm{d}x\mathrm{d}u\end{aligned}$$

7.6.5 有漂移的 Brown 运动

设 $B(t)$ 是标准 Brown 运动，我们称 $X(t)=B(t)+\mu t$ 为有漂移的 Brown 运动，其中常数 μ 称为漂移系数。容易看出，有漂移的 Brown 运动是一个以速率 μ 漂移开去的过程。下面对此过程计算一个感兴趣的量。首先，对常数 A，$B>0$，$-B<x<A$，记 $p(x)$ 为过程在击中 $-B$ 之前击中 A 的概率，即

$$p(x)=P\{X(t)\text{在击中}-B\text{之前击中}A\,|\,X(0)=x\}$$

对过程在时刻 0 与 h 之间的变化 $Y=X(h)-X(0)$ 取条件，将得到一个微分方程，从而给出

$$p(x)=E[p(x+Y)]+o(h)$$

式中，$o(h)$ 表示到时刻 h，过程已经击中 $-B$ 或 A 其中之一的概率。假设 $p(y)$ 在 x 点附近有 Taylor 级数展开，则形式上可得

$$p(x)=E[p(x)+p'(x)Y+p''(x)Y^2/2+\cdots]+o(h)$$

由于 Y 是正态分布的，均值为 μh，方差为 h，得到

$$p(x)=p(x)+p'(x)\mu h+p''(x)\frac{\mu^2h^2+h}{2}+o(h) \tag{7.6.4}$$

因为所有大于二阶的微分项之和的均值是 $o(h)$。由式（7.6.4）有

$$p'(x)\mu+\frac{p''(x)}{2}=\frac{o(h)}{h}$$

令 $h\to0$，有

$$p'(x)\mu+\frac{p''(x)}{2}=0$$

将上式积分，得

$$2\mu p(x)+p'(x)=c_1$$

或

$$e^{2\mu x}[2\mu p(x)+p'(x)]=c_1e^{2\mu x}$$

即

$$\frac{d}{dx}[e^{2\mu x}p(x)]=c_1e^{2\mu x}$$

积分可得

$$e^{2\mu x}p(x)=c_1e^{2\mu x}+c_2$$

因此

$$p(x)=c_1+c_2e^{-2\mu x}$$

利用边界条件 $p(A)=1$，$p(-B)=0$，解得

$$c_1=\frac{e^{2\mu B}}{e^{2\mu B}-e^{-2\mu A}},\quad c_2=\frac{-1}{e^{2\mu B}-e^{-2\mu A}}$$

从而

$$p(x)=\frac{e^{2\mu B}-e^{-2\mu x}}{e^{2\mu B}-e^{-2\mu A}}$$

因此从 $x=0$ 出发，过程在到达 $-B$ 之前先到达 A 的概率 $p(0)$ 为：

$$P\{\text{过程在下降到}-B\text{之前先上升至}A\}=\frac{e^{2\mu B}-1}{e^{2\mu B}-e^{-2\mu A}} \tag{7.6.5}$$

若 $\mu<0$，在上式中令 $B\to\infty$，则有

$$P\{\text{过程迟早上升至}A\}=e^{2\mu A} \tag{7.6.6}$$

因此，此时过程漂向负无穷，而它的最大值是参数为 -2μ 的指数变量。

若在式（7.6.5）中令 $\mu\to0$，则有

$$P\{\text{Brown 运动在下降到}-B\text{之前上升至}A\}=\frac{B}{A+B}$$

最后，用一个例子结束本节的讨论。

例 7.6.2

（行使股票期权）假设某人有在将来某个时刻以固定价格 A 购买一股股票的期权，与现在的市价无关。不妨取现在的市价为 0，并假定其变化遵循有负漂移系数 $-\mu$ （$\mu>0$）的 Brown 运动。问：在什么时候行使期权？

解 考虑在市价为 x 时行使期权的策略。在此策略下的平均所得是

$$p(x)(x-A)$$

式中，$p(x)$ 是过程迟早到达 x 的概率。由式（7.6.6），有

$$p(x)=\mathrm{e}^{-2\mu x},\quad x>0$$

x 的最优值是使 $(x-A)\mathrm{e}^{-2\mu x}$ 达到最大的值，易见它是 $x=A+\frac{1}{2\mu}$。

7.7 高维 Brown 运动

定义 7.7.1 $B^1(t)$，$B^2(t)$，…，$B^d(t)$ 是相互独立的标准 Brown 运动，则称 $\boldsymbol{B}(t)=(B^1(t),B^2(t),\cdots,B^d(t))$ 为 d 维 Brown 运动。

如同一维 Brown 运动，d 维 Brown 运动具有如下转移概率密度：

$$\frac{1}{(2\pi t)^{d/2}}\exp\left\{-\frac{1}{2t}\sum_{i=1}^{d}(y_i-x_i)^2\right\},\quad x,y\in\mathbb{R}^d$$

类似于一维 Brown 运动，对于 d 维 Brown 运动有如下定理。

定理 7.1.1 设 $\boldsymbol{B}(t)=(B^1(t),B^2(t),\cdots,B^d(t))$ 是 d 维 Brown 运动，则有

（1）$\{\boldsymbol{B}(t),t\geqslant 0\}$ 是鞅；

（2）$\{|\boldsymbol{B}(t)|^2-t,t\geqslant 0\}$ 是鞅，其中 $|x|=(x_1^2+x_2^2+\cdots+x_d^2)^{1/2}$，$x\in\mathbb{R}^d$；

（3）对任意 $\boldsymbol{u}\in\mathbb{R}^d$，$\left\{\exp\left(\langle\boldsymbol{u},\boldsymbol{B}(t)\rangle-\frac{1}{2}t|\boldsymbol{u}|^2\right),t\geqslant 0\right\}$ 是鞅，称为指数鞅（d 维 Brown 运动的拉氏变换），其中 $\langle\boldsymbol{x},\boldsymbol{y}\rangle=\sum_{i=1}^{d}x_iy_i$，$\boldsymbol{x},\boldsymbol{y}\in\mathbb{R}^d$。

习题

7.1 设 $\{B(t),t\geqslant 0\}$ 为标准 Brown 运动，求 $B(1)+B(2)+\cdots+B(n)$ 的分布，并

验证$\left\{X(t)=tB\left(\frac{1}{t}\right)\right\}$仍为 $[0,\infty)$ 上的 Brown 运动。

7.2 设 $\{B(t),t\geqslant 0\}$ 为标准 Brown 运动，验证 $\left\{X(t)=(1-t)B\left(\frac{t}{1-t}\right),\ 0\leqslant t\leqslant 1\right\}$ 是 Brown 桥。

7.3 设 $\{B(t),t\geqslant 0\}$ 为标准 Brown 运动，计算条件概率 $P\{B(2)>0\mid B(1)>0\}$。问：事件 $\{B(2)>0\}$ 与 $\{B(1)>0\}$ 是否独立？

7.4 设 $\{B_1(t),t\geqslant 0\}$，$\{B_2(t),t\geqslant 0\}$ 为相互独立的标准 Brown 运动，试证$\{X(t)=B_1(t)-B_2(t),t\geqslant 0\}$ 是 Brown 运动。

7.5 设 $\{B(t),t\geqslant 0\}$ 为标准 Brown 运动，证明 $M(t)=\max\limits_{0\leqslant s\leqslant t}B(s)$，$|B(t)|$ 与$M(t)-B(t)$ 具有相同的分布。试找出 $m(t)=\min\limits_{0\leqslant s\leqslant t}B(s)$ 的分布。

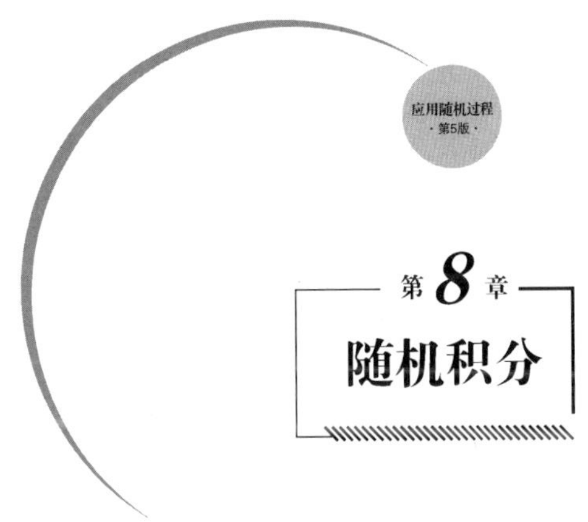

第 8 章 随机积分

本章的目的是引入关于 Brown 运动的积分，讨论其性质并给出在随机分析及金融学中有重要应用的 Itô 公式。

8.1 关于随机游动的积分

我们从讨论关于简单的随机游动的积分开始。设 X_1，X_2，…是独立的随机变量序列，$P\{X_i=1\}=P\{X_i=-1\}=\frac{1}{2}$，令 S_n 表示相应的游动，有

$$S_n=X_1+X_2+\cdots+X_n$$

我们可以这样看这组独立随机变量，X_n 为第 n 次公平赌博的结果（$X_n=1$ 为赢 1 元，$X_n=-1$ 为输掉 1 元）。$\mathscr{F}_n=\sigma(X_1,X_2,\cdots,X_n)$（由 $\{X_i,1\leqslant i\leqslant n\}$ 生成的 σ 代数流）可以理解为包含 X_1，X_2，…，X_n 的信息。令 B_n 是 $\mathscr{F}_{n-1}$ 可测的随机变量，比如它表示第 n 次赌博时所下的赌注，则它只能利用第 $n-1$ 次及之前的信息，而不能利用第 n 次赌博的结果。于是到时刻 n 的收益 Z_n 为：

$$Z_n=\sum_{i=1}^{n}B_iX_i=\sum_{i=1}^{n}B_i(S_i-S_{i-1})=\sum_{i=1}^{n}B_i\Delta S_i$$

式中，$\Delta S_i=S_i-S_{i-1}$，$S_0=0$。称 Z_n 为 B_n 关于 S_n 的积分。

容易看出 $\{Z_n\}$ 是关于 $\mathscr{F}_n$ 的鞅，即若 $m<n$，则

$$E(Z_n\,|\,\mathscr{F}_m)=Z_m$$

特别地，$E(Z_n)=0$。此外，如果假定 $E(B_n^2)<\infty$，则

$$Var(Z_n)=E(Z_n^2)=\sum_{i=1}^{n}E(B_i^2)$$

事实上

$$Z_n^2=\sum_{i=1}^{n}B_i^2X_i^2+2\sum_{1\leqslant i<j\leqslant n}B_iB_jX_iX_j$$

再注意到 $X_i^2=1$，如果 $i<j$，则 B_i，X_i，B_j 都是 $\mathscr{F}_{j-1}$ 可测的，且 X_j 独立于 $\mathscr{F}_{j-1}$，于是由定理 1.5.5，得

$$E(B_iB_jX_iX_j)=E[E(B_iB_jX_iX_j\mid\mathscr{F}_{j-1})]=E[B_iB_jX_iE(X_j)]=0$$

8.2 关于 Brown 运动的积分

本节定义关于 Brown 运动的积分 $\int_0^T X(t)\mathrm{d}B(t)$（或简记为 $\int X\mathrm{d}B$），这里 $\{B(t)\}$ 是一维标准 Brown 运动，有时也记为 $\{W_t\}$。首先考虑一个非随机的简单过程 $\{X(t)\}$，即 $X(t)$ 是一个简单函数（不依赖于 $B(t)$）。由简单函数的定义，存在 $[0,T]$ 的分割 $0=t_0<t_1<\cdots<t_n=T$ 及常数 c_0，c_1，…，c_{n-1}，使得

$$X(t)=\begin{cases}c_0, & \text{如果 } t=0\\ c_i, & \text{如果 } t_i<t\leqslant t_{i+1}, i=0,1,\cdots,n-1\end{cases}$$

或表示为：

$$X(t)=c_0I_0(t)+\sum_{i=0}^{n-1}c_iI_{(t_i,t_{i+1}]}(t) \tag{8.2.1}$$

于是，可定义其积分为：

$$\int_0^T X(t)\mathrm{d}B(t)=\sum_{i=0}^{n-1}c_i[B(t_{i+1})-B(t_i)] \tag{8.2.2}$$

由 Brown 运动的独立增量性可知，式（8.2.2）所定义的积分是 Gauss 分布的随机变量，其均值为 0，方差为：

$$\begin{aligned}Var\left(\int X\mathrm{d}B\right)&=E\Big\{\sum_{i=0}^{n-1}c_i[B(t_{i+1})-B(t_i)]\Big\}^2\\&=E\Big\{\sum_{i=0}^{n-1}\sum_{j=0}^{n-1}c_ic_j[B(t_{i+1})-B(t_i)][B(t_{j+1})-B(t_j)]\Big\}\\&=\sum_{i=0}^{n-1}\sum_{j=0}^{n-1}c_ic_jE\{[B(t_{i+1})-B(t_i)][B(t_{j+1})-B(t_j)]\}\\&=\sum_{i=0}^{n-1}c_i^2(t_{i+1}-t_i)\end{aligned}$$

用取极限的方法可以将这一定义推广到一般的非随机函数 $X(t)$。但我们要定义的是随机过程的积分，因此将简单函数中的常数 c_i 用随机变量 ξ_i 来代替，并要求 ξ_i 是 $\mathscr{F}_{t_i}$ 可测的，这里 $\mathscr{F}_t=\sigma\{B(u),0\leqslant u\leqslant t\}$。于是，由 Brown 运动的鞅性质得

$$E\{\xi_i[B(t_{i+1})-B(t_i)]|\mathscr{F}_{t_i}\}=\xi_i E[B(t_{i+1})-B(t_i)|\mathscr{F}_{t_i}]=0$$

因此

$$E\{\xi_i[B(t_{i+1})-B(t_i)]\}=0。$$

定义 8.2.1 设 $\{X(t),\ 0\leqslant t\leqslant T\}$ 是一个简单随机过程，即存在 $[0,T]$ 的分割 $0=t_0<t_1<\cdots<t_n=T$，随机变量 ξ_{-1}，ξ_0，…，ξ_{n-1} 使得 ξ_{-1} 是常数，ξ_i 依赖于 $B(t)$ $(t\leqslant t_i)$，但不依赖于 $B(t)(t>t_i$；$i=0,1,\cdots,n-1)$，并且

$$X(t)=\xi_{-1}I_0(t)+\sum_{i=0}^{n-1}\xi_i I_{(t_i,t_{i+1}]}(t) \tag{8.2.3}$$

此时，Itô 积分 $\int_0^T X\mathrm{d}B$ 定义为：

$$\int_0^T X(t)\mathrm{d}B(t)=\sum_{i=0}^{n-1}\xi_i[B(t_{i+1})-B(t_i)] \tag{8.2.4}$$

简单过程的积分是一个随机变量，满足下述性质。

性质 8.2.1 (1)（线性）如果 $X(t)$，$Y(t)$是简单过程，则

$$\int_0^T[\alpha X(t)+\beta Y(t)]\mathrm{d}B(t)=\alpha\int_0^T X(t)\mathrm{d}B(t)+\beta\int_0^T Y(t)\mathrm{d}B(t)$$

式中，α，β是常数。

(2) $\int_0^T I_{[a,b]}(t)\mathrm{d}B(t)=B(\min\{b,T\})-B(\max\{a,0\})$

式中，$I_{[a,b]}(t)$ 是区间 $[a,b]$ 上的示性函数。

(3)（零均值性）如果 $E[\xi_i^2]<\infty$ $(i=0,\ 1,\ \cdots,\ n-1)$，则

$$E\left[\int_0^T X(t)\mathrm{d}B(t)\right]=0$$

(4)（等距性）如果 $E[\xi_i^2]<\infty$ $(i=0,\ 1,\ \cdots,\ n-1)$，则

$$E\left[\int_0^T X(t)\mathrm{d}B(t)\right]^2=\int_0^T E[X^2(t)]\mathrm{d}t$$

证明 性质 (1)，(2)和(3)是简单的，读者可自行证之，这里只证明性质 (4)。利用 Cauchy-Schwarz 不等式，得到

$$E\{|\xi_i[B(t_{i+1})-B(t_i)]|\}\leqslant\sqrt{E(\xi_i^2)E[B(t_{i+1})-B(t_i)]^2}<\infty$$

于是

$$Var\left(\int_0^T X\mathrm{d}B\right)=E\left\{\sum_{i=0}^{n-1}\xi_i[B(t_{i+1})-B(t_i)]\right\}^2$$
$$=\sum_{i=0}^{n-1}E\{\xi_i^2[B(t_{i+1})-B(t_i)]^2\}$$
$$+2\sum_{i<j}E\{\xi_i\xi_j[B(t_{i+1})-B(t_i)][B(t_{j+1})-B(t_j)]\} \tag{8.2.5}$$

由 Brown 运动的独立增量性以及关于 ξ_i 的假定，利用定理 1.5.5（1），有

$$E\{\xi_i\xi_j[B(t_{i+1})-B(t_i)][B(t_{j+1})-B(t_j)]\}=0$$

所以，式（8.2.5）中的最后一项为零。由 Brown 运动的鞅性质，得

$$Var\left(\int_0^T X\mathrm{d}B\right)=\sum_{i=0}^{n-1}E\{\xi_i^2[B(t_{i+1})-B(t_i)]^2\}$$
$$=\sum_{i=0}^{n-1}E\{E[\xi_i^2(B(t_{i+1})-B(t_i))^2\mid\mathscr{F}_{t_i}]\}$$
$$=\sum_{i=0}^{n-1}E\{\xi_i^2E[(B(t_{i+1})-B(t_i))^2\mid\mathscr{F}_{t_i}]\}$$
$$=\sum_{i=0}^{n-1}E(\xi_i^2)(t_{i+1}-t_i)$$
$$=\int_0^T E[X^2(t)]\mathrm{d}t$$

有了前面的准备，我们现在可以将上述随机积分的定义扩展到更一般的可测适应随机过程类。

定义 8.2.2 设 $\{X(t),t\geqslant 0\}$ 是随机过程，$\{\mathscr{F}_t,t\geqslant 0\}$ 是 σ 代数流，如果 $\forall t$，$X(t)$是 $\mathscr{F}_t$ 可测的，则称 $\{X(t)\}$ 是 $\{\mathscr{F}_t\}$ 适应的。

记

$$V=\left\{h:h\text{ 是定义在}[0,T]\text{上的可测适应过程,满足 }E\left[\int_0^T h^2(s)\mathrm{d}s\right]<\infty\right\}$$

我们将随机积分的定义按下述步骤扩展到 V。

首先，令 $h\in V$ 有界，并且对每个 $\omega\in\Omega$，$h(\cdot,\omega)$ 连续，则存在简单过程 $\{\phi_n\}$，其中

$$\phi_n=\sum_j h(t_j,\omega)\cdot I_{[t_j,t_{j+1})}(t)\in V$$

使得当 $n\to\infty$时，对每个 $\omega\in\Omega$，有

$$\int_0^T(h-\phi_n)^2\mathrm{d}t\to 0$$

因此，由有界收敛定理得 $E\left[\int_0^T(h-\phi_n)^2\mathrm{d}t\right]\to 0$ 。

其次，令 $h\in V$ 有界，可以证明：存在 $h_n\in V$ 有界，且 $\forall\omega\in\Omega$，$\forall n$，$h_n(\cdot,\omega)$连续，使得

$$E\left[\int_0^T (h-h_n)^2 \mathrm{d}t\right] \to 0 \tag{8.2.6}$$

事实上，不妨设$|h(t,\omega)|\leqslant M$，$\forall (t,\omega)$。定义

$$h_n(t,\omega)=\int_0^t \psi_n(s-t)h(s,\omega)\mathrm{d}s$$

这里 ψ_n 是 $\mathbb{R}$ 上的非负连续函数，使得对所有的 $x\notin\left(-\frac{1}{n},0\right)$，$\psi_n(x)=0$ 且 $\int_{-\infty}^{\infty}\psi_n(x)\mathrm{d}x=1$。则对每个 $\omega\in\Omega$，$h_n(\cdot,\omega)$ 连续且$|h_n(t,\omega)|\leqslant M$。由 $h\in V$ 可以看出 $h_n\in V$，并且当 $n\to\infty$时，对每个 $\omega\in\Omega$，有

$$\int_0^T [h_n(s,\omega)-h(s,\omega)]^2 \mathrm{d}s \to 0$$

再次利用有界收敛定理得式（8.2.6）。

最后，对任意的 $f\in V$，存在有界列 $h_n\in V$，使得

$$E\left\{\int_0^T [f(t,\omega)-h_n(t,\omega)]^2 \mathrm{d}t\right\} \to 0$$

事实上，只要令

$$h_n(t,\omega)=\begin{cases}-n, & f(t,\omega)<-n\\ f(t,\omega), & -n\leqslant f(t,\omega)\leqslant n\\ n, & f(t,\omega)>n\end{cases}$$

利用控制收敛定理即得。

现在，我们可以完成 Itô 积分 $\int_0^T f(t)\mathrm{d}B(t)(f\in V)$ 的定义如下。

定义 8.2.3 设 $f\in V(0,T)$，则 f 的 Itô 积分定义为：

$$\int_0^T f(t,\omega)\mathrm{d}B_t(w)=\lim_{n\to\infty}\int_0^T \phi_n(t,\omega)\mathrm{d}B_t(\omega) \quad (L^2(P)\text{ 中极限}) \tag{8.2.7}$$

这里 $\{\phi_n\}$ 是初等随机过程的序列，使得当 $n\to\infty$时，有

$$E\left\{\int_0^T [f(t,\omega)-\phi_n(t,\omega)]^2 \mathrm{d}t\right\} \to 0 \tag{8.2.8}$$

注：在实际问题中，我们常常遇到的过程并不满足 V 中的可积性条件而仅仅满足下述 V^* 中的条件。事实上，Itô 积分的定义可以推广到更广泛的函数类。

$$V^*=\{h:h\text{ 为定义在}[0,T]\text{上的可测适应过程，且 }\forall T>0\text{ 满足}\int_0^T h^2(s)\mathrm{d}s<\infty,\ \text{a. s.}\}$$

详细证明请参阅参考文献［18］或［22］。

例 8.2.1

设 f 是连续函数，考虑 $\int_0^1 f[B(t)]\mathrm{d}B(t)$。因为 $B(t)$ 有连续的路径，所以 $f[B(t)]$ 也在 $[0,1]$ 上连续，从而 $\int_0^1 f[B(t)]\mathrm{d}B(t)$ 有定义。然而根据 f 的不同，这个积分可以有（或没有）有限的矩。例如：

(1) 取 $f(t)=t$，由于 $\int_0^1 E[B^2(t)]\,\mathrm{d}t<\infty$，$E\left[\int_0^1 B(t)\mathrm{d}B(t)\right]=0$，并且由性质 8.2.1 (3) ～ (4) 有

$$E\left[\int_0^1 B(t)\mathrm{d}B(t)\right]^2=\int_0^1 E[B^2(t)]\mathrm{d}t=\frac{1}{2}$$

(2) 取 $f(t)=\mathrm{e}^{t^2}$，此时考虑 $\int_0^1 \mathrm{e}^{B^2(t)}\,\mathrm{d}B(t)$。虽然积分存在，但由于当 $t\geqslant\frac{1}{4}$ 时，$E[\mathrm{e}^{2B^2(t)}]=\infty$，所以 $\int_0^1 E\left[\mathrm{e}^{2B^2(t)}\right]\,\mathrm{d}t=\infty$，即 $\int_0^1 E\{f^2[B(t)]\}\,\mathrm{d}t<\infty$ 不成立。说明积分的二阶矩不存在。

例 8.2.2

求积分 $J=\int_0^1 t\mathrm{d}B(t)$ 的均值与方差。

解 因为 $\int_0^1 t^2\mathrm{d}t<\infty$，且 t 是 $\mathscr{F}_t=\sigma\{B(s),0\leqslant s\leqslant t\}$ 适应的，所以 Itô 积分 J 是适定的，并且其均值为 $E(J)=0$，方差为 $E(J^2)=\int_0^1 t^2\mathrm{d}t=\frac{1}{3}$。

例 8.2.3

估计使得积分 $\int_0^1 (1-t)^{-\alpha}\mathrm{d}B(t)$ 适定的 α 的值。

解 因为只要 $\int_0^1 (1-t)^{-2\alpha}\mathrm{d}t<\infty$，上述 Itô 积分就适定，所以只要 $\alpha<\frac{1}{2}$ 即可。

8.3 Itô 积分过程

假设对任意实数 $T>0$，$X\in V^*$，那么对 $\forall t\leqslant T$，积分 $\int_0^t X(s)\mathrm{d}B(s)$ 是适定的。因为对任意固定的 t，$\int_0^t X(s)\mathrm{d}B(s)$ 是一个随机变量，所以作为上限 t 的函数，它定义了一个随

机过程 $\{Y(t)\}$，其中

$$Y(t)=\int_0^t X(s)\mathrm{d}B(s) \tag{8.3.1}$$

可以证明，Itô 积分 $Y(t)$ 存在连续的样本路径，即存在一个连续随机过程$\{Z(t)\}$，使得对所有的 t，有 $Y(t)=Z(t)$，a. s. 。因此，从现在起我们所讨论的积分都假定其有连续的样本路径。本节将讨论这一积分过程的各种随机性质。

现在我们可以证明其鞅性质。

定理 8.3.1 设 $X(t)\in V^*$，并且 $\int_0^\infty E[X^2(s)]\mathrm{d}s<\infty$，则

$$Y(t)=\int_0^t X(s)\mathrm{d}B(s),\quad 0\leqslant t\leqslant T$$

是零均值的连续的平方可积鞅（即 $\sup\limits_{t\leqslant T}E[Y^2(t)]<\infty$）。

证明 由定义 8.2.3 后注，可知 $Y(t)=\int_0^t X(s)\mathrm{d}B(s)(0\leqslant t\leqslant T)$ 是适定的，并且具有一阶矩及二阶矩。如果 $\{X(t)\}$ 是简单过程，则由 8.2 节同样的证明方法可得

$$E\left[\int_s^t X(u)\mathrm{d}B(u)\mid\mathscr{F}_s\right]=0,\quad \forall s<t$$

于是

$$\begin{aligned}E[Y(t)\mid\mathscr{F}_s]&=E\left[\int_0^t X(u)\mathrm{d}B(u)\mid\mathscr{F}_s\right]\\&=\int_0^s X(u)\mathrm{d}B(u)+E\left[\int_s^t X(u)\mathrm{d}B(u)\mid\mathscr{F}_s\right]\\&=\int_0^s X(u)\mathrm{d}B(u)=Y(s)\end{aligned}$$

所以 $\{Y(t)\}$ 是鞅。由等距性可得其二阶矩

$$E\left[\int_0^t X(s)\mathrm{d}B(s)\right]^2=\int_0^t E[X^2(s)]\mathrm{d}s$$

推论 8.3.1 对任意有界的 Borel 可测函数 f（即对任意 $a\in\mathbb{R}$，有$\{x\in\mathbb{R},f(x)\leqslant a\}\in\mathscr{B}(\mathbb{R})$)，$\int_0^t f[B(s)]\mathrm{d}B(s)$是平方可积鞅。

证明 $X(t)=f[B(t)]$ 是可测适应的，并且有常数 $K>0$ 使得$|f(x)|<K$，于是 $\int_0^T E\{f^2[B(s)]\}\mathrm{d}s\leqslant K^2T$。由定理 8.3.1，此命题得证。

上述定理提供了构造鞅的方法。在 8.2 节中我们已经证明，非随机的简单过程的 Itô 积分是正态分布随机变量。更一般地，我们有下述定理。

定理 8.3.2 如果 X 是非随机的，且 $\int_0^T X^2(s)\mathrm{d}s<\infty$，则对 $\forall t$，$Y(t)=\int_0^t X(s)\mathrm{d}B(s)$ 是服从正态分布的随机变量。即 $\{Y(t),0\leqslant t\leqslant T\}$ 是 Gauss 过程，其均值函数为零，协方

差函数为：

$$Cov[Y(t),Y(t+u)]=\int_0^t X^2(s)\mathrm{d}s,\quad u\geqslant 0$$

$\{Y(t)\}$ 也是平方可积鞅。

证明 因为被积函数是非随机的，所以 $\int_0^t E[X^2(s)]\mathrm{d}s=\int_0^t X^2(s)\mathrm{d}s<\infty$。由定理8.3.1知 Y 具有零均值，再由积分及 $Y(t)$ 的鞅性质，有

$$\begin{aligned}
&E\left[\int_0^t X(s)\mathrm{d}B(s)\int_t^{t+u}X(s)\mathrm{d}B(s)\right]\\
&=E\left\{E\left[\int_0^t X(s)\mathrm{d}B(s)\int_t^{t+u}X(s)\mathrm{d}B(s)\mid\mathscr{F}_t\right]\right\}\\
&=E\left\{\int_0^t X(s)\mathrm{d}B(s)E\left[\int_t^{t+u}X(s)\mathrm{d}B(s)\mid\mathscr{F}_t\right]\right\}\\
&=0
\end{aligned}$$

因此

$$\begin{aligned}
Cov[Y(t),Y(t+u)]&=E\left[\int_0^t X(s)\mathrm{d}B(s)\int_0^{t+u}X(s)\mathrm{d}B(s)\right]\\
&=E\left\{\int_0^t X(s)\mathrm{d}B(s)\left[\int_0^t X(s)\mathrm{d}B(s)+\int_t^{t+u}X(s)\mathrm{d}B(s)\right]\right\}\\
&=E\left[\int_0^t X(s)\mathrm{d}B(s)\right]^2\\
&=\int_0^t E[X^2(s)]\mathrm{d}s=\int_0^t X^2(s)\mathrm{d}s
\end{aligned}\tag{8.3.2}$$

例8.3.1

根据上述定理可得 $J=\int_0^t s\mathrm{d}B(s)\sim N\left(0,\frac{t^3}{3}\right)$。

下面讨论Itô积分的二次变差。

定义8.3.1 设 $Y(t)=\int_0^t X(s)\mathrm{d}B(s)(0\leqslant t\leqslant T)$ 是Itô积分，如果在依概率收敛的意义下，极限

$$\lim_{\delta_n\to 0}\sum_{i=0}^{n-1}|Y(t_{i+1}^n)-Y(t_i^n)|^2\tag{8.3.3}$$

当 $\{t_i^n\}_{i=0}^n$ 遍取 $[0,t]$ 的分割，且其模 $\delta_n=\max\limits_{0\leqslant i\leqslant n-1}\{t_{i+1}^n-t_i^n\}\to 0$ 时存在，则称此极限为 Y 的二次变差，记为 $[Y,Y](t)$。

定理8.3.3 设 $Y(t)=\int_0^t X(s)\mathrm{d}B(s)(0\leqslant t\leqslant T)$ 是Itô积分，则 Y 的二次变差为：

$$[Y,Y](t)=\int_0^t X^2(s)\mathrm{d}s\tag{8.3.4}$$

证明 首先考虑 $\{X(s)\}$ 为简单过程的情形，对一般情形，我们可以用简单过程逼近的方法得到，所以这里我们只证明 $\{X(s)\}$ 为简单过程的情形。不妨假定 $X(s)$ 在 $[0,T]$ 上只取两个不同的值，取任意有限多个值的情形可类似证之。为简单起见，设 $T=1$，$X(t)$ 在 $[0,1/2]$ 上取 ξ_0，在 $(1/2,1]$ 上取 ξ_1，即

$$X(t)=\xi_0 I_{[0,\frac{1}{2}]}(t)+\xi_1 I_{(\frac{1}{2},1]}(t)$$

于是

$$Y(t)=\int_0^t X(s)\mathrm{d}B(s)=\begin{cases}\xi_0 B(t), & t\leqslant\dfrac{1}{2}\\ \xi_0 B(\dfrac{1}{2})+\xi_1[B(t)-B(\dfrac{1}{2})], & t>\dfrac{1}{2}\end{cases}$$

因此，对 $[0,t]$ 的任何分割，有

$$Y(t_{i+1}^n)-Y(t_i^n)=\begin{cases}\xi_0[B(t_{i+1}^n)-B(t_i^n)], & t_i^n<t_{i+1}^n\leqslant\dfrac{1}{2}\\ \xi_1[B(t_{i+1}^n)-B(t_i^n)], & \dfrac{1}{2}\leqslant t_i^n<t_{i+1}^n\end{cases}$$

当 $t\leqslant\dfrac{1}{2}$ 时，有

$$\begin{aligned}[Y,Y](t)&=\lim\sum_{i=0}^{n-1}[Y(t_{i+1}^n)-Y(t_i^n)]^2\\&=\xi_0^2\lim\sum_{i=0}^{n-1}[B(t_{i+1}^n)-B(t_i^n)]^2\\&=\xi_0^2[B,B](t)=\xi_0^2 t=\int_0^t X^2(s)\mathrm{d}s\end{aligned}$$

当 $t>\dfrac{1}{2}$ 时，有

$$\begin{aligned}[Y,Y](t)&=\lim\sum_{i=0}^{n-1}[Y(t_{i+1}^n)-Y(t_i^n)]^2\\&=\xi_0^2\lim\sum_{t_i<\frac{1}{2}}[B(t_{i+1}^n)-B(t_i^n)]^2+\xi_1^2\lim\sum_{t_i>\frac{1}{2}}[B(t_{i+1}^n)-B(t_i^n)]^2\\&=\xi_0^2[B,B](\frac{1}{2})+\xi_1^2[B,B]((\frac{1}{2},t])=\int_0^t X^2(s)\mathrm{d}s\end{aligned}$$

这里的极限都是当 $\delta_n\to 0$ 时，在依概率收敛意义下的极限。

对于同一个 Brown 运动 $\{B(t)\}$ 的两个不同的 Itô 积分 $Y_1(t)=\int_0^t X_1(s)\mathrm{d}B(s)$ 和 $Y_2(t)=\int_0^t X_2(s)\mathrm{d}B(s)$，由于 $Y_1(t)+Y_2(t)=\int_0^t[X_1(s)+X_2(s)]\mathrm{d}B(s)$，我们可以定义 Y_1 和 Y_2 的二次协变差：

$$[Y_1,Y_2](t)=\frac{1}{2}\{[Y_1+Y_2,Y_1+Y_2](t)-[Y_1,Y_1](t)-[Y_2,Y_2](t)\}$$

由定理 8.3.3，有

$$[Y_1,Y_2](t)=\int_0^t X_1(s)X_2(s)\mathrm{d}s$$

8.4 Itô 公式

Itô 公式、随机分析中的变量替换公式或链式法则，是随机分析中的一个主要工具，许多重要的公式例如 Dynkin 公式、Feynman-Kac 公式以及分部积分公式，都是由 Itô 公式导出的。

因为 Brown 运动在 $[0,t]$ 上的二次变差为 t，即在依概率收敛的意义下

$$\lim_{\delta_n\to 0}\sum_{i=0}^{n-1}[B(t_{i+1}^n)-B(t_i^n)]^2=t$$

这里 $\{t_i^n\}$ 是 $[0,t]$ 的分割，$\delta_n=\max\limits_{0\leqslant i\leqslant n-1}\{t_{i+1}^n-t_i^n\}$。上式从形式上可表示为：

$$\int_0^t[\mathrm{d}B(s)]^2=\int_0^t\mathrm{d}s=t$$

或

$$[\mathrm{d}B(t)]^2=\mathrm{d}t$$

更一般地，我们有以下定理。

定理 8.4.1 设 g 是有界连续函数，$\{t_i^n\}$ 是 $[0,t]$ 的分割，则对任意 $\theta_i^n\in(B(t_i^n),\ B(t_{i+1}^n))$（即 $B(t_i^n)$，$B(t_{i+1}^n)$之间的任意值），依概率收敛意义下的极限

$$\lim_{\delta_n\to 0}\sum_{i=0}^{n-1}g(\theta_i^n)[B(t_{i+1}^n)-B(t_i^n)]^2=\int_0^t g[B(s)]\mathrm{d}s \tag{8.4.1}$$

证明 首先取 $\theta_i^n=B(t_i^n)$，由 g 的连续性和积分的定义，有

$$\sum_{i=0}^{n-1}g[B(t_i^n)](t_{i+1}^n-t_i^n)\to\int_0^t g[B(s)]\mathrm{d}s \tag{8.4.2}$$

我们证明

$$\sum_{i=0}^{n-1}g[B(t_i^n)][B(t_{i+1}^n)-B(t_i^n)]^2-\sum_{i=0}^{n-1}g[B(t_i^n)](t_{i+1}^n-t_i^n)\to 0 \tag{8.4.3}$$

在 L^2 中成立。记 $\Delta B_i=B(t_{i+1}^n)-B(t_i^n)$，$\Delta t_i=t_{i+1}^n-t_i^n$，则由 Brown 运动的独立增量性和取条件期望的方法得到

$$E\left\{\sum_{i=0}^{n-1}g[B(t_i^n)][(\Delta B_i)^2-\Delta t_i]\right\}^2$$
$$=E\left\{E\left[\sum_{i=0}^{n-1}g^2(B(t_i^n))((\Delta B_i)^2-\Delta t_i)^2\,\Big|\,\mathscr{F}_{t_i}\right]\right\}$$
$$=E\left\{\sum_{i=0}^{n-1}g^2[B(t_i^n)]E[((\Delta B_i)^2-\Delta t_i)^2\,|\mathscr{F}_{t_i}]\right\}$$
$$=2E\left\{\sum_{i=0}^{n-1}g^2[B(t_i^n)](\Delta t_i)^2\right\}$$
$$\leqslant 2\delta_n E\left\{\sum_{i=0}^{n-1}g^2[B(t_i^n)]\Delta t_i\right\}\to 0(\text{当 }\delta_n\to 0\text{ 时})$$

因此，在均方收敛的意义下，有

$$\sum_{i=0}^{n-1}g[B(t_i^n)][(\Delta B_i)^2-\Delta t_i]\to 0$$

这样，$\sum_{i=0}^{n-1}g[B(t_i^n)][B(t_{i+1}^n)-B(t_i^n)]^2$ 与 $\sum_{i=0}^{n-1}g[B(t_i^n)](t_{i+1}^n-t_i^n)$ 有相同的极限 $\int_0^t g[B(s)]\mathrm{d}s$。

对任意 $\theta_i^n\in(B(t_{i+1}^n),B(t_i^n))$，当 $\delta_n\to 0$ 时，有

$$\sum_{i=0}^{n-1}\{g(\theta_i^n)-g[B(t_i^n)]\}(\Delta B_i)^2$$
$$\leqslant \max_i\{g(\theta_i^n)-g[B(t_i^n)]\}\sum_{i=0}^{n-1}[B(t_{i+1}^n)-B(t_i^n)]^2 \tag{8.4.4}$$

由 g 和 B 的连续性，我们有 $\max_i\{g(\theta_i^n)-g[B(t_i^n)]\}\to 0$, a. s. 。由 Brown 运动二次变差的定义得 $\sum_{i=0}^{n-1}[B(t_{i+1}^n)-B(t_i^n)]^2\to t$ 。于是当 $\delta_n\to 0$ 时，$\sum_{i=0}^{n-1}\{g(\theta_i^n)-g[B(t_i^n)]\}(\Delta B_i)^2\to 0$。因此 $\sum_{i=0}^{n-1}g(\theta_i^n)(\Delta B_i)^2$ 与 $\sum_{i=0}^{n-1}g[B(t_i^n)](\Delta B_i)^2$ 具有相同的依概率收敛意义下的极限 $\int_0^t g[B(s)]\mathrm{d}s$ 。

现在，我们给出 Itô 公式。

定理 8.4.2 如果 f 是二次连续可微函数，则对任意 t，有

$$f[B(t)]=f(0)+\int_0^t f'[B(s)]\mathrm{d}B(s)+\frac{1}{2}\int_0^t f''[B(s)]\mathrm{d}s \tag{8.4.5}$$

证明 易见式（8.4.5）中的积分都是适定的。取 $[0,t]$ 的分割 $\{t_i^n\}$，有

$$f[B(t)]=f(0)+\sum_{i=0}^{n-1}\{f[B(t_{i+1}^n)]-f[B(t_i^n)]\}$$

对 $f[B(t_{i+1}^n)]-f[B(t_i^n)]$应用 Taylor 公式，得

$$f[B(t_{i+1}^n)]-f[B(t_i^n)]=f'[B(t_i^n)][B(t_{i+1}^n)-B(t_i^n)]$$

$$+\frac{1}{2}f''(\theta_i^n)[B(t_{i+1}^n)-B(t_i^n)]^2$$

式中，$\theta_i^n\in(B(t_i^n),B(t_{i+1}^n))$。于是

$$f[B(t)]=f(0)+\sum_{i=0}^{n-1}f'[B(t_i^n)][B(t_{i+1}^n)-B(t_i^n)]$$
$$+\frac{1}{2}\sum_{i=0}^{n-1}f''(\theta_i^n)[B(t_{i+1}^n)-B(t_i^n)]^2 \tag{8.4.6}$$

令 $\delta_n\to 0$ 取极限，则式（8.4.6）中的第一个和收敛于 Itô 积分 $\int_0^t f'[B(s)]\mathrm{d}B(s)$。利用定理 8.4.1 可知，式（8.4.6）中的第二个和收敛于 $\int_0^t f''[B(s)]\mathrm{d}s$。

式（8.4.5）称为 Brown 运动的 Itô 公式，由此看出，Brown 运动的函数可以表示为一个 Itô 积分加上一个具有有界变差的绝对连续过程。我们称这类过程为 Itô 过程，严格地，我们有以下定义。

定义 8.4.1 如果过程 $\{Y(t),0\leqslant t\leqslant T\}$ 可以表示为：

$$Y(t)=Y(0)+\int_0^t\mu(s)\mathrm{d}s+\int_0^t\sigma(s)\mathrm{d}B(s),\quad 0\leqslant t\leqslant T \tag{8.4.7}$$

其中过程 $\{\mu(t)\}$ 和 $\{\sigma(t)\}$ 满足

（1）$\mu(t)$是适应的并且 $\int_0^T|\mu(t)|\mathrm{d}t<\infty$，a. s.；

（2）$\sigma(t)\in V^*$。

则称 $\{Y(t)\}$ 为 Itô 过程。

有时我们也将 Itô 过程式（8.4.7）记为微分的形式：

$$\mathrm{d}Y(t)=\mu(t)\mathrm{d}t+\sigma(t)\mathrm{d}B(t),\quad 0\leqslant t\leqslant T \tag{8.4.8}$$

式中，函数 $\mu(t)$ 称为漂移系数；$\sigma(t)$ 称为扩散系数，它们可以依赖于 $Y(t)$ 或 $B(t)$，甚至整个路径 $\{B(s),s\leqslant t\}$（例如 $\mu(t)=\cos[M(t)+t]$，这里 $M(t)=\max\limits_{\leqslant t}(B(s))$。一类非常重要的情形是 $\mu(t)$ 与 $\sigma(t)$ 仅仅通过 $Y(t)$ 依赖于 t，在这种情况下，式（8.4.8）应改写为：

$$\mathrm{d}Y(t)=\mu[Y(t)]\mathrm{d}t+\sigma[Y(t)]\mathrm{d}B(t),\quad 0\leqslant t\leqslant T \tag{8.4.9}$$

如果用微分形式表示，Itô 公式式（8.4.5）变为：

$$\mathrm{d}\{f[B(t)]\}=f'[B(t)]\mathrm{d}B(t)+\frac{1}{2}f''[B(t)]\mathrm{d}t \tag{8.4.10}$$

例 8.4.1

求 $\mathrm{d}(\mathrm{e}^{B(t)})$。

解 对函数 $f(x)=\mathrm{e}^x$ 用 Itô 公式，此时 $f'(x)=\mathrm{e}^x$，$f''(x)=\mathrm{e}^x$，所以

$$d(e^{B(t)})=e^{B(t)}dB(t)+\frac{1}{2}e^{B(t)}dt$$

于是，$X(t)=e^{B(t)}$ 具有随机微分形式

$$dX(t)=X(t)dB(t)+\frac{1}{2}X(t)dt$$

在金融应用中，股票的价格 $S(t)$ 是用随机微分方程 $dS(t)=\mu S(t)dt+\sigma S(t)dB(t)$ 描述的。如果 $a(t)$ 表示在时刻 t 投资者的股票个股收益，那么在整个时间区间 $[0, T]$ 内的收益为：

$$\int_0^T a(t)dS(t)=\mu\int_0^T a(t)S(t)dt+\sigma\int_0^T a(t)S(t)dB(t)$$

下面定理给出了关于 Itô 过程的 Itô 公式，其证明见参考文献 [22]。

定理 8.4.3 设 $\{X(t)\}$ 是由

$$dX(t)=\mu(t)dt+\sigma(t)dB(t)$$

给出的 Itô 过程，$g(t,x)$ 是 $[0,\infty)\times\mathbb{R}$ 上的二次连续可微函数，则

$$\{Y(t)=g[t,X(t)]\}$$

仍为 Itô 过程，并且

$$dY(t)=\frac{\partial g}{\partial t}[t,X(t)]dt+\frac{\partial g}{\partial x}[t,X(t)]dX(t)+\frac{1}{2}\frac{\partial^2 g}{\partial x^2}[t,X(t)][dX(t)]^2 \tag{8.4.11}$$

其中 $[dX(t)]^2=[dX(t)][dX(t)]$ 按照下面规则计算：

$$dt\cdot dt=dt\cdot dB(t)=dB(t)\cdot dt=0;dB(t)\cdot dB(t)=dt$$

从而式 (8.4.11) 可以改写为：

$$dY(t)=\left\{\frac{\partial g}{\partial t}[t,X(t)]+\frac{\partial g}{\partial x}[t,X(t)]\mu(t)\right\}dt+\frac{\partial g}{\partial x}[t,X(t)]\sigma(t)dB(t)+\frac{1}{2}\frac{\partial^2 g}{\partial x^2}[t,X(t)]\sigma^2(t)dt$$

特别地，如果 $g(t,x)=g(x)$ 只是 x 的函数，式 (8.4.11) 简化为：

$$dY(t)=\left\{g'[X(t)]\mu(t)+\frac{1}{2}g''[X(t)]\sigma^2(t)\right\}dt+g'[X(t)]\sigma(t)dB(t) \tag{8.4.12}$$

定理 8.4.4 高维 Itô 公式

设 $\boldsymbol{B}(t)=(B^1(t),B^2(t),\cdots,B^d(t))$ 是 d 维 Brown 运动，令

$$dX_i(t)=\mu_i(t)dt+\sum_{j=1}^{d}\sigma_{ij}(t)dB_j(t),\quad i=1,2,\cdots,n$$

是一个 n 维 Itô 过程，设 $\boldsymbol{g}=(g_1,g_2,\cdots,g_m)$：$[0,+\infty)\times\mathbb{R}^n\to\mathbb{R}^m$ 二次连续可导，则 $\{\boldsymbol{Y}(t)=\boldsymbol{g}(t,\boldsymbol{X}(t))\}$ 仍为 Itô 过程，即对 $k(1\leqslant k\leqslant m)$，均有

$$\mathrm{d}Y_k(t)=\frac{\partial g_k}{\partial t}[t,\boldsymbol{X}(t)]\mathrm{d}t+\sum_j\frac{\partial g_k}{\partial x_j}[t,\boldsymbol{X}(t)]\mathrm{d}X_j(t)+\sum_{i,j}\frac{1}{2}\frac{\partial^2 g_k}{\partial x_i\partial x_j}[t,\boldsymbol{X}(t)]\mathrm{d}X_i(t)\mathrm{d}X_j(t)$$

式中 $\mathrm{d}B_i\mathrm{d}B_j=\delta_{ij}\mathrm{d}t,\quad \mathrm{d}t\mathrm{d}t=\mathrm{d}t\mathrm{d}B_i=\mathrm{d}B_i\mathrm{d}t=0$

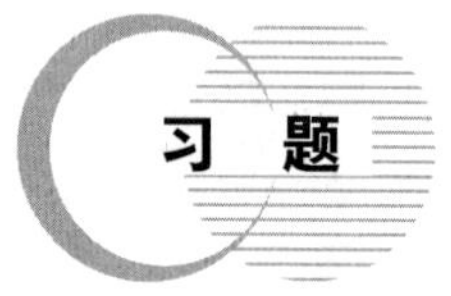

习 题

8.1 试找出使得 Itô 积分 $Y(t)=\int_0^t(t-s)^{-\alpha}\mathrm{d}B(s)$ 存在的 α 值，并给出过程 $\{Y(t)\}$ 的协方差函数（此过程称为分形 Brown 运动）。

8.2 设 $X(t,s)$ 是非随机的二元函数（不依赖于 $B(t)$），并且使得

$$\int_0^t X^2(t,s)\mathrm{d}s<\infty$$

证明对任意 t，$Y(t)=\int_0^t X(t,s)\mathrm{d}B(s)$ 是服从 Gauss 分布的随机变量，$\{Y(t),0\leqslant t\leqslant T\}$ 是 Gauss 过程，其均值函数为 0，协方差函数为：

$$Cov[Y(t),Y(t+u)]=\int_0^t X(t,s)X(t+u,s)\mathrm{d}s,\quad u>0$$

8.3 设 $X(t)$ 具有随机微分形式

$$\mathrm{d}X(t)=[bX(t)+c]\mathrm{d}t+2\sqrt{X(t)}\mathrm{d}B(t)$$

并假定 $X(t)\geqslant 0$，试找出过程 $Y(t)=\sqrt{X(t)}$ 的随机微分形式。

8.4 利用 Itô 公式证明

$$\int_0^t B^2(s)\mathrm{d}B(s)=\frac{1}{3}B^3(t)-\int_0^t B(s)\mathrm{d}s$$

8.5 设 $\{X(t)\}$，$\{Y(t)\}$ 是 Itô 过程，试证：

$$\mathrm{d}[X(t)Y(t)]=X(t)\mathrm{d}Y(t)+Y(t)\mathrm{d}X(t)+\mathrm{d}X(t)\cdot\mathrm{d}Y(t)$$

由此导出下面的分部积分公式：

$$\int_0^t X(s)\mathrm{d}Y(s)=X(t)Y(t)-X(0)Y(0)-\int_0^t Y(s)\mathrm{d}X(s)-\int_0^t \mathrm{d}X(s)\cdot\mathrm{d}Y(s)$$

8.6 设 $\{B(t)\}$ 是标准 Brown 运动，定义

$$\beta_k(t)=E[B^k(t)],\quad k=0,1,2,\cdots;t\geqslant 0$$

用 Itô 公式证明

$$\beta_k(t)=\frac{1}{2}k(k-1)\int_0^t\beta_{k-2}(s)\mathrm{d}s,\quad k\geqslant 2$$

由此推出 $E[B^4(t)]=3t^2$，并找出 $E[B^6(t)]$。

8.7 设 $\{B(t)\}$ 是标准 Brown 运动，$\mathscr{F}_t=\sigma\{B(u),0\leqslant u\leqslant t\}$。利用 Itô 公式证明下列随机过程 $\{X(t)\}$ 是 $\{\mathscr{F}_t\}$ 鞅：

(1) $X(t)=\mathrm{e}^{\frac{t}{2}}\cos B(t)$；

(2) $X(t)=\mathrm{e}^{\frac{t}{2}}\sin B(t)$；

(3) $X(t)=[B(t)+t]\exp\left\{-B(t)-\frac{1}{2}t\right\}$。

9.1 金融市场的术语与基本假定

本节我们给出金融市场的一些术语与基本假定。

9.1.1 无套利原则

金融市场有一个最基本的假设，即市场不允许存在没有初始投资的无风险利润。若违背了这个市场原则，则可以得到套利机会。所谓套利，即指在开始时无资本，经过资本的市场运作后，变成有非负的随机资金，而且有正资金的概率为正。

套利机会在实际操作中很少存在，违背无套利原则的情况一般是短暂且难以把握的，因为在出现套利机会时，大量的投机者会涌向市场进行套利，他们追逐套利利润的积极性将有效地消除套利机会。经过一个相对较短的混乱时期后，市场就会重返正常，即恢复到无套利状态。在金融衍生证券的定价理论中，并不讨论这段混乱时期。

因此，在研究中普遍排除套利，即假定正常运行的市场没有套利机会，这样的市场也称为可行市场。

9.1.2 看涨期权

看涨期权是指一种不附带义务的未来购买的权利。在时刻 0 买方与卖方有一个合约，按此合约规定买方有一项权利，能在时刻 T（到期日）以价格 K（执行价）从卖方买进股票。如果时刻 T 股票的市场价格 S_T低于执行价格 K，买方可以拒绝支付执行价；如果时刻 T 股票的市场价格 S_T高于执行价格 K，买方就一定会选择支付执行价同时获得高价格的股票，称为期权被执行了。综合起来，买方在时刻 T 净得随机收益（现金流）为：

$$(S_T-K)^+=\max\{0,S_T-K\}=\begin{cases}S_T-K, & 若\ S_T>K\\0, & 若\ S_T\leqslant K\end{cases}$$

因为买方希望 S_T 尽量大，以便有更多的获利，也就是有选择权的买方盼望股价上涨，所以这种合约称为看涨期权。

在前面讨论的这种期权中，买方只有在到期时才能执行期权，这种看涨期权称为欧式看涨期权。若解除执行期权的时间限制，允许买方在到期日前的任何时间行使期权，则称为美式看涨期权。

由于这个合约能给买方带来随机收益，因此需要买方在 $t=0$ 时刻用钱从卖方购买。这个合约在 $t=0$ 时刻的价格，称为它的贴水或保证金。如何确定这个合约在时刻 t（$t<T$）的价格（包括贴水）就是我们要重点讨论的问题。欧式期权由于有执行时间的限制，未来的现金流收入比美式期权要低些，但是欧式期权现金流收入有明确的表达式，所以估计这种期权的价格会容易些。

9.1.3 看跌期权

看跌期权是指一种不附带义务的未来出售的权利。在时刻 0 买方与卖方有一个合约，按此合约规定买方有一项权利，能在时刻 T 以价格 K（执行价）卖给合约卖方一股股票。如果时刻 T 股票的市场价格 S_T 高于执行价格 K，买方可以拒绝执行期权；如果时刻 T 股票的市场价格 S_T 低于执行价格 K，买方就一定会选择执行期权而获利。综合起来，买方在时刻 T 净得随机收益（现金流）为：

$$(K-S_T)^+=\max\{0,K-S_T\}=\begin{cases}K-S_T, & 若\ S_T<K\\0, & 若\ S_t\geqslant K\end{cases}$$

因为买方希望 S_T 尽量小，以便有更多的获利，也就是有选择权的买方盼望股价下跌，所以这种合约称为看跌期权。

如果买方只能在最终时刻 T 行使期权，则称为欧式看跌期权；若买方能在任意时刻 T 行使期权，则称为美式看跌期权。同样，由于这个合约能给买方带来随机收益，因此需要买方在 $t=0$ 时刻用钱从卖方购买。这个合约在 $t-0$ 时刻的价格，称为它的贴水或保证金。

比看涨期权与看跌期权更为一般的欧式期权是：甲方卖给乙方一个由证券组合组成的合约，此合约能在时刻 T 给乙方带来随机收益 $f(S_T)$，称为欧式未定权益。

9.1.4 无套利原则下的看涨与看跌平权关系

未定权益为 S_T 的欧式权益，称为在时刻 T 到期的远期合约，远期合约在任意时刻 t（$t<T$）的价格为证券的即时价格 S_t。

欧式看涨-看跌期权的平权关系：

假设看涨期权、看跌期权、远期合约在任意时刻 t（$t<T$）的价格分别为 C_t，P_t，S_t，在无套利原则下，有

$$C_t - P_t = S_t - K\mathrm{e}^{-rt}$$

式中，K 表示执行价格；r 表示银行利率。

有了这个平权关系，欧式看涨期权与看跌期权中只要知道其中一个的价格，就可以得到另一个的价格。上述平权关系还可以写成：

$$(S_T - K)^+ - (K - S_T)^+ = S_T - K$$

即表示买进一张在时刻 T 到期的执行价格为 K 的欧式看涨期权与卖出一张相应的看跌期权，就等价于买进一张远期合约与卖出一张在时刻 T 到期的额度为 K 的银行存款。

9.2 Black-Scholes 模型

期权的价格是期权合约中唯一随市场不断变化的量，它受到期权合约中的期限、执行价格、标的资产的价格、无风险利率等众多因素的影响，期权价格的高低直接影响到购买者和出售者的盈亏状况，如何对期权进行定价是期权交易的核心问题。在对期权进行定价的过程中，首先遇到的关键问题就是如何构建合适的模型来描述标的资产的价格变化过程。

法国数学家 Barchelier 是研究期权定价问题的先驱，在其博士论文“The Theory of Speculation”中首次利用随机游走的思想给出了股票价格运行的随机模型。1942 年日本数学家 Itô 对 Brown 运动引进随机积分，开创了随机微分方程理论，是一项重要的里程碑式的工作。而在 1965 年著名经济学家 Samuelson 将 Itô 提出的随机分析学作为工具引入到金融学中，对 Barchelier 的股票模型进行了修正，首次提出了用几何 Brown 运动来描述股票价格过程，这种思想得到了广泛而长期的应用。几何 Brown 运动模型避免了 Barchelier 的模型中可能使得股票价格为负值这种与现实问题不符的情况，基于这个模型，Samuelson 研究了看涨期权的定价问题。

Samuelson 所得出的定价公式有一个遗憾的地方，就是依赖于投资者的个人风险偏好，这就限制了一些问题的研究。Black 和 Scholes 在 1973 年找到了弥补这一遗憾的新方法，他们建立期权定价模型的关键突破点在于，构造一个由标的股票和无风险债券的适当组合（投资组合），其直观意义即不要把所有的鸡蛋放在同一个篮子里。这个投资组合具有如下特点：投资组合的损益特征与期权在到期日的损益特征是相同的，不管标的股票的价格在未来的时间里怎样变化，两种资产构成的投资组合产生无风险的回报。根据无套利原理（即零投资只能得到零回报），他们用动态复制的方法推导出了欧式期权（看跌或看涨）的定价公式，并且是精确的显式解，他们的考虑基于无红利支付的情况。Black-Scholes 的开创性工作即在于在他们的模型中，所有投资者的投资回报率都是同一个无风险利率，不依赖于投资者的个人风险偏好。Black-Scholes 定价模型具有划时代的意义，自问世以来，有关欧式期权、美式期权、障碍期权、股票期权、股指期权、利率期权、外汇期权等各式各样的期权定价问题得到了广泛深入的讨论。

Black-Scholes 期权定价模型给出了如下假设：

（1）市场不存在无风险套利机会。

（2）期权是欧式的，即只能在到期日执行期权。

（3）市场无摩擦，即不存在税收和交易成本，所有证券完全可分割。

（4）无风险利率已知，无风险利率和波动率在合约期限内均为常数，投资者可以用无风险利率自由借贷。

（5）股票不分发股利，也不作其他任何形式的利润分配。

（6）对卖空无任何限制。

（7）交易时间及价格变动是连续的。

9.2.1 期权定价问题的描述

下面考虑欧式看涨期权，我们给出 Black-Scholes 期权定价公式。

（1）设某种风险资产（如股票）在 t 时刻的价格为 S_t，并满足如下模型：

$$dS_t = \mu S_t dt + \sigma S_t dB_t, \quad t \in [0, T] \tag{9.2.1}$$

式中，常数 μ 表示风险资产的平均回报率；σ（$\sigma>0$）表示风险资产的波动率；B_t表示标准 Brown 运动（在概率测度 P 下）；T 表示期权的到期日。

方程（9.2.1）的解是几何 Brown 运动：

$$S_t = S_0 \exp\left\{\left(\mu - \frac{\sigma^2}{2}\right)t + \sigma B_t\right\} \tag{9.2.2}$$

（2）给出一个无风险资产，由如下微分方程来刻画：

$$d\beta_t = r\beta_t dt, \quad t \in [0, T] \tag{9.2.3}$$

假定当前的银行利率为常数 r，而且不随时间变化（实际情况中，银行利率会随时间发生变化，此处作简化处理）。

（3）用 a_t 表示 t 时刻投资于风险资产的资金数量，b_t 表示 t 时刻投资于无风险资产的资金数量，(a_t, b_t) 称为一个投资组合。在 t 时刻，由数量为 a_t 的风险资产和数量为 b_t 的无风险资产构成的投资组合的财富值为：

$$V_t = a_t S_t + b_t \beta_t, \quad t \in [0, T] \tag{9.2.4}$$

（4）假定投资组合是自融资的，即财富的增量仅由 S_t 和 β_t 的变动引起，即

$$dV_t = a_t dS_t + b_t d\beta_t \tag{9.2.5}$$

现在我们寻找一个自融资的策略 (a_t, b_t) 和一个相应的财富过程 V_t，使得

$$V_t = a_t S_t + b_t \beta_t = u(T-t, S_t), \quad t \in [0, T]$$

式中，$u(\tau, x)$ 为待求的光滑函数。其中，$\tau = T-t$。

因为在到期日 T 时刻，投资组合的值 V_T 应为 T 时刻的现金流 $(S_T-K)^+$，故可得到

一个终端条件：

$$V_T=u(0,S_T)=(S_T-K)^+ \tag{9.2.6}$$

令 $f(t,x)=u(\tau,x)$，则 $V_t=f(t,S_t)$。

已知 S_t 满足如下积分方程

$$S_t = S_0 + \mu\int_0^t S_s\mathrm{d}s + \sigma\int_0^t S_s\mathrm{d}B_s$$

由 Itô 公式可得

$$\begin{aligned}V_t - V_0 &= f(t,S_t) - f(0,S_0)\\ &= \int_0^t\left[\frac{\partial f(s,S_s)}{\partial t} - \mu S_s\frac{\partial f(s,S_s)}{\partial x} + \frac{1}{2}\sigma^2 S_s^2\frac{\partial^2 f(s,S_s)}{\partial x^2}\right]\mathrm{d}s\\ &\quad + \int_0^t\sigma S_s\frac{\partial f(s,S_s)}{\partial x}\mathrm{d}B_s\\ &= \int_0^t\left[-\frac{\partial u(T-s,S_s)}{\partial t} + \mu S_s\frac{\partial u(T-s,S_s)}{\partial x} + \frac{1}{2}\sigma^2 S_s^2\frac{\partial^2 u(T-s,S_s)}{\partial x^2}\right]\mathrm{d}s\\ &\quad + \int_0^t\sigma S_s\frac{\partial u(T-s,S_s)}{\partial x}\mathrm{d}B_s\end{aligned} \tag{9.2.7}$$

另一方面，(a_t,b_t) 是自融资的，故

$$V_t - V_0 = \int_0^t a_s\mathrm{d}S_s + \int_0^t b_s\mathrm{d}\beta_s$$

由 $\mathrm{d}\beta_t=r\beta_t\mathrm{d}t$ 以及 $V_t=a_tS_t+b_t\beta_t$ 可知

$$b_t = \frac{V_t - a_tS_t}{\beta_t}$$

$$\begin{aligned}V_t - V_0 &= \int_0^t a_s\mathrm{d}S_s + \int_0^t\frac{V_s - a_sS_s}{\beta_s}r\beta_s\mathrm{d}s\\ &= \int_0^t a_s\mathrm{d}S_s + \int_0^t r(V_s - a_sS_s)\mathrm{d}s\\ &= \int_0^t a_s(\mu S_s\mathrm{d}s + \sigma S_s\mathrm{d}B_s) + \int_0^t r(V_s - a_sS_s)\mathrm{d}s\\ &= \int_0^t[(\mu - r)a_sS_s + rV_s]\mathrm{d}s + \int_0^t\sigma a_sS_s\mathrm{d}B_s\end{aligned} \tag{9.2.8}$$

比较式（9.2.7）与式（9.2.8），得

$$a_t=\frac{\partial u(T-t,S_t)}{\partial x} \tag{9.2.9}$$

且有 $\quad(\mu-r)a_tS_t+ru(T-t,S_t)$

$$=(\mu-r)S_t\frac{\partial u(T-t,S_t)}{\partial x}+ru(T-t,S_t)$$

$$=-\frac{\partial u(T-t,S_t)}{\partial t}+\mu S_t\frac{\partial u(T-t,S_t)}{\partial x}+\frac{1}{2}\sigma^2S_t^2\frac{\partial^2u(T-t,S_t)}{\partial x^2}$$

即得到如下偏微分方程：

$$-\frac{\partial u(T-t,S_t)}{\partial t}+rS_t\frac{\partial u(T-t,S_t)}{\partial x}+\frac{1}{2}\sigma^2S_t^2\frac{\partial^2u(T-t,S_t)}{\partial x^2}-ru(T-t,S_t)$$
$$=0,\quad t\in[0,T]$$

即得到 $u(\tau,x)$ 满足的偏微分方程为：

$$-\frac{\partial u(\tau,x)}{\partial \tau}+rx\frac{\partial u(\tau,x)}{\partial x}+\frac{1}{2}\sigma^2x^2\frac{\partial^2u(\tau,x)}{\partial x^2}-ru(\tau,x)$$
$$=0,\quad x>0,t\in[0,T] \tag{9.2.10}$$

由 $V_T=u(0,S_T)=(S_T-K)^+$ 可得

$$u(0,x)=(x-K)^+,\quad x>0 \tag{9.2.11}$$

9.2.2 Black-Scholes 公式

一般来说，求解一个偏微分方程的显式解是比较困难的事情，故很多时候都只能寻求数值解。Black 和 Scholes 基于无红利支付的情况，根据无套利原理，用动态复制的方法推导出了欧式期权（看跌或看涨）的定价公式，给出了精确的显式解。

偏微分方程（9.2.10）的解为：

$$u(\tau,x)=x\Phi[d_1(\tau,x)]-K\mathrm{e}^{-r\tau}\Phi[d_2(\tau,x)]$$

式中，$\Phi(x)$ 为标准正态分布的分布函数。

$$d_1(\tau,x)=\frac{\ln(x/K)+(r+\sigma^2/2)\tau}{\sigma\sqrt{\tau}},\quad d_2(\tau,x)=d_1(\tau,x)-\sigma\sqrt{\tau}$$

即有

$$V_0=u(T,S_0)=S_0\Phi[d_1(T,S_0)]-K\mathrm{e}^{-rT}\Phi[d_2(T,S_0)] \tag{9.2.12}$$

其中

$$d_1(T,S_0)=\frac{\ln(S_0/K)+(r+\sigma^2/2)T}{\sigma\sqrt{T}},\quad d_2(T,S_0)=d_1(T,S_0)-\sigma\sqrt{T}$$

随机过程 $V_t=u(T-t,S_t)$ 表示的是自融资的投资组合在时刻 t（$t\in[0,T]$）的价值，自融资投资策略（a_t,b_t）为：

$$a_t=\frac{\partial u(T-t,S_t)}{\partial x},\quad b_t=\frac{u(T-t,S_t)-a_tS_t}{\beta_t} \tag{9.2.13}$$

我们称式（9.2.13）为 Black-Scholes 期权定价公式，可以看到期权价格与平均回报率 μ 无关，但与波动率 σ 有关。

如何理解在无套利原则下，期权的初始价格为 $q=u(T,S_0)$？

假设初始期权价格 $p\neq q$。若 $p>q$，可采用如下投资策略：在 $t=0$ 时刻，以价格 p 将期权卖出，同时根据式（9.2.13）所提供的投资策略投资 q。故可得到一个初始纯利润 $p-q>0$。在到期日 T 时刻，投资组合的价值为 $a_TS_T+b_T\beta_T=(S_T-K)^+$，并且有义务支付 $(S_T-K)^+$ 给期权的购买者。这意味着，若 $S_T>K$，必须以价格 S_T 购买股票，而以执行价格 K 将股票卖给期权的买方，故净损失为 S_T-K；若 $S_T\leqslant K$，期权不会被执行，故净利润为 $p-q$。这就导致了套利机会的存在。若 $p<q$，会导致类似情形的发生。

故在无套利原则下，期权的初始价格一定为 $q=u(T,S_0)$。

9.2.3 Black-Scholes 公式的推导

Harrison 和 Kreos 在 1979 年提出了一种鞅定价方法来解决期权的定价问题。为 Black-Scholes 公式的推导作准备，我们首先介绍等价概率测度与重要的 Girsanov 定理。

定义 9.2.1 令 P 和 Q 是定义在 σ 代数 $\mathscr{F}$ 上的两个概率测度，若存在一个非负函数 f_1，使得

$$Q(A)=\int_A f_1(w)\mathrm{d}P(w),\quad A\in\mathscr{F}$$

则称 f_1 为概率测度 Q 关于概率测度 P 的密度，且称概率测度 Q 关于概率测度 P 绝对连续，记为 $Q\ll P$。

定义 9.2.2 若 P 关于 Q 绝对连续，且 Q 关于 P 绝对连续，即 $Q\ll P$ 与 $P\ll Q$ 同时成立，则称 P 和 Q 是等价的概率测度。

一般，我们用 $B=(B_t,t\in[0,T])$ 表示在概率测度 P 下的 Brown 运动。考虑如下形式的过程

$$\widetilde{B}_t=B_t+qt,\quad t\in[0,T]$$

式中，q 为某个常数。一般来说，当 $q\neq 0$ 时，$\widetilde{B}_t$ 不是标准 Brown 运动。我们将概率测度 P 转换成一个新的合适的概率测度 Q，使得 $\widetilde{B}_t$ 在新的概率测度 Q 下是一个标准 Brown 运动，这就是 Girsanov 定理所要解决的问题。一般，令

$$\mathscr{F}_t=\sigma(B_s,s\leqslant t),\quad t\in[0,T]$$

表示由 Brown 运动生成的自然 σ 代数流。

我们不加证明地引入 Girsanov 定理：

定理 9.2.1 令 $\boldsymbol{Y}(t)\in\mathbb{R}^n$ 为一个 Itô 过程

$$\mathrm{d}\boldsymbol{Y}_t=\boldsymbol{\rho}_t\mathrm{d}t+\boldsymbol{\theta}_t\mathrm{d}\boldsymbol{B}_t$$

式中，$\boldsymbol{B}_t\in\mathbb{R}^m$，$\boldsymbol{\rho}_t\in\mathbb{R}^n$，$\boldsymbol{\theta}_t\in\mathbb{R}^{n\times m}$。

假设存在过程 $\boldsymbol{u}_t$ 和 $\boldsymbol{\alpha}_t$，使得 $\boldsymbol{\theta}_t\boldsymbol{u}_t=\boldsymbol{\rho}_t-\boldsymbol{\alpha}_t$，令

$$\boldsymbol{M}_t = \exp\left\{-\int_0^t \boldsymbol{u}_s \mathrm{d}\boldsymbol{B}_s - \frac{1}{2}\int_0^t \boldsymbol{u}_s^2 \mathrm{d}s\right\}$$

$$\mathrm{d}\boldsymbol{Q}(w) = \boldsymbol{M}_T(w)\mathrm{d}P(w)$$

令 $\boldsymbol{M}_t$ 是关于概率测度 P 的鞅，则 $\boldsymbol{Q}$ 也是概率测度。且过程

$$\widetilde{\boldsymbol{B}}_t = \int_0^t \boldsymbol{u}_s \mathrm{d}s + \boldsymbol{B}_t, \quad t \leqslant T$$

关于概率测度 $\boldsymbol{Q}$ 为一个标准 Brown 运动。过程 Y_t 满足如下方程：

$$\mathrm{d}\boldsymbol{Y}_t = \boldsymbol{\alpha}_t \mathrm{d}t + \boldsymbol{\theta}_t \mathrm{d}\widetilde{\boldsymbol{B}}_t$$

说明：测度变换的目的是消去随机微分方程中的漂移项。

$$\mathrm{d}\boldsymbol{Y}_t = \boldsymbol{\rho}_t \mathrm{d}t + \boldsymbol{\theta}_t \mathrm{d}\boldsymbol{B}_t$$

而

$$\boldsymbol{B}_t = \widetilde{\boldsymbol{B}}_t - \int_0^t \boldsymbol{u}_s \mathrm{d}s$$

故有

$$\mathrm{d}\boldsymbol{B}_t = \mathrm{d}\widetilde{\boldsymbol{B}}_t - \boldsymbol{u}_t \mathrm{d}t$$

即

$$\begin{aligned}\mathrm{d}\boldsymbol{Y}_t &= \boldsymbol{\rho}_t \mathrm{d}t + \boldsymbol{\theta}_t(\mathrm{d}\widetilde{\boldsymbol{B}}_t - \boldsymbol{u}_t \mathrm{d}t) \\ &= (\boldsymbol{\rho}_t - \boldsymbol{\theta}_t \boldsymbol{u}_t)\mathrm{d}t + \boldsymbol{\theta}_t \mathrm{d}\widetilde{\boldsymbol{B}}_t \\ &= \boldsymbol{\alpha}_t \mathrm{d}t + \boldsymbol{\theta}_t \mathrm{d}\widetilde{\boldsymbol{B}}_t\end{aligned}$$

以下给出一个具体的例子。

例 9.2.1

假设 $\boldsymbol{Y}(t) = (Y_1(t), Y_2(t))' \in \mathbb{R}^2$，且有

$$\mathrm{d}Y_1(t) = 2\mathrm{d}t + \mathrm{d}B_1(t) + \mathrm{d}B_2(t)$$

$$\mathrm{d}Y_2(t) = 4\mathrm{d}t + \mathrm{d}B_1(t) - \mathrm{d}B_2(t)$$

即令

$$\mathrm{d}\boldsymbol{Y}(t) = \begin{pmatrix}2\\4\end{pmatrix}\mathrm{d}t + \begin{pmatrix}1 & 1\\ 1 & -1\end{pmatrix}\mathrm{d}\boldsymbol{B}(t); \quad \boldsymbol{B}(t) = \begin{pmatrix}B_1(t)\\ B_2(t)\end{pmatrix}$$

选择 $\alpha_t = 0$，则有

$$\begin{pmatrix}1 & 1\\ 1 & -1\end{pmatrix}\begin{pmatrix}u_1\\ u_2\end{pmatrix} = \begin{pmatrix}2\\4\end{pmatrix}$$

有唯一解

$$u_1=3,\ u_2=-1$$

故令

$$dQ(\omega)=\exp\{-3B_1(T)+B_2(T)-5T\}dP(\omega)$$

$$d\widetilde{\boldsymbol{B}}(t)=\begin{pmatrix}3\\-1\end{pmatrix}dt+d\boldsymbol{B}(t)$$

在概率测度 Q 下，$\widetilde{B}(t)$ 是一个标准 Brown 运动。

$$d\boldsymbol{Y}(t)=\begin{pmatrix}1 & 1\\1 & -1\end{pmatrix}d\widetilde{\boldsymbol{B}}(t)$$

回到风险资产的价格过程满足的线性随机微分方程

$$dS_t=\mu S_t dt+\sigma S_t dB_t,\quad t\in[0,T]$$

式中，μ 和 σ 均为常系数，且 $\sigma>0$。方程的解为：

$$S_t=S_0\exp\left\{\left(\mu-\frac{1}{2}\sigma^2\right)t+\sigma B_t\right\},\quad t\in[0,T]$$

引入

$$\widetilde{B}_t=B_t+\frac{\mu}{\sigma}t,\quad t\in[0,T]$$

则有

$$dS_t=\mu S_t dt+\sigma S_t\left(d\widetilde{B}_t-\frac{\mu}{\sigma}dt\right)=\sigma S_t d\widetilde{B}_t,\quad t\in[0,T]$$

由 Girsanov 定理，$\widetilde{B}_t$ 在等价鞅测度 Q 下是一个标准 Brown 运动。

当 $\mu\neq 0$ 时

$$\begin{aligned}S_t&=S_0\exp\left\{-\frac{1}{2}\sigma^2 t+\sigma\widetilde{B}_t\right\}\\&=S_0\exp\left\{\left(\mu-\frac{1}{2}\sigma^2\right)t+\sigma B_t\right\}\end{aligned}$$

在新的概率测度 Q 下，$\{S_t\}$ 是一个鞅，则可以利用鞅的性质得到 $\{S_t\}$ 的各种结果。

下面我们就运用 Girsanov 定理来推导 Black-Scholes 公式。

股票的贴现价格为：

$$\widetilde{S}_t=e^{-rt}S_t,\quad t\in[0,T]$$

在新的概率测度 Q 下，$\widetilde{S}_t$ 是一个鞅。令

$$f(t,x)=e^{-rt}x$$

由 Itô 公式有

$$d\widetilde{S}_t=-re^{-rt}S_t dt+e^{-rt}dS_t$$

$$
\begin{aligned}
&= -re^{-rt}S_t\mathrm{d}t + e^{-rt}S_t(\mu\mathrm{d}t + \sigma\mathrm{d}B_t) \\
&= e^{-rt}S_t[(\mu - r)\mathrm{d}t + \sigma\mathrm{d}B_t] \\
&= \sigma\widetilde{S}_t\mathrm{d}\widetilde{B}_t
\end{aligned}
$$

式中，$\widetilde{B}_t = B_t + \frac{\mu - r}{\sigma}t$ （$t\in[0,T]$）。

由 Girsanov 定理知，存在一个等价鞅测度 Q，使得 $\widetilde{B}_t$ 在此测度下是一个标准 Brown 运动。上式的解

$$\widetilde{S}_t = \widetilde{S}_0\exp\left\{-\frac{1}{2}\sigma^2 t + \sigma\widetilde{B}_t\right\}$$

在概率测度 Q 下为一个鞅。

定理 9.2.2 假设在 Black-Scholes 模型中，存在一个自融资策略（a_t, b_t）使得投资组合在 t 时刻的价值为：

$$V_t = a_tS_t + b_t\beta_t,\quad t\in[0,T]$$

且此投资组合在到期日 T 时刻的价值等于未定权益在 T 时刻的价值，即

$$V_T = h(S_T)$$

则有投资组合在到期日 t 时刻的价值为：

$$V_t = E_Q[e^{-r(T-t)}h(S_T)\,|\,\mathscr{F}_t],\quad t\in[0,T]$$

式中，$E_Q(A\,|\,\mathscr{F}_t)$ 表示在新的概率测度 Q 下随机变量 A 关于 $\mathscr{F}_t = \sigma(B_s, s\leqslant t)$ 的条件期望。

证明 考虑贴现的财富过程

$$\widetilde{V}_t = e^{-rt}V_t = e^{-rt}(a_tS_t + b_t\beta_t)$$

由 Itô 公式有

$$\mathrm{d}\widetilde{V}_t = -r\widetilde{V}_t\mathrm{d}t + e^{-rt}\mathrm{d}V_t$$

且有

$$
\begin{aligned}
\mathrm{d}\widetilde{V}_t &= -re^{-rt}(a_tS_t + b_t\beta_t)\mathrm{d}t + e^{-rt}(a_t\mathrm{d}S_t + b_t\mathrm{d}\beta_t) \\
&= a_t(-re^{-rt}S_t\mathrm{d}t + e^{-rt}\mathrm{d}S_t) \\
&= a_t\mathrm{d}\widetilde{S}_t \\
\widetilde{V}_0 &= V_0
\end{aligned}
$$

故有

$$\widetilde{V}_t = V_0 + \int_0^t a_s\mathrm{d}\widetilde{S}_s = V_0 + \sigma\int_0^t a_s\widetilde{S}_s\mathrm{d}\widetilde{B}_s$$

在等价鞅测度 Q 下，$\widetilde{B}$ 为标准 Brown 运动，$\{a_t\widetilde{S}_t, t\in[0,T]\}$ 为 $\{\mathscr{F}_t, t\in[0,T]\}$ 适应的，故 $\{\widetilde{V}_t\}$ 为关于 $(\mathscr{F}_t)$ 的鞅。且由鞅的性质有

$$\widetilde{V}_t = E_Q[\widetilde{V}_T\,|\,\mathscr{F}_t],\quad t\in[0,T]$$

但

$$\widetilde{V}_T=e^{-rt}V_T=e^{-rT}h(S_T)$$

故

$$e^{-rt}V_t=E_Q[e^{-rT}h(S_T)\mid\mathscr{F}_t]$$

即 $V_t=E_Q[e^{-r(T-t)}h(S_T)\mid\mathscr{F}_t]$，定理得证。

由定理 9.2.2，我们计算欧式看涨期权的定价公式。

令 $\tau=T-t,\quad t\in[0,T]$

故投资组合在时刻 t 的价值为：

$$\begin{aligned}V_t&=E_Q[e^{-r\tau}h(S_T)\mid\mathscr{F}_t]\\&=E_Q[e^{-r\tau}h(S_te^{(r-\frac{1}{2}\sigma^2)\tau+\sigma(\widetilde{B}_T-\widetilde{B}_t)})\mid\mathscr{F}_t]\end{aligned}$$

在时刻 t，S_t 是 B_t 的函数，故有 $\sigma(S_t)\subset\mathscr{F}_t$；另外，在概率测度 Q 下，$\widetilde{B}_T-\widetilde{B}_t$ 关于 $\mathscr{F}_t$ 独立并且具有正态分布。由条件期望的性质有

$$V_t=f(t,S_t)$$

其中

$$u(\tau,x)=e^{-r\tau}\int_{-\infty}^{+\infty}h[xe^{(r-\frac{1}{2}\sigma^2)\tau+\sigma y\tau^{\frac{1}{2}}}]\varphi(y)dy$$

$\varphi(y)$ 表示标准正态分布的密度函数。

对于欧式看涨期权来说，

$$h(x)=(x-K)^+=\max\{0,x-K\}$$

故
$$\begin{aligned}u(\tau,x)&=\int_{-z_2}^{+\infty}(xe^{-\frac{1}{2}\sigma^2\tau+\sigma y\tau^{\frac{1}{2}}}-Ke^{-r\tau})\varphi(y)dy\\&=x\Phi(z_1)-Ke^{-r\tau}\Phi(z_2)\end{aligned}$$

式中，$\Phi(x)$ 表示标准正态分布的分布函数，且

$$z_1=\frac{\ln\left(\frac{x}{K}\right)+\left(r+\frac{1}{2}\sigma^2\right)\tau}{\sigma\sqrt{\tau}},\quad z_2=z_1-\sigma\sqrt{\tau}$$

对于欧式看跌期权，$h(x)=(K-x)^+=\max\{0,K-x\}$，可以采用类似的方式得出

$$u(\tau,x)=Ke^{-r\tau}\Phi(-z_2)-x\Phi(-z_1)$$

本节介绍的是经典的 Black-Scholes 公式。在对股票价格波动率的实际研究中，价格波动率呈现出一些统计特征，如波动率微小、肥尾分布、群聚效应、均值回复、杠杆作用等。针对这些现象，许多学者对 Black-Scholes 模型中标的资产服从几何 Brown 运动、波动率为常数等假设作了改进。在对标的资产的分布的修正中，提出用跳扩散过程等来描述股价波动过程。在对波动率为常数的修正中，根据波动率函数的特点分为两大类：确定性

波动率模型和随机波动率模型。

习 题

9.1 验证式 (9.2.1) $dS_t=\mu S_t dt+\sigma S_t dB_t$ 的解为式 (9.2.2)

$$S_t=S_0\exp\left\{\left(\mu-\frac{\sigma^2}{2}\right)t+\sigma B_t\right\}$$

9.2 假定当前的银行利率为常数 r，说明无风险资产的价格过程为何可由微分方程 $d\beta_t=r\beta_t dt$ 刻画。

9.3 试说明如何选择 a_t，b_t 使得投资组合是自融资的。

9.4 根据看涨期权与看跌期权的平价公式以及欧式看涨期权的 Black-Scholes 定价公式，计算欧式看跌期权的价格。

9.5 设 $F_T=e^{rT}S_0$ 表示 T 时刻交割的股票远期合约的价格。证明 Black-Scholes 定价公式中两个参数 z_1，z_2 可表示为：

$$\frac{\ln\left(\frac{F_T}{K}\right)}{\sigma\sqrt{T}}\pm\frac{\sigma\sqrt{T}}{2}$$

9.6 设 $G(t,x)$ 是方程 $\frac{\partial G}{\partial t}+\frac{1}{2}\sigma^2x^2\frac{\partial^2 G}{\partial x^2}+rx\frac{\partial G}{\partial x}=0$ 的根，设 $V(t,x)=e^{rt}G(t,x)$，验证 $V(t,x)$ 满足 Black-Scholes 偏微分方程。

第10章 随机过程在保险精算中的应用

10.1 基本概念

本节首先引入保险精算中的一些基本概念。

定义 10.1.1 复利计算期与基本的时间单位不一致产生了利率的名不副实。将原来规定的结算多次的利率称为名义利率，以 $i^{(m)}$ 表示，m 表示结算次数，i 表示实际年利率，则有名义利率与实际利率之间的关系式：

$$1+i=\left[1+\frac{i^{(m)}}{m}\right]^m$$

定义 10.1.2 若将应在未来某时期支付的金额提前到现在支付，则支付额中应扣除的部分金额称为贴现额，单位货币在单位时间内的贴现额称为贴现率。贴现与利息的区别在于出发点不一样，利息是在本金基础上的增加额，贴现则是在累积额基础上的减少额。

同名义利率的意义类似，将原来规定的结算多次的贴现率称为名义贴现率，以 $d^{(m)}$ 表示，m 表示结算次数，d 表示实际贴现率，则有名义贴现率与实际贴现率之间的关系式：

$$1-d=\left[1-\frac{d^{(m)}}{m}\right]^m$$

定义 10.1.3 对名义利率来说，当结算次数 m 趋近于无穷大时，可以确切地表示某个时点上的利率水平，我们称之为利息力，定义为：

$$\delta=\lim_{m\to\infty}i^{(m)}=\lim_{m\to\infty}m[(1+i)^{1/m}-1]=\lim_{m\to\infty}\frac{(1+i)^{1/m}-(1+i)^0}{1/m}$$

即为函数$(1+i)^t$在$t=0$处的导数，即

$$\delta=\ln(1+i)$$

10.2 经典破产理论介绍

破产论的研究起源于瑞典精算师 Lundberg 在 1903 年发表的博士论文，但他的工作不符合现代数学的严格标准，以 Cramer 为首的瑞典学派将 Lundberg 的工作奠定在坚实的数学基础之上，同时发展了严格的随机过程理论。本节介绍 Lundberg-Cramer 经典破产模型（简称 L-C 模型）。

10.2.1 破产问题的描述

首先我们假设索赔额模型为复合 Poisson 过程，具体定义如下。

定义 10.2.1 Lundberg-Cramer 经典破产模型：

假设保险公司在时刻t的盈余可表示为：

$$U(t)=u+ct-\sum_{k=1}^{N(t)}X_k,\quad t\geqslant 0 \tag{10.2.1}$$

式中，$U(0)=u$表示保险公司的初始盈余；c为保险公司单位时间征收的保险费率，则到时刻t为止总的保险费为ct（忽略利息）；X_k（$k\geqslant 1$）表示第k次索赔的金额，$N(t)$为到时刻t为止发生的索赔次数，即$\sum_{k=1}^{N(t)}X_k$表示到时刻t为止的累积索赔金额。

假设累积索赔金额$S(t)=\sum_{k=1}^{N(t)}X_k$是复合 Poisson 过程，即$\{N(t),t\geqslant 0\}$是参数为$\lambda$（$\lambda>0$）的 Poisson 过程，$\{X_k,k\geqslant 1\}$是恒正的独立同分布的随机变量序列，且与$\{N(t),t\geqslant 0\}$独立。由于$\{N(t),t\geqslant 0\}$具有平稳独立的增量，故$\{S(t),t\geqslant 0\}$也具有平稳独立的增量。记$X_k$（$k\geqslant 1$）的分布函数为$F(x)$，均值为$\mu$（$\mu<+\infty$），则

$$F(x)=P\{X_1\leqslant x\},\quad x\geqslant 0$$

$$\mu=E(X_1)=\int_0^{+\infty}P\{X_1>x\}\mathrm{d}x=\int_0^{+\infty}[1-F(x)]\mathrm{d}x$$

由模型的独立性假定以及随机个随机变量之和的期望的运算法则，有

$$E[S(t)]=E[N(t)]E(X_1)=\lambda t\mu$$

保险公司为运作上的安全，要求

$$ct-E[S(t)]=(c-\lambda\mu)t>0,\quad t\geqslant 0$$

令

$$c=(1+\theta)\lambda\mu \tag{10.2.2}$$

称 $\theta=\frac{c}{\lambda\mu}-1$ 为相对安全负荷。

盈余过程 $\{U(t),t\geqslant0\}$ 的一条样本路径如图 10-1 所示。

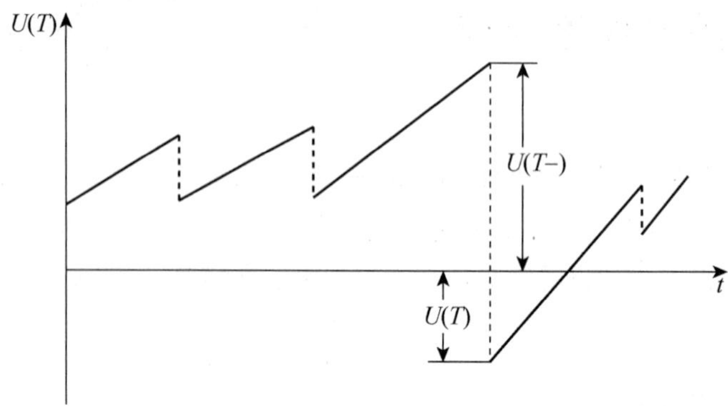

图 10-1　盈余过程的一条样本路径

由 Poisson 过程具有平稳独立增量以及 Lundberg-Cramer 模型的独立性假定知，$\{ct-S(t),\ t\geqslant0\}$ 为平稳独立增量过程。于是由强大数定律得

$$\lim_{t\to+\infty}U(t)=+\infty,\quad \text{a. s.}$$

但这并不能排除在某一瞬时盈余过程取负值，这时称保险公司"破产"。称

$$T=\inf\{t:U(t)<0\},\quad \inf\varnothing=+\infty \tag{10.2.3}$$

为保险公司首次破产的时刻。保险公司最终破产的概率则定义为：

$$\Psi(u)=P\{T<\infty\mid U(0)=u\},\quad \forall\, u\geqslant0 \tag{10.2.4}$$

简称破产概率。破产概率可以作为评价保险公司偿付能力的一个重要定量指标。记

$$R(u)=1-\Psi(u)=P\{U(t)\geqslant0\mid U(0)=u\} \tag{10.2.5}$$

则它表示初始盈余为 u 时保险公司永不破产的概率，也称为生存概率。

以下我们的工作就是分析破产概率 $\Psi(u)$ 和生存概率 $R(u)$。

10.2.2　调节系数与 Lundberg 不等式

我们引入调节系数的概念，并利用调节系数得到破产概率的一个上界。

定义 10.2.2　假设单次索赔额的矩母函数

$$\phi_X(r)=E(\mathrm{e}^{rX})=\int_0^{+\infty}\mathrm{e}^{rx}\,\mathrm{d}F(x)=1+r\int_0^{+\infty}\mathrm{e}^{rx}[1-F(x)]\mathrm{d}x \tag{10.2.6}$$

至少在包含原点的某个邻域内存在；其次，假设方程

$$\phi_X(r)=1+\frac{c}{\lambda}r=1+(1+\theta)\mu r \tag{10.2.7}$$

存在正解，记为 R，称为调节系数。

注 1：由于 $\phi_X(r)$ 在其收敛域内是严格增加的凸函数，故方程（10.2.7）若有正解，则必是唯一的。由式（10.2.6）和（10.2.7）易得

$$\frac{\lambda}{c}\int_0^{+\infty} e^{Rx}[1-F(x)]dx = 1 \tag{10.2.8}$$

而由

$$\frac{\lambda}{c}\int_0^{+\infty}[1-F(x)]dx = \frac{\lambda}{c}\mu = \frac{1}{1+\theta}<1$$

可知非负函数 $\frac{\lambda}{c}[1-F(x)]$（$x\geqslant 0$）不是一个概率密度函数。但若令

$$f(x)=e^{Rx}\frac{\lambda}{c}[1-F(x)]$$

则由式（10.2.8）可知，$f(x)$ 是一个概率密度函数，这解释了调节系数 R 名称的由来。

注 2：记 $V(t)=ct-S(t)$。由于 $\{V(t),t\geqslant 0\}$ 为平稳独立增量过程，故有

$$\phi_{V(t)}(r)=E[e^{rV(t)}]=[\phi_{V(1)}(r)]^t,\quad t\geqslant 0$$

又因为

$$\begin{aligned}\phi_{V(1)}(r)&=E\{e^{r[c-S(1)]}\}=e^{cr}E[e^{-rS(1)}]\\&=e^{cr}\exp\{\lambda[\phi_X(-r)-1]\}\\&=\exp\{\lambda\phi_X(-r)-\lambda+cr\}\end{aligned}$$

以及调节系数的定义可知

$$\phi_{V(1)}(\quad R)=1$$

从而也有

$$\phi_{V(t)}(-R)=1,\quad \forall\, t\geqslant 0$$

总之，若调节系数存在，则它是方程（10.2.7）和下述两个方程的唯一正根：

$$\frac{\lambda}{c}\int_0^{+\infty} e^{rx}[1-F(x)]dx = 1$$

$$\phi_{V(1)}(-r) = 1$$

注 3：式（10.2.7）不一定有正根，比如单次索赔额分布有可能不存在矩母函数。

例 10.2.1

设单次索赔额 X 服从指数分布，且 X 的均值为 μ，试求调节系数。

解 由题意知，单次索赔额 X 的分布函数为：

$$F(x)=\begin{cases}1-e^{-x/\mu}, & x\geqslant 0\\0, & x<0\end{cases}$$

X 的矩母函数为：

$$\phi_X(r)=\int_0^{+\infty}\mathrm{e}^{rx}\mathrm{d}F(x)=(1-\mu r)^{-1},\quad r<\frac{1}{\mu}$$

由调节系数的定义知

$$1+(1+\theta)\mu r=(1-\mu r)^{-1}$$

故可得调节系数为 $R=\dfrac{\theta}{\mu(1+\theta)}$。

例 10.2.2

假设单次索赔额 X 服从 Γ 分布，形状参数为 2，尺度参数为 β，设相对安全负载为 $\theta=2$，试求调节系数。

解 单个索赔额 X 的密度函数为：

$$f(x)=\beta^{-2}x\mathrm{e}^{-x/\beta},\quad x>0$$

此 Γ 分布的期望值为 $\mu=2\beta$，且 X 的矩母函数为：

$$\phi_X(r)=\int_0^{+\infty}\mathrm{e}^{rx}f(x)\mathrm{d}x=(1-\beta r)^{-2},\quad r<\frac{1}{\beta}$$

由调节系数的定义知

$$1+6r\beta=(1-\beta r)^{-2}$$

整理即得

$$6\beta^3r^3-11\beta^2r^2+4\beta r=0$$

即

$$r\beta(2r\beta-1)(3r\beta-4)=0$$

故可得调节系数为 $R=\dfrac{1}{2\beta}$。

定理 10.2.1 Lundberg 不等式

若 $R>0$ 为调节系数，则破产概率 $\Psi(u)$ 满足如下不等式

$$\Psi(u)\leqslant\mathrm{e}^{-Ru},\quad\forall u\geqslant 0\tag{10.2.9}$$

证明一：设 $\Psi_n(u)$ 表示破产发生在第 n 次索赔及之前的概率，$n=0,1,2,\cdots$。我们将采用数学归纳法证明 $\Psi_n(u)\leqslant\mathrm{e}^{-Ru}$。

显然，$\Psi_0(u)=0\leqslant\mathrm{e}^{-Ru}$。现假设 $\Psi_n(u)\leqslant\mathrm{e}^{-Ru}$，往证 $\Psi_{n+1}(u)\leqslant\mathrm{e}^{-Ru}$。

我们首先考虑第一次索赔发生时的情况，假设到第一次索赔发生的时间间隔服从指数分布，概率密度函数为 $\lambda\mathrm{e}^{-\lambda t}$。若第一次索赔发生的时刻为 $t>0$，在 t 时刻可用于支付索赔的金额为 $u+ct$；当第一次索赔额超过 $u+ct$ 时，破产发生，且破产概率为 $P\{x>u+ct\}=$

$1-F(u+ct)$。

当索赔额不超过 $u+ct$ 时，破产不在第一次索赔时发生，支付索赔额后，盈余为 $u+ct-x$。但破产仍有可能在接下来的索赔时发生。

因为盈余过程具有平稳的独立增量，由全概率公式，有如下递归方程

$$\Psi_{n+1}(u)=\int_0^{+\infty}\left[1-F(u+ct)+\int_0^{u+ct}\Psi_n(u+ct-x)\mathrm{d}F(x)\right]\lambda \mathrm{e}^{-\lambda t}\mathrm{d}t$$

故由归纳假设

$$\begin{aligned}\Psi_{n+1}(u)&=\int_0^{+\infty}\left[\int_{u+ct}^{+\infty}\mathrm{d}F(x)+\int_0^{u+ct}\Psi_n(u+ct-x)\mathrm{d}F(x)\right]\lambda \mathrm{e}^{-\lambda t}\mathrm{d}t\\&\leqslant\int_0^{+\infty}\left[\int_{u+ct}^{+\infty}\mathrm{e}^{-R(u+ct-x)}\mathrm{d}F(x)+\int_0^{u+ct}\mathrm{e}^{-R(u+ct-x)}\mathrm{d}F(x)\right]\lambda \mathrm{e}^{-\lambda t}\mathrm{d}t\end{aligned}$$

其中，当 $x>u+ct$ 时，$-R(u+ct-x)>0$，即有 $\mathrm{e}^{-R(u+ct-x)}>1$。

由积分区域的可加性，得到

$$\begin{aligned}\Psi_{n+1}(u)&\leqslant\int_0^{+\infty}\left[\int_0^{+\infty}\mathrm{e}^{-R(u+ct-x)}\mathrm{d}F(x)\right]\lambda \mathrm{e}^{-\lambda t}\mathrm{d}t\\&=\lambda \mathrm{e}^{-Ru}\int_0^{+\infty}\mathrm{e}^{-Rct}\left[\int_0^{+\infty}\mathrm{e}^{Rx}\mathrm{d}F(x)\right]\mathrm{e}^{-\lambda t}\mathrm{d}t\\&=\lambda \mathrm{e}^{-Ru}\int_0^{+\infty}\mathrm{e}^{-(\lambda+Rc)t}\cdot\phi_X(R)\mathrm{d}t\\&=\lambda\phi_X(R)\mathrm{e}^{-Ru}\int_0^{+\infty}\mathrm{e}^{-(\lambda+Rc)t}\mathrm{d}t\\&=\frac{\lambda\phi_X(R)}{\lambda+Rc}\mathrm{e}^{-Ru}\end{aligned}$$

而由调节系数的概念知

$$\phi_X(R)=1+(1+\theta)R\mu=1+\frac{c}{\lambda}R$$

故有

$$\frac{\lambda\phi_X(R)}{\lambda+Rc}\mathrm{e}^{-Ru}=\frac{\lambda[1+(1+\theta)R\mu]}{\lambda+Rc}\mathrm{e}^{-Ru}=\frac{\lambda+Rc}{\lambda+Rc}\mathrm{e}^{-Ru}=\mathrm{e}^{-Ru}$$

即有 $\Psi_{n+1}(u)\leqslant \mathrm{e}^{-Ru}$，故 $\Psi_n(u)\leqslant \mathrm{e}^{-Ru}$ 对任意 n 均成立。
所以可得

$$\Psi(u)=\lim_{n\to\infty}\Psi_n(u)\leqslant \mathrm{e}^{-Ru}$$

Gerber 引入的鞅证明技巧可以对 Lundberg 不等式给出严格证明。

证明二：令

$$X_t=\mathrm{e}^{-RU(t)}=X_0\mathrm{e}^{-RV_t}$$

式中，$X_0=\mathrm{e}^{-Ru}$，R 为调节系数，$V_t=ct-S(t)$。若令

$$Y_t=-RV_t,\quad t\geqslant0$$

则 $\{Y_t, t\geqslant 0\}$ 为零初值且具有平稳独立增量的随机过程。再由调节系数的注 2 知

$$E(e^{Y_1})=E(e^{-RV_1})=M_{V_1}(-R)=1$$

于是从例 6.5.1 可知 $\{X_t, t\geqslant 0\}$ 是一个非负鞅。利用非负鞅的收敛定理 6.5.2，得到

$$\lim_{t\to\infty} X_t = X_\infty < \infty, \quad \text{a. s.}$$

现令 T 为破产时刻，由于对任意固定的 t，$T\wedge t$ 是有界停时，再利用停时定理 6.5.1 即知

$$E(X_{T\wedge t})=E(X_0)=e^{-Ru}$$

于是有

$$\begin{aligned} e^{-Ru} &= E(X_{T\wedge t}\mid T\leqslant t)P\{T\leqslant t\}+E(X_{T\wedge t}\mid T>t)P\{T>t\} \\ &= E(X_T\mid T\leqslant t)P\{T\leqslant t\}+E(X_t\mid T>t)P\{T>t\} \end{aligned} \tag{10.2.10}$$

注意到当 $t<T$ 时，$U(t)\geqslant 0$，所以

$$X_t=e^{-RU(t)}\leqslant 1$$

因此，由单调收敛定理与 Lebesgue 控制收敛定理，在式（10.2.10）两端令 $t\to\infty$ 取极限，得

$$e^{-Ru}=E(X_T\mid T<\infty)P\{T<\infty\}+E(X_\infty\mid T=\infty)P\{T=\infty\}$$

又因为 $\lim_{t\to\infty} U(t)=+\infty$，a. s.，故有 $X_\infty=0$，a. s.，从而有

$$e^{-Ru}=E(X_T\mid T<\infty)P\{T<\infty\}$$

由此得到

$$\Psi(u)=\frac{e^{-Ru}}{E[e^{-RU(T)}\mid T<\infty]}$$

再注意到 $U(T)<0$，$e^{-RU(T)}>1$，由上式即知

$$\Psi(u)\leqslant e^{-Ru}$$

从而 Lundberg 不等式得证。

Lundberg 不等式的重要性在于，一方面，它能用来检验初始盈余 u 的水平与相对安全负载 θ 之间的关系，这两个参数均能由保险公司控制。

假设保险公司能提供的初始盈余为 u，能容忍的破产概率为 α，则相对安全负载

$$\theta=\frac{u\left\{E\left[\exp\left(-\frac{\ln\alpha}{u}X\right)-1\right]\right\}}{-\mu\ln\alpha}-1$$

能使得 $1+(1+\theta)\mu R=\phi_X(R)$，当 $R=-\frac{\ln\alpha}{u}$ 时。再由 Lundberg 不等式可得

$$\Psi(u)\leqslant e^{-Ru}=e^{\ln\alpha}=\alpha$$

另一方面，若希望得到一个指定的相对安全负载 θ，可取 $u=-\dfrac{\ln\alpha}{R}$，则可保证

$$\Psi(u)\leqslant e^{-Ru}=e^{\ln\alpha}=\alpha$$

进一步，由 Lundberg 不等式还可得

$$\Psi(\infty)=\lim_{u\to\infty}\Psi(u)=0 \tag{10.2.11}$$

事实上，破产概率必须是非负的，故有

$$0\leqslant\Psi(u)\leqslant e^{-Ru}$$

由两边夹逼法则可得

$$0\leqslant\lim_{u\to\infty}\Psi(u)\leqslant\lim_{u\to\infty}e^{-Ru}=0$$

此外，还可得生存概率

$$R(\infty)=1-\Psi(\infty)=1 \tag{10.2.12}$$

10.2.3 破产概率满足的方程

本小节我们寻求破产概率 $\Psi(u)$ 或生存概率 $R(u)$ 的显式表达式。

定义 10.2.3 定义函数 $G(u,y)$，$u\geqslant 0$，$y\geqslant 0$：

$$G(u,y)=P\{U(T)\geqslant -y,T<\infty\mid U(0)=u\}$$

即表示当初始盈余为 u，破产时赤字最大为 y 的概率。

由定义知，破产后的盈余在 0 与 $-y$ 之间，故有

$$\Psi(u)=\lim_{y\to\infty}G(u,y),\quad u\geqslant 0 \tag{10.2.13}$$

我们有如下结果：

定理 10.2.2 函数 $G(u,y)$ 满足如下方程：

$$\frac{\partial G(u,y)}{\partial u}=\frac{\lambda}{c}G(u,y)-\frac{\lambda}{c}\int_0^u G(u-x,y)\mathrm{d}F(x)-\frac{\lambda}{c}[F(u+y)-F(u)],\ u\geqslant 0 \tag{10.2.14}$$

证明 我们考虑第一次索赔发生时的情况。假设至第一次索赔发生的时间间隔服从指数分布，且概率密度函数为 $\lambda e^{-\lambda t}$。保险公司在第一次索赔发生的时刻 t 的盈余为$u+ct$。当索赔额 x 满足 $0\leqslant x\leqslant u+ct$ 时，第一次索赔不会导致破产，且索赔后的盈余为 $u+ct-x$。

由平稳独立增量性知，破产赤字最大为 y 的破产概率为 $G(u+ct-x,y)$。当 $u+ct<x\leqslant u+ct+y$ 时，第一次索赔导致破产，且破产赤字最大为 y。

第一次索赔额在$[u+ct,u+ct+y]$中取值的概率是 $F(u+ct+y)-F(u+ct)$。

由全概率公式有

$$G(u,y)=\int_0^{+\infty}\left[\int_0^{u+ct}G(u+ct-x,y)\mathrm{d}F(x)+F(u+ct+y)-F(u+ct)\right]\lambda e^{-\lambda t}\mathrm{d}t$$

做线性变换，令 $z=u+ct$，即 $t=\frac{z-u}{c}$，$\mathrm{d}t=\frac{\mathrm{d}z}{c}$，有

$$G(u,y)=\frac{\lambda}{c}\mathrm{e}^{\frac{\lambda u}{c}}\int_{u}^{+\infty}\mathrm{e}^{-\frac{\lambda z}{c}}\left[\int_{0}^{z}G(z-x,y)\mathrm{d}F(x)+F(z+y)-F(z)\right]\mathrm{d}z$$

故可求得 $G(u,y)$ 关于 u 的偏导数。

$$\begin{aligned}&\frac{\partial G(u,y)}{\partial u}\\&=\frac{\lambda}{c}G(u,y)+\frac{\lambda}{c}\mathrm{e}^{\frac{\lambda u}{c}}\left\{-\mathrm{e}^{-\frac{\lambda u}{c}}\left[\int_{0}^{u}G(u-x,y)\mathrm{d}F(x)+F(u+y)-F(u)\right]\right\}\end{aligned}$$

即得式（10.2.14）。

下述定理得到 $G(0,y)$ 的显式表达式。

定理 10.2.3 函数 $G(0,y)$ 可表达为：

$$G(0,y)=\frac{\lambda}{c}\int_{0}^{y}[1-F(x)]\mathrm{d}x,\quad y\geqslant 0 \tag{10.2.15}$$

证明 首先有

$$0\leqslant G(u,y)\leqslant\Psi(u)\leqslant\mathrm{e}^{-Ru}$$

故

$$0\leqslant G(\infty,y)=\lim_{u\to\infty}G(u,y)\leqslant\lim_{u\to\infty}\mathrm{e}^{-Ru}=0$$

即有 $G(\infty,y)=0$，且

$$\int_{0}^{+\infty}G(u,y)\mathrm{d}u\leqslant\int_{0}^{+\infty}\mathrm{e}^{-Ru}\mathrm{d}u=\frac{1}{R}<\infty$$

令

$$\tau(y)=\int_{0}^{+\infty}G(u,y)\mathrm{d}u$$

则有

$$0<\tau(y)<\infty$$

将式（10.2.14）从 0 到 $+\infty$ 关于 u 取积分得

$$\begin{aligned}&-G(0,y)\\&=\frac{\lambda}{c}\tau(y)-\frac{\lambda}{c}\int_{0}^{+\infty}\int_{0}^{u}G(u-x,y)\mathrm{d}F(x)\mathrm{d}u-\frac{\lambda}{c}\int_{0}^{+\infty}[F(u+y)-F(u)]\mathrm{d}u\end{aligned}$$

改变二重积分的积分顺序可得

$$G(0,y)$$
$$=-\frac{\lambda}{c}\tau(y)+\frac{\lambda}{c}\int_0^{+\infty}\int_x^{+\infty}G(u-x,y)\mathrm{d}u\mathrm{d}F(x)+\frac{\lambda}{c}\int_0^{+\infty}[F(u+y)-F(u)]\mathrm{d}u$$

做积分变换，令 $v=u-x$，可得

$$G(0,y)$$
$$=-\frac{\lambda}{c}\tau(y)+\frac{\lambda}{c}\int_0^{+\infty}\int_0^{+\infty}G(v,y)\mathrm{d}v\mathrm{d}F(x)+\frac{\lambda}{c}\int_0^{+\infty}[F(u+y)-F(u)]\mathrm{d}u$$
$$=-\frac{\lambda}{c}\tau(y)+\frac{\lambda}{c}\int_0^{+\infty}\tau(y)\mathrm{d}F(x)+\frac{\lambda}{c}\int_0^{+\infty}[F(u+y)-F(u)]\mathrm{d}u$$

因为 $\int_0^{+\infty}\mathrm{d}F(x)=1$，故上式右端的前两项互相抵消，即有

$$G(0,y)$$
$$=\frac{\lambda}{c}\int_0^{+\infty}[F(u+y)-F(u)]\mathrm{d}u$$
$$=\frac{\lambda}{c}\int_0^{+\infty}[1-F(u)]\mathrm{d}u-\frac{\lambda}{c}\int_0^{+\infty}[1-F(u+y)]\mathrm{d}u$$
$$=\frac{\lambda}{c}\int_0^{+\infty}[1-F(x)]\mathrm{d}x-\frac{\lambda}{c}\int_y^{+\infty}[1-F(x)]\mathrm{d}x$$
$$=\frac{\lambda}{c}\int_0^{y}[1-F(x)]\mathrm{d}x$$

定理 10.2.4 在初始盈余为0时，破产概率为：

$$\Psi(0)=\frac{1}{1+\theta} \tag{10.2.16}$$

证明 设单次索赔额的分布函数为 $F(x)$，均值为 μ。对于取值非负的随机变量，易知其期望为：

$$\mu=\int_0^{+\infty}[1-F(x)]\mathrm{d}x$$

由定理10.2.3有

$$\begin{aligned}\Psi(0)&=\lim_{y\to\infty}G(0,y)\\&=\lim_{y\to\infty}\frac{\lambda}{c}\int_0^{y}[1-F(x)]\mathrm{d}x\\&=\frac{\lambda}{c}\int_0^{+\infty}[1-F(x)]\mathrm{d}x\\&=\frac{\lambda\mu}{c}=\frac{1}{1+\theta}\end{aligned}$$

同时可得初始盈余为0时，生存概率 $R(0)=\frac{\theta}{1+\theta}$。

接下来给出一个生存概率满足的积分微分方程。

定理 10.2.5 生存概率 $R(u)$ 满足如下方程

$$R'(u)=\frac{\lambda}{c}R(u)-\frac{\lambda}{c}\int_0^u R(u-x)\mathrm{d}F(x),\quad u\geqslant 0 \tag{10.2.17}$$

证明 由式（10.2.13）及式（10.2.14）有

$$\Psi'(u)=\frac{\lambda}{c}\Psi(u)-\frac{\lambda}{c}\int_0^u \Psi(u-x)\mathrm{d}F(x)-\frac{\lambda}{c}[1-F(u)],\quad u\geqslant 0 \tag{10.2.18}$$

$$R(u)=1-\Psi(u)$$

故有

$$\begin{aligned}&-R'(u)\\&=\frac{\lambda}{c}[1-R(u)]-\frac{\lambda}{c}\int_0^u[1-R(u-x)]\mathrm{d}F(x)-\frac{\lambda}{c}[1-F(u)]\\&=-\frac{\lambda}{c}R(u)-\frac{\lambda}{c}\int_0^u\mathrm{d}F(x)+\frac{\lambda}{c}\int_0^u R(u-x)\mathrm{d}F(x)+\frac{\lambda}{c}F(u)\\&=-\frac{\lambda}{c}R(u)+\frac{\lambda}{c}\int_0^u R(u-x)\mathrm{d}F(x)\end{aligned}$$

式中，$F(u)=\int_0^u\mathrm{d}F(x)$ 。

例 10.2.3

若单次索赔额服从指数分布，即

$$F(x)=1-\mathrm{e}^{-\frac{x}{\mu}},\quad x\geqslant 0$$

求生存概率 $R(u)$。

解 根据定理 10.2.5 有

$$R'(u)=\frac{\lambda}{c}R(u)-\frac{\lambda}{\mu c}\int_0^u R(u-x)\mathrm{e}^{-\frac{x}{\mu}}\mathrm{d}x$$

令 $y=u-x$

$$R'(u)=\frac{\lambda}{c}R(u)-\frac{\lambda}{\mu c}\int_0^u R(y)\mathrm{e}^{-\frac{u-y}{\mu}}\mathrm{d}y$$

$$\begin{aligned}R''(u)&=\frac{\lambda}{c}R'(u)+\frac{\lambda}{\mu^2 c}\int_0^u R(y)\mathrm{e}^{-\frac{u-y}{\mu}}\mathrm{d}y-\frac{\lambda}{\mu c}R(u)\\&=\frac{\lambda}{c}R'(u)-\frac{\lambda}{\mu c}R(u)+\frac{1}{\mu}\left[\frac{\lambda}{c}R(u)-R'(u)\right]\\&=\left(\frac{\lambda}{c}-\frac{1}{\mu}\right)R'(u)\\&=-\frac{\theta}{\mu(1+\theta)}R'(u)\end{aligned}$$

即有

$$\frac{\mathrm{d}}{\mathrm{d}u}\left[\mathrm{e}^{\frac{\theta u}{\mu(1+\theta)}}R'(u)\right]=0$$

即

$$\mathrm{e}^{\frac{\theta u}{\mu(1+\theta)}}R'(u)=H_1$$

$$H_1=R'(0)=\frac{\lambda}{c}\cdot\frac{\theta}{1+\theta}=\frac{\lambda}{\lambda\mu(1+\theta)}\cdot\frac{\theta}{1+\theta}=\frac{\theta}{\mu(1+\theta)^2}$$

故

$$R'(u)=H_1\cdot\mathrm{e}^{-\frac{\theta u}{\mu(1+\theta)}}=\frac{\theta}{\mu\,(1+\theta)^2}\mathrm{e}^{-\frac{\theta u}{\mu(1+\theta)}}$$

积分得

$$R(u)=-\frac{1}{1+\theta}\exp\left\{-\frac{\theta u}{\mu(1+\theta)}\right\}+H_2$$

当 $u=0$ 时，由 $R(0)=\dfrac{\theta}{1+\theta}$ 得 $H_2=1$。

故有

$$R(u)=1-\frac{1}{1+\theta}\exp\left\{-\frac{\theta u}{\mu(1+\theta)}\right\}$$

10.2.4 Cramer 近似破产公式

Feller 引入的更新论证技巧已经成为研究经典破产论的主要数学工具。以下基于 Feller 更新理论得到破产概率的一个近似表达式。

定理 10.2.6 在 Lundberg-Cramer 经典破产模型中，我们有

(1) $\Psi(0)=\dfrac{1}{1+\theta}$

(2) Lundberg-Cramer 近似：存在正常数 C，使得

$$\Psi(u)\sim C\mathrm{e}^{-Ru},\quad u\to\infty$$

即

$$\lim_{u\to\infty}\frac{\Psi(u)}{C\mathrm{e}^{-Ru}}=1$$

证明 (1) 首先，根据首次索赔发生的时刻 T_1 和首次索赔额 X_1 的大小，对生存概率用全概率公式，得

$$R(u)=\int_0^{+\infty}\lambda\mathrm{e}^{-\lambda t}\left[\int_0^{u+ct}R(u+ct-z)\mathrm{d}F(z)\right]\mathrm{d}t$$

做变换 $x=u+ct$，得

$$R(u)=\frac{\lambda}{c}\mathrm{e}^{\frac{\lambda}{c}u}\int_{u}^{+\infty}\mathrm{e}^{-\frac{\lambda}{c}x}\left[\int_{0}^{x}R(x-z)\mathrm{d}F(z)\right]\mathrm{d}x$$

由此可见，$R(u)$ 是可微函数。将上式两端对 u 求导，得

$$R'(u)=\frac{\lambda}{c}R(u)-\frac{\lambda}{c}\int_{0}^{u}R(u-z)\mathrm{d}F(z) \tag{10.2.19}$$

在式（10.2.19）两端取积分，得

$$R(t)-R(0)=\frac{\lambda}{c}\int_{0}^{t}R(u)\mathrm{d}u+\frac{\lambda}{c}\int_{0}^{t}\int_{0}^{u}R(u-z)\mathrm{d}[1-F(z)]\mathrm{d}u \tag{10.2.20}$$

由分部积分公式得到

$$\begin{aligned}&\int_{0}^{u}R(u-z)\mathrm{d}[1-F(z)]\\&=R(0)[1-F(u)]-R(u)+\int_{0}^{u}R'(u-z)[1-F(z)]\mathrm{d}z\end{aligned}$$

并代入式（10.2.20），即得

$$\begin{aligned}&R(t)-R(0)\\&=\frac{\lambda}{c}R(0)\int_{0}^{t}[1-F(u)]\mathrm{d}u+\frac{\lambda}{c}\int_{0}^{t}\int_{0}^{u}R'(u-z)[1-F(z)]\mathrm{d}z\mathrm{d}u\end{aligned} \tag{10.2.21}$$

若对式（10.2.21）中的二重积分交换积分次序，可得

$$\begin{aligned}\int_{0}^{t}\int_{0}^{u}R'(u-z)[1-F(z)]\mathrm{d}z\mathrm{d}u&=\int_{0}^{t}\left\{\int_{z}^{t}R'(u-z)[1-F(u)]\mathrm{d}u\right\}\mathrm{d}z\\&=\int_{0}^{t}[R(t-z)-R(0)][1-F(z)]\mathrm{d}z\end{aligned}$$

再将上式代入式（10.2.21），得到

$$R(t)=R(0)+\frac{\lambda}{c}\int_{0}^{t}R(t-z)[1-F(z)]\mathrm{d}z \tag{10.2.22}$$

由于 $\lim\limits_{u\to+\infty}R(u)=1$，令 $t\to\infty$，得

$$1=R(0)+\frac{\lambda}{c}\int_{0}^{+\infty}[1-F(z)]\mathrm{d}z=R(0)+\frac{\lambda}{c}\mu$$

于是有

$$\Psi(0)=1-R(0)=\frac{\lambda}{c}\mu=\frac{1}{1+\theta} \tag{10.2.23}$$

定理中的（1）得证。

（2）将式（10.2.23）代入式（10.2.22），得

$$R(t)=1-\frac{\lambda}{c}\int_{0}^{+\infty}[1-F(z)]\mathrm{d}z+\frac{\lambda}{c}\int_{0}^{t}R(t-z)[1-F(z)]\mathrm{d}z$$

$$=1-\frac{\lambda}{c}\int_{t}^{+\infty}[1-F(z)]\mathrm{d}z-\frac{\lambda}{c}\int_{0}^{t}[1-R(t-z)][1-F(z)]\mathrm{d}z$$

从而得

$$\Psi(t)=\frac{\lambda}{c}\int_{t}^{+\infty}[1-F(z)]\mathrm{d}z+\frac{\lambda}{c}\int_{0}^{t}\Psi(t-z)[1-F(z)]\mathrm{d}z \tag{10.2.24}$$

因为

$$\frac{\lambda}{c}\int_{0}^{+\infty}[1-F(z)]\mathrm{d}z=\frac{\lambda}{c}\mu=\frac{1}{1+\theta}<1$$

所以方程（10.2.24）是更新方程。在方程（10.2.24）两端同时乘以 e^{Rt}（R 为调节系数），并令

$$A(t)=\mathrm{e}^{Rt}\Psi(t),a(t)=\frac{\lambda}{c}\mathrm{e}^{Rt}\int_{t}^{+\infty}[1-F(z)]\mathrm{d}z,$$

$$f(z)=\frac{\lambda}{c}\mathrm{e}^{Rz}[1-F(z)]$$

即得

$$A(t)=a(t)+\int_{0}^{t}A(t-z)f(z)\mathrm{d}z \tag{10.2.25}$$

又由调节系数的性质知 $\int_{0}^{+\infty}f(z)\mathrm{d}z=1$，从而方程（10.2.25）是适定更新方程。易见 $a(t)$ 为单调递减函数，并且

$$\int_{0}^{+\infty}a(t)\mathrm{d}t=\frac{1}{R}\cdot\frac{\theta}{1+\theta}=C_1$$

于是 $a(t)$ 在 $[0,\infty)$ 上满足更新定理中的条件。因此由关键更新定理得

$$\lim_{t\to+\infty}\mathrm{e}^{Rt}\Psi(t)=\lim_{t\to+\infty}A(t)=\frac{C_1}{\int_{0}^{+\infty}zf(z)\mathrm{d}z}=C$$

这表明

$$\lim_{t\to+\infty}\frac{\Psi(t)}{C\mathrm{e}^{-Rt}}=1$$

从而 L-C 模型近似式（2）得证。

注：Cramer 近似破产公式中

$$C=\frac{\mu\theta}{\phi_X'(R)-\mu(1+\theta)}$$

例 10.2.4

设单次索赔额服从指数分布，且分布函数为：

$$F(x)=\begin{cases}1-e^{-\frac{x}{\mu}}, & x\geqslant 0\\ 0, & x<0\end{cases}$$

求近似破产概率公式。

解 调节系数为：

$$R=\frac{\theta}{\mu(1+\theta)}$$

矩母函数为：

$$\phi_X(r)=\frac{1}{1-\mu r}$$

故

$$\phi'_X(r)=\frac{\mathrm{d}\left(\frac{1}{1-\mu r}\right)}{\mathrm{d}r}=\frac{\mu}{(1-\mu r)^2}$$

$$\phi'_X(R)=\frac{\mu}{(1-\mu R)^2}=\frac{\mu}{\left[1-\frac{\mu\theta}{\mu(1+\theta)}\right]^2}=\mu(1+\theta)^2$$

由 Cramer 近似破产公式有

$$C=\frac{\mu\theta}{\mu(1+\theta)^2-\mu(1+\theta)}=\frac{1}{1+\theta}$$

即有

$$\Psi(u)\sim\frac{1}{1+\theta}\exp\left\{-\frac{\theta u}{\mu(1+\theta)}\right\},\quad u\to\infty$$

本节我们介绍的是经典的 Lundberg-Cramer 破产模型，许多学者对此进行改进，将保险公司的盈余过程用扩散过程或跳扩散过程来描述。

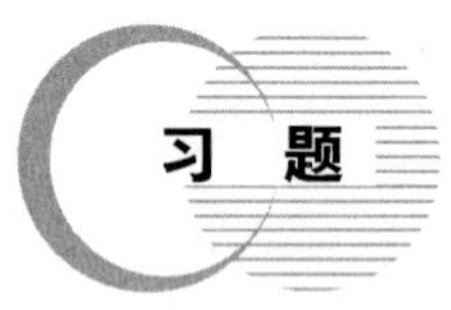

习　题

10.1　试给出一年结算 m 次的名义利率 $i^{(m)}$ 和一年结算 m 次的贴现率 $d^{(m)}$ 之间的关系式。

10.2　假设单次索赔额为 X，θ 为相对安全负荷，R 为调节系数，μ 为单次索赔额 X 的期望，试验证如下不等式：$R<\frac{2\theta\mu}{E(X^2)}$。

10.3　设累积额随机变量为 $S(t)$，且有 $D[S(t)]=3E[S(t)]$，在习题 10.2 结论的基础上，给出决定系数的上界。

10.4　设 $R>0$，满足 $1+(1+\theta)\mu R=\phi_X(R)$，其中 $\phi_X(R)$ 为单次索赔额 X 的矩母函数，且有

$$S(x)\leqslant\rho e^{-Rx}\int_x^{+\infty}e^{Ry}dF(y)$$

其中，$0<\rho\leqslant 1$，$S(x)=1-F(x)=P\{X>x\}$。试证明

$$\Psi(u)\leqslant\rho e^{-Ru},\quad u\geqslant 0$$

10.5　假定有一个低于初始盈余 u 的水平，随机变量 Y 表示初始下降水平，求 Y 的概率密度函数。

第11章 Markov链Monte Carlo方法

Monte Carlo方法也即随机模拟方法的别称，在应用统计学、金融学、计量经济学、计算物理学等多个领域有广泛的应用。法国数学家布丰（Buffon）于1777年提出的投针试验问题利用针与平行线相交的频率近似表示相交概率，从而求得圆周率 π，这被看成是 Monte Carlo方法的起源。而由“计算机之父”和“博弈论之父”约翰·冯·诺伊曼（John Von Neumann）等发明的使用随机数处理确定性数学问题的 Monte Carlo 方法极大地推动了数值分析的发展。约翰·冯·诺伊曼使用摩洛哥的赌城 Monte Carlo 来命名这种方法。

Monte Carlo 方法的基本原理是：当求解随机事件发生的概率或随机变量的数学期望时，通过设计某种试验，得出某个特定事件发生的频率，使用这个频率来近似表示这一事件发生的概率，从而得到问题的数值解。在 Monte Carlo 方法中包含三个核心问题，分别为构造概率过程、从已知概率分布中抽样、建立估计量。

通过构造独立同分布的随机数来计算积分的 Monte Carlo 方法也称为静态 Monte Carlo 方法。在维数非常高的情况下，因为计算量太大，使用静态 Monte Carlo 方法处理速度太慢。故引入一种动态 Monte Carlo 方法，即通过构造 Markov 链的极限平稳分布来模拟计算积分，称为 Markov 链 Monte Carlo 方法，以下均简记为 MCMC（Markov Chain Monte Carlo）方法。本章简要介绍计算积分的 Monte Carlo 方法，以及 Metropolis-Hastings 算法、Gibbs 抽样方法。

11.1 计算积分的 Monte Carlo 方法

静态 Monte Carlo 方法通过构造独立同分布的随机数来计算积分，有频率法与期望法两种，我们分别给出例子。

其中频率法以经典的布丰投针问题为例。

例 11.1.1

平面上画着一些平行线，线之间的距离均为 a，向此平面随机地投掷一根长度为 l（$l<a$）的针，求针与任一平行线相交的概率。

解 以 Z 表示针的中点到最近一条平行线的距离，β 表示针与平行线的交角，则（β，Z）可以确定针所落的位置，且有 $0\leqslant Z\leqslant \frac{a}{2}$，$0\leqslant\beta\leqslant\pi$，即针的所有可能位置可用 βZ 平面上的矩形来表示，将此矩形区域记为 G。

当针与平行线相交时，Z 与 β 应满足关系 $Z\leqslant\frac{l}{2}\sin\beta$，即为图 11－1（b）中的阴影部分，将此区域记为 R。

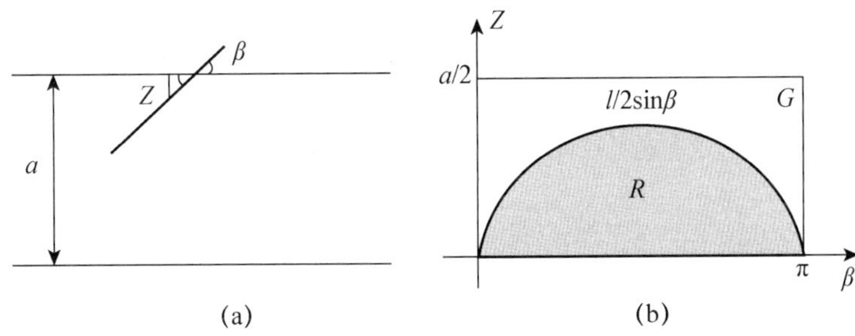

图 11－1 布丰投针图

故针与平行线相交的概率为：

$$p=\frac{L(R)}{L(G)}=\frac{\frac{1}{2}\int_0^{\pi}l\sin\beta\mathrm{d}\beta}{\frac{1}{2}\pi a}=\frac{2l}{\pi a}$$

历史上，不少人利用此例的答案来估算 π 的值，其方法是投针 N 次，记录针与线相交的次数 n，再以频率值 $\frac{n}{N}$ 作为概率 p 的值，于是可得

$$\frac{n}{N}\approx\frac{2l}{\pi a}$$

即 $$\pi=\frac{2lN}{an}$$

表 11－1 给出了这些试验的有关资料（把 a 折算为 1）。

表 11－1　　投针试验的历史资料

试验人	年份	针长	投针次数 N	相交次数 n	π 的估算值
Wolf	1850	0.8	5 000	2 532	3.159 6
Smith	1855	0.6	3 204	1 218.5	3.155 4
De Morgan	1860	1.0	600	382.5	3.137

续表

试验人	年份	针长	投针次数 N	相交次数 n	π 的估算值
Fox	1884	0.75	1 030	489	3.159 5
Lazzerin	1901	0.83	3 408	1 808	3.141 592 9
Reine	1925	0.541 9	2 520	859	3.179 5

以下将使用 R 软件来实现布丰投针试验，其中两个关键的步骤为：

（1）产生随机数：Z 在 $\left[0, \frac{a}{2}\right]$ 内随机取值，β 在 $[0, \pi]$ 内随机取值，也即首先需要生成服从 $\left[0, \frac{a}{2}\right]$ 上均匀分布的随机数，以及服从 $[0, \pi]$ 上均匀分布的随机数。

（2）模拟投针试验：考察 n 次投针试验，若针与平行线相交，则表示试验成功，假设共成功 n 次，则 π 的估计值为 $\frac{2lN}{an}$，其中线之间的距离 a 及针的长度 l（$l<a$）均预先给定。

使用 R 软件来进行模拟，例如选取试验次数为 $N=50\,000$，线之间的距离 $a=1$，针的长度 $l=0.75$，代码如下：

```
>touzhen<-function(N,l=0.75,a=1)
+{
+   n<-0; beta<-runif(N,0,pi); z<-runif(N,0,a/2)
+   for (i in 1:N)
+     {
+     if (z[i]<= l*sin(beta[i])/2)
+       n<-n+1
+     }
+   2*l*N/(n*a)
+}
>touzhen(50000)
```

下面我们再举一个使用随机投点法来计算定积分的例子。

例 11.1.2

（随机投点法）计算任一定义域为 $[0, 1]$ 的函数 $g(x)$ 在区间 $[0, 1]$ 上的积分 $\int_0^1 g(x)\mathrm{d}x$。

解 假设随机变量 X 和 Y 均服从 $[0, 1]$ 上的均匀分布，且相互独立，则二维随机向量 (X, Y) 服从矩形区域 $[0, 1]\times[0, 1]$ 上的二维均匀分布，联合概率密度为：

$$f(x,y)=\begin{cases}1, & 0<x<1, 0<y<1\\ 0, & \text{其他}\end{cases}$$

现用 B 表示事件 $\{w: Y\leqslant g(X)\}$（g 为任一定义域为 $[0, 1]$ 的函数），也即我们向矩形

区域［0，1］×［0，1］随机投点，其中点落在以［0，1］为底，以函数 $g(x)$ 为曲边的曲边梯形内。

可计算事件 B 发生的概率为：

$$P(B)=P\{Y\leqslant g(X)\}=\iint\limits_{Y\leqslant g(X)} f(x,y)\mathrm{d}x\mathrm{d}y$$

计算此二重积分可得

$$P(B)=\int_0^1\left[\int_0^{g(x)} 1\mathrm{d}y\right]\mathrm{d}x=\int_0^1 g(x)\mathrm{d}x$$

也即积分 $\int_0^1 g(x)\mathrm{d}x$ 的计算归结为考察上述事件 B 发生的概率。

由 Bernoulli 大数定律可知，可用重复试验中事件 B 发生的频率近似表示事件 B 发生的概率。

（1）产生服从［0，1］上均匀分布的随机数。

（2）模拟试验：考察 n 次投点试验，记录事件 $\{w：Y\leqslant g(X)\}$ 发生的频率，用来近似表示其发生的概率，即得到积分值 $\int_0^1 g(x)\mathrm{d}x$。

例如，我们计算标准正态分布的密度函数在［0，1］上的积分 $\frac{1}{\sqrt{2\pi}}\int_0^1 \mathrm{e}^{\frac{-x^2}{2}}\mathrm{d}x$，使用 R 软件来实现这个试验过程，代码如下：

```
>mc1 <- function(n)
+{
+   k <- 0; x <- runif(n); y <- runif(n)
+   for (i in 1:n)
+   {
+       if (y[i] <exp(-x[i]^2/2)/sqrt(2*pi))
+          k <- k+1
+   }
+   k/n
+}
>mc1(10000) #试验次数为 10 000 次
```

另外，我们采用 R 软件中的内置函数 integrate 计算此积分，代码及结果如下：

```
>integrate(function(x) exp(-x^2/2)/sqrt(2*pi),0,1)
0.3413447 with absolute error < 3.8e-15
```

两种方法计算出的积分值非常接近。

下面再举一个使用平均值法来计算定积分的例子。

例 11.1.3

（平均值法）计算定积分 $\int_0^1 g(x)\mathrm{d}x$。

解 假设随机变量 X 服从 $[0, 1]$ 上的均匀分布，由随机变量的函数的期望值的求法可知，$Y=g(X)$ 的期望值为：

$$E[Y] = E[g(X)] = \int_0^1 g(x)\mathrm{d}x$$

也即积分 $\int_0^1 g(x)\mathrm{d}x$ 的计算归结为计算 $g(X)$ 的数学期望值。由辛钦大数定律知，若 X_n 是独立同分布的随机变量序列，则 $\frac{1}{n}\sum_{i=1}^{n} X_i$ 依概率收敛到 $E[X_i]$，故可用 $g(X)$ 的观察值的均值来估计 $g(X)$ 的期望值。

（1）产生服从 $[0, 1]$ 上均匀分布的随机数 x_i。

（2）对每个 x_i 计算 $g(x_i)$，即可得到积分 $\int_0^1 g(x)\mathrm{d}x$ 的估计值为 $\frac{1}{n}\sum_{i=1}^{n} g(x_i)$。

计算标准正态分布的密度函数在 $[0, 1]$ 上的积分 $\frac{1}{\sqrt{2\pi}}\int_0^1 \mathrm{e}^{\frac{-x^2}{2}}\mathrm{d}x$，使用 R 软件来实现这个试验过程，代码如下：

```
>mc3 <- function(n)
+{
+x <- runif(n); f<-1:n
+for (i in 1:n)
+f[i] <- exp(-x[i]^2/2)/sqrt(2*pi)
+sum(f)/n
+}
>mc3(10000)
```

用平均值法计算出的结果与随机投点法和直接计算定积分得到的值非常接近。

11.2 Markov 链 Monte Carlo 方法简介

在维数非常高的情况下，因为计算量太大，使用上节介绍的静态 Monte Carlo 方法处理速度太慢。动态 Monte Carlo 即 MCMC 方法主要用于对维数非常高的随机向量取样。

MCMC 方法首先应建立一个 Markov 链，使得其极限分布是平稳分布，那么从目标分布中产生随机样本，就是从达到平稳状态的 Markov 链中产生样本路径。一个好的

Markov 链应该满足从任意位置出发都能快速达到平稳分布这种性质。

MCMC 方法的理论依据是几个极限定理。

首先，由第 5 章定理 5.3.3 可知，遍历的 Markov 链（即不可约、正常返、非周期的 Markov 链）的极限分布是平稳分布且是唯一的平稳分布。

考虑一个状态空间为 $S=\{1, 2, \cdots, N\}$ 的 Markov 链 $\{X_n, n=0, 1, 2, \cdots\}$，转移概率矩阵记为：

$$\boldsymbol{P}=\begin{pmatrix} p_{11} & p_{12} & \cdots & p_{1N} \\ p_{21} & p_{22} & \cdots & p_{2N} \\ \vdots & \vdots & & \vdots \\ p_{N1} & p_{N2} & \cdots & p_{NN} \end{pmatrix}$$

式中，$p_{ij}(i, j=1, 2, \cdots, N)$ 表示时齐的 Markov 链从状态 i 经过一步后转移到状态 j 的概率；对于遍历的 Markov 链，极限分布为：

$$\pi_j=\lim_{n\to\infty}p_{ij}^n, j\in S$$

π_j 表示经过长时间运行后系统处于状态 j 的时间的比例，常令

$$\boldsymbol{\pi}=(\pi_1, \pi_2, \cdots, \pi_N)$$

则 $\pi_j(j=1, 2, \cdots, N)$ 是满足下列线性方程组的唯一解：

$$\begin{cases} (\pi_1, \pi_2, \cdots, \pi_N)=\begin{pmatrix} p_{11} & p_{12} & \cdots & p_{1N} \\ p_{21} & p_{22} & \cdots & p_{2N} \\ \vdots & \vdots & & \vdots \\ p_{N1} & p_{N2} & \cdots & p_{NN} \end{pmatrix}\cdot(\pi_1, \pi_2, \cdots, \pi_N) \\ \sum_{j=1}^{N}\pi_j=1 \end{cases}$$

或简记为：

$$\begin{cases} \boldsymbol{\pi}=\boldsymbol{\pi}\boldsymbol{P} \\ \sum_{j=1}^{N}\pi_j=1 \end{cases} \tag{11.2.1}$$

上述 $\pi_j(j=1, 2, \cdots, N)$ 称为 Markov 链的平稳概率，且针对任意 $j=1, 2, \cdots, N$，均有 $\pi_j=\sum_{i=1}^{N}\pi_i p_{ij}$，表示 Markov 链处于状态 j 的时间所占的比例等于 Markov 链从状态 i 转移到状态 j 所占的比例对 i 求和；$\sum_{j=1}^{N}\pi_j=1$ 则表示 Markov 链处于状态 j 的时间所占的比例对 j 求和为 1。

此定理说明当此 Markov 链运行足够长时间后的分布（Markov 链的极限分布）和初始分布 π_0 无关。

除了通过求解式（11.2.1）来获取平稳概率，还有另外一种方法。

假设存在正数 $x_j(j=1, 2, \cdots, N)$，使得

$$\begin{cases} x_i p_{ij} = x_j p_{ji}(i \neq j) \\ \sum_{j=1}^{N} x_j = 1 \end{cases}$$

对所有状态 i 求和可得 $\sum_{i=1}^{N} x_i p_{ij} = x_j \sum_{i=1}^{N} p_{ji} = x_j$，由式（11.2.1）的解的唯一性可知 $\pi_j = x_j$。

若对任意 $i \neq j$，均有 $\pi_i p_{ij} = \pi_j p_{ji}$ 成立，则称此 Markov 链是时间可逆的，并称此方程为平衡方程。

这表示若用概率分布 $\{\pi_j, j=1, 2, \cdots, N\}$ 表示 Markov 链的初始分布，则从任意时刻开始以相反方向考察系统的变化情况，仍是一个转移概率为 p_{ij} 的 Markov 链。

其次，Markov 链还有以下重要性质。

定理 11.2.1（马尔可夫大数定律）

假设 $\{X_n, n=0, 1, \cdots\}$ 为一平稳分布为 π 的遍历的 Markov 链（其中每个 X_t 可以是多维的），则 X_n 依分布收敛到分布为 π 的随机变量 X，且对任意函数 g，当 $E_\pi[g(X)]$ 存在且 $n \to \infty$ 时，有

$$\overline{g_n} = \frac{1}{n} \sum_{i=1}^{n} g(X_i) \to E_\pi[g(X)], \text{ a. s.}$$

定理 11.2.1 说明 Markov 链的实值函数的遍历均值几乎处处收敛到极限分布下的均值。

定理 11.2.2 若一个链是一致几何遍历（转移速度以速度 $\lambda^t(0<\lambda<1)$ 收敛）的，并且 f 相对于平稳分布 $\boldsymbol{\pi}$ 是平方可积的，则有

$$\sqrt{n}\frac{\overline{f_n} - E_{\boldsymbol{\pi}} f(x)}{\Gamma} \to N(0,1), \ n \to \infty$$

定理 11.2.2 说明遍历均值做合适的变化后依分布收敛到标准正态分布。

因此，我们可以建立一个以 $\boldsymbol{\pi}$ 为平稳分布的马氏链，则在运行此链足够长时间后，该马氏链就会达到平稳状态，此时马氏链的值就相当于从分布 $\boldsymbol{\pi}$ 中抽取的样本。

11.3 Metropolis-Hastings 算法

MCMC 方法的重点在于构造合适的马氏链，因此算法的主要目的是对 Markov 链 $\{X_n, n=0, 1, 2, \cdots\}$，在给定一个 X_n 所处的状态下，产生下一步的状态 X_{n+1}。本节我们介绍 Metropolis-Hastings 算法（简称 M-H 算法）来构造一个将某个给定概率分布作为

极限分布的 Markov 链。

假设我们感兴趣的目标分布为 $\{p_j, j\in S, \sum_{j\in S}p_j=1\}$，$\boldsymbol{Q}$ 是状态空间为 $S=\{1, 2, \cdots, N\}$ 的不可约 Markov 链的转移概率矩阵，$\boldsymbol{Q}=(q_{ij})$（$i, j=1, 2, \cdots, N$）；定义一个 Markov 链 $\{X_n, n=0, 1, \cdots\}$，当 $X_n=i$ 时，生成一个随机变量使其分布为：

$$P\{X=j\}=q_{ij}, j=1,2,\cdots,N$$

如果 $X=j$，则 X_{n+1} 以概率 α_{ij} 转移到 j，以概率 $1-\alpha_{ij}$ 转移到 i。如果取

$$\alpha_{ij}=\min\left\{\frac{\pi_j q_{ji}}{\pi_i q_{ij}},1\right\}$$

则 Markov 链 $\{X_n, n=0, 1, \cdots\}$ 的转移概率矩阵为：

$$\begin{cases}p_{ij}=q_{ij}\alpha_{ij}, 若\ j\neq i\\ p_{ii}=q_{ii}+\sum_{k\neq i}q_{ik}(1-\alpha_{ik})\end{cases}$$

且 $\pi_i q_{ij}\alpha_{ij}=\pi_j q_{ji}\alpha_{ji}$（当 $j\neq i$），亦即 $\pi_i p_{ij}=\pi_j q_{ji}$（当 $j\neq i$）（易知 $\alpha_{ij}=\frac{\pi_j q_{ji}}{\pi_i q_{ij}}$ 时，$\alpha_{ji}=1$；$\alpha_{ij}=1$ 时，$\alpha_{ji}=\frac{\pi_i q_{ij}}{\pi_j q_{ji}}$）。

我们可得 Metropolis-Hastings 算法（简称为 M-H 算法），其关键步骤为：

（1）构造适合的建议分布 $g(\cdot\mid X_n)$，并产生一个服从建议分布的备选值 Y（其中建议分布为任意一个友好的分布，即知道如何从该分布中抽样。建议分布的选择要使得产生的马氏链的平稳分布为目标抽样分布 f）。

（2）设定

$$X_{n+1}=\begin{cases}Y，以概率\ \alpha\\ X_n，以概率\ 1-\alpha\end{cases}$$

式中

$$\alpha=\alpha(X_n,Y)=\min\left\{\frac{f(Y)g(X_n\mid Y)}{f(X_n)g(Y\mid X_n)},1\right\}$$

在执行上述步骤（2）时，常采用的方法是产生服从均匀分布 $U(0, 1)$ 的 U，若 $U<\alpha$，则令 $X_{n+1}=Y$；否则令 $X_{n+1}=X_n$。将上述过程简要概括，即 M-H 抽样通过如下方式生成马氏链 $\{X_t, t=0, 1, 2, \cdots\}$：

（1）构造合适的建议分布 $g(\cdot\mid X_t)$，并产生服从该分布的 X_0。

（2）从 $g(\cdot\mid X_t)$ 中产生 Y，从 $U(0, 1)$ 中产生 U，若

$$U\leqslant\frac{f(Y)g(X_t\mid Y)}{f(X_t)g(Y\mid X_t)}$$

则接受 Y 并令 $X_{t+1}=Y$，否则令 $X_{t+1}=X_t$。

（3）重复步骤（2）中的过程直至马氏链达到平稳状态。

过程中的接受概率为：

$$\alpha(X_t,Y)=\min\left\{1,\frac{f(Y)g(X_t|Y)}{f(X_t)g(Y|X_t)}\right\}$$

因此，在计算过程中只要明确目标分布 f 与全概率密度函数正比于某个未知常数即可。

M-H 算法是 Metropolis 抽样方法的推广。在 Metropolis 算法中，建议分布是对称的，即 $g(\cdot \mid X_t)$ 满足

$$g(X|Y)=g(Y|X)$$

因此接受概率为：

$$\alpha(X_t,Y)=\min\left\{1,\frac{f(Y)}{f(X_t)}\right\}$$

11.4 Gibbs 抽样

Gibbs 抽样是 M-H 算法的一个特例，它是一种将高维问题转化为一维问题的方法。Gibbs 抽样方法的主要特点是分别逐一对每个分量进行抽取。在对每个分量进行抽取的时候，是对其他所有分量的条件分布进行抽样的。

下面以二维分布（X_1，X_2）为例说明 Gibbs 抽样算法：

(a) 令 $(x_1,x_2)=\boldsymbol{X}(t-1)$；

(b) 从 $f(x_1|x_2)$中产生候选点 $X_1^*(t)$，更新 $x_1=X_1^*(t)$；

(c) 从 $f(x_2|x_1)$中产生候选点 $X_2^*(t)$，更新 $x_2=X_2^*(t)$；

(d) 令 $\boldsymbol{X}(t)=(X_1^*(t),X_2^*(t))$。

易推广至多维情况，令 $\boldsymbol{X}=(X_1,X_2,\cdots,X_q)$ 是 q 维随机向量，定义相应的$q-1$ 维随机向量为：

$$\boldsymbol{X}_{-j}=(X_1,\cdots,X_{j-1},X_{j+1},\cdots,X_q)$$

已知 $\boldsymbol{X}_{-j}$的情况下 X_j 的条件分布对应的概率密度函数为 $f(X_j|\boldsymbol{X}_{-j})$，称为满条件分布，一共有 q 个满条件分布，Gibbs 抽样是从这 q 个满条件分布中产生候选点。$\forall j=1,2,\cdots,q$，从 $f(X_j|\boldsymbol{X}_{-j})$中产生候选点 $X_j^*(t)$，更新 $x_j=X_j^*(t)$。

从一元分布 $f(x_j|x_1(t),x_2(t),\cdots,x_{j-1}(t),x_{j+1}(t-1),\cdots,x_q(t-1))$中抽样较为简单，因为除了变量 x_j 外，其他变量均是常数。

例 11.4.1

使用 Gibbs 抽样方法产生服从二元正态分布的随机数。

解 设随机向量（X，Y）服从二维正态分布 $N(\mu_1,\mu_2,\sigma_1^2,\sigma_2^2,\rho)$，计算其边缘分布可知 X 服从一维正态分布 $N(\mu_1,\sigma_1^2)$，Y 服从一维正态分布 $N(\mu_2,\sigma_2^2)$；然后计算给定

$Y=y$ 时 X 的条件概率密度函数为：

$$f(x|y)=\frac{1}{\sqrt{2\pi}\sigma_1\sqrt{1-\rho^2}}\exp\left\{-\frac{1}{2\sigma_1^2(1-\rho^2)}\left[x-\left(\mu_1+\rho\frac{\sigma_1}{\sigma_2}(y-\mu_2)\right)\right]^2\right\}$$

即给定 $Y=y$ 时，X 仍然服从一维正态分布，且有

$$E[X|Y=y]=\mu_1+\rho\frac{\sigma_1}{\sigma_2}(y-\mu_2)$$

$$Var[X|Y=y]=\sigma_1^2(1-\rho^2)$$

同理，可计算得到给定 $X=x$ 时，Y 服从一维正态分布。

使用 Gibbs 算法的 R 代码为：

```
>N<-6000    #定义 Markov 链的长度
>drop<-1000
>X<-matrix(0,N,2)
>rho<--0.65;mu1<-1;mu2<-2;sigma1<-1;sigma2<-0.8
>s1<-sqrt(1-rho^2)*sigma1;s2<-sqrt(1-rho^2)*sigma2

#生成 Markov 链
>X[1,]<-c(mu1,mu2)   #初始化
>for (i in 2:N){
+   x2<-X[i-1,2]
+   m1<-mu1+rho*sigma1/sigma2*(x2-mu2)
+   X[i,1]<-rnorm(1,m1,s1)   #生成服从正态分布的随机数
+   x1<-X[i,1]
+   m2<-mu2+rho*sigma2/sigma1*(x1-mu1)
+   X[i,2]<-rnorm(1,m2,s2)
+}
>b<-drop+1
>x<-X[b:N,]
```

生成的 Markov 链的 1 000 个观测被废弃掉，剩下的观测存入 x 中，可看出 x 的维数为 5 000 行 2 列。

```
> dim(x)
[1] 5000    2
```

使用 colMeans 函数或 apply 函数计算 x 各列的样本均值，可与给出的 $\mu_1=1$，$\mu_2=2$ 进行对比：

```
>colMeans(x)
[1] 0.9632944 2.0231725
```

```
>apply(x,2,mean)
[1] 0.9632944 2.0231725
```

使用 cov 函数和 cor 函数分别计算 x 的样本协方差阵及相关系数阵：

```
>cov(x)
           [,1]       [,2]
[1,]  0.9838777 -0.5144265
[2,] -0.5144265  0.6297255
>cor(x)
           [,1]       [,2]
[1,]  1.0000000 -0.6535476
[2,] -0.6535476  1.0000000
```

与给出的 $\sigma_1=1$，$\sigma_2=0.8$，$\rho=-0.65$ 进行比较，可发现各个参数的样本估计值与真值是比较接近的。

使用 plot 函数绘制 Gibbs 抽样得到的二元分布的散点图。

```
>plot(x,main ='',cex = 0.5,xlab = bquote(X[1]),ylab = bquote(X[2]),ylim = range(x[,2]))
```

结果如图 11-2 所示。散点图也显示出了二元正态分布所具有的球面对称性和负相关性特征。

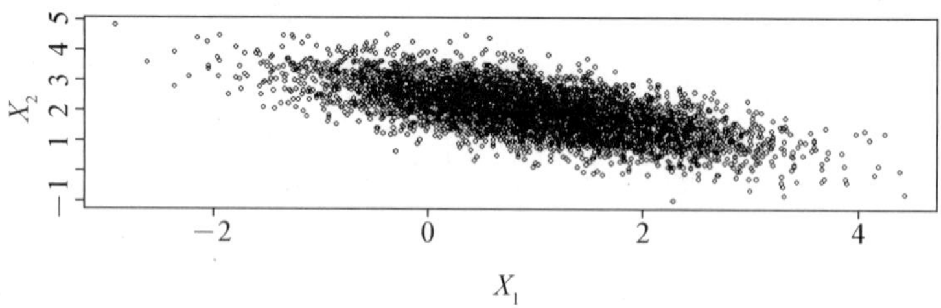

图 11-2　Gibbs 抽样得到的二元分布的散点图

11.5　贝叶斯 MCMC 估计方法

前面几节我们看到的 MCMC 方法最早由物理学家 Metropolis 为解决物理学中的高维复杂积分计算问题于 1953 年提出，该方法是通过一定的策略产生平稳的 Markov 链，该 Markov 链的平稳分布是我们感兴趣的分布，这样就可以利用该 Markov 链来进行参数推断。MCMC 方法称为 20 世纪的十大算法之一，给工程与实践科学带来了巨大影响并推动其向前发展，但具有讽刺意味的是，MCMC 这个强大有力的工具直至 20 个世纪末才对统计学领域产生实质影响，不过目前 MCMC 在统计应用、金融和贝叶斯计量经济学等领域已有广泛应用。本节我们主要讨论 MCMC 方法在贝叶斯估计中的应用。

11.5.1 贝叶斯 MCMC 估计

应用贝叶斯方法分析问题的时候，一个最主要的局限和困难就是得到其后验分布需要进行高维积分函数计算，通常高维积分的计算是非常困难又耗时的，目前已有一些巧妙的方法来避免直接进行高维积分计算，我们这里只讨论其中的 MCMC 方法。

简单来说，假设 $p(\boldsymbol{y}\mid\boldsymbol{\theta})$ 为抽样概率密度函数，其中 $\boldsymbol{y}$ 是一组观测向量，$\boldsymbol{\theta}=(\theta_1,\cdots,\theta_d)$ 是待估计的未知参数。我们这里采用贝叶斯方法进行参数估计，设未知参数的先验概率密度函数为 $\pi(\boldsymbol{\theta})$，则后验概率密度为：

$$\pi(\boldsymbol{\theta}\mid\boldsymbol{y})=\frac{p(\boldsymbol{y}\mid\boldsymbol{\theta})\pi(\boldsymbol{\theta})}{\int_{\Theta}p(\boldsymbol{y}\mid\boldsymbol{\theta})\pi(\boldsymbol{\theta})\mathrm{d}\boldsymbol{\theta}}p(\boldsymbol{y}\mid\boldsymbol{\theta})\pi(\boldsymbol{\theta}) \tag{11.5.1}$$

但是在实际问题中，上述后验密度式（11.5.1）通常是比较复杂的未知形式。所以，利用直接的分析方法或者数值积分的方法甚至是传统的 Monte Carlo 方法来对后验分布进行分析，一般来说是不可行的。然而，这些困难可以使用 MCMC 方法来解决。

由马氏链的性质可知，在给定当前值和过去链值的情况下，$\boldsymbol{\theta}^{(g+1)}$ 的分布只依赖 $\boldsymbol{\theta}^{(g)}$，这样它可以用一步转移核来表示：

$$K(\boldsymbol{\theta}^{(g)},\mathscr{A}\mid\boldsymbol{y})=P(\boldsymbol{\theta}^{(g+1)}\in\mathscr{A}\mid\boldsymbol{y},\boldsymbol{\theta}^{(g)})$$

一旦选取 $K(\boldsymbol{\theta},\mathscr{A}\mid\boldsymbol{y})$，就可以抽取 $\boldsymbol{\theta}^{(i+1)}\sim K(\boldsymbol{\theta}^{(i)},\ \cdot\mid\boldsymbol{y})$，所以按递归方法可得到序列 $\{\boldsymbol{\theta}^{(i+1)}\}$。因为构造的马氏链收敛到目标分布，则除去前面足够大的 n_0 次迭代之后的 G 个值 $\{\boldsymbol{\theta}^{(n_0+1)},\boldsymbol{\theta}^{(n_0+2)},\cdots,\boldsymbol{\theta}^{(n_0+G)}\}$ 可以认为是来自 $\pi(\boldsymbol{\theta}\mid\boldsymbol{y})$ 的一个抽样。只要 G 足够大，则样本 $\{\boldsymbol{\theta}^{(n_0+1)},\boldsymbol{\theta}^{(n_0+2)},\cdots,\boldsymbol{\theta}^{(n_0+G)}\}$ 可以作为后验密度函数的一个代理（surrogate）。所以可以用

$$\hat{h}(\boldsymbol{\theta})=G^{-1}\sum_{g=1}^{G}h(\boldsymbol{\theta}^{(n_0+g)}) \tag{11.5.2}$$

来估计 $h(\boldsymbol{\theta})$ 的期望，用

$$\hat{\theta}_l=G^{-1}\sum_{g=1}^{G}\theta_l^{(n_0+g)} \tag{11.5.3}$$

来估计 $\boldsymbol{\theta}$ 的第 l 个分量。

（1）Metropolis-Hastings 算法。M-H 算法的主要思想是从一个友好又简便的转移密度函数 $q(\boldsymbol{\theta}^{\dagger},\boldsymbol{\theta}\mid\boldsymbol{y})$ 直接模拟产生 $\boldsymbol{\theta}$，其中 $(\boldsymbol{\theta}^{\dagger},\boldsymbol{\theta})$ 是任意的两个点，然后修正转移密度函数，确保修正后的 Markov 链有正确的极限分布（目标分布），这里我们称 $q(\boldsymbol{\theta}^{\dagger},\boldsymbol{\theta}\mid\boldsymbol{y})$ 为参考生成密度或建议密度函数。

下面给出具体的 M-H 算法，令 $\boldsymbol{\theta}^{(g)}$ 是当前值，下一期值 $\boldsymbol{\theta}^{(g+1)}$ 由建议步和移动步两步产生：

- 第 1 步：初始化 $\boldsymbol{\theta}^{(0)}$；
- 第 2 步：在每一次迭代 g（$g=0,1,\cdots,n_0+G$）

建议步：从建议密度函数 $q(\boldsymbol{\theta}^{(g)}, \boldsymbol{\theta} \mid y)$ 产生建议值 $\boldsymbol{\theta}^{\dagger}$ 并计算

$$\alpha(\boldsymbol{\theta}^{(g)},\boldsymbol{\theta}^{\dagger}\mid\boldsymbol{y})=\min\left\{1,\frac{\pi(\boldsymbol{\theta}^{\dagger}\mid\boldsymbol{y})}{\pi(\boldsymbol{\theta}^{(g)}\mid\boldsymbol{y})}\frac{q(\boldsymbol{\theta}^{\dagger},\boldsymbol{\theta}^{(g)}\mid\boldsymbol{y})}{q(\boldsymbol{\theta}^{(g)},\boldsymbol{\theta}^{\dagger}\mid\boldsymbol{y})}\right\} \tag{11.5.4}$$

移动步：令

$$\boldsymbol{\theta}^{(g+1)}=\begin{cases}\boldsymbol{\theta}^{\dagger}, & \text{以概率 } \alpha(\boldsymbol{\theta}^{(g)},\boldsymbol{\theta}^{\dagger}\mid\boldsymbol{y})\\ \boldsymbol{\theta}^{(g)}, & \text{以概率 } 1-\alpha(\boldsymbol{\theta}^{(g)},\boldsymbol{\theta}^{\dagger}\mid\boldsymbol{y})\end{cases}$$

● 第 3 步：扔掉前面 n_0 次预迭代数据并存储随后的 G 次抽样 $\{\boldsymbol{\theta}^{(n_0+1)}, \boldsymbol{\theta}^{(n_0+2)}, \cdots, \boldsymbol{\theta}^{(n_0+G)}\}$。

在实际应用中，建议密度函数 $q(\boldsymbol{\theta}^{\dagger}, \boldsymbol{\theta} \mid \boldsymbol{y})$ 的选取是关键，下面是几种常见的选取方法。

1）random walk M-H 建议步：给定当前值 $\boldsymbol{\theta}$，建议值依 $\boldsymbol{\theta}^{\dagger}=\boldsymbol{\theta}+\boldsymbol{\varepsilon}$ 抽取，其中 $\boldsymbol{\varepsilon}$ 取对称分布，比如 $q\sim N(0, \tau V)$。因此

$$\alpha(\boldsymbol{\theta},\boldsymbol{\theta}^{\dagger}\mid y)=\min\left\{1,\frac{\pi(\boldsymbol{\theta}^{\dagger}\mid\boldsymbol{y})}{\pi(\boldsymbol{\theta}\mid\boldsymbol{y})}\right\}$$

2）independence M-H 建议步：令 $q(\boldsymbol{\theta}, \boldsymbol{\theta}^{\dagger} \mid \boldsymbol{y})=\boldsymbol{q}(\boldsymbol{\theta}^{\dagger} \mid \boldsymbol{y})$，这时

$$\alpha(\boldsymbol{\theta},\boldsymbol{\theta}^{\dagger}\mid\boldsymbol{y})=\min\left\{1,\frac{\pi(\boldsymbol{\theta}^{\dagger}\mid\boldsymbol{y})}{\pi(\boldsymbol{\theta}\mid\boldsymbol{y})}\frac{q(\boldsymbol{\theta}\mid\boldsymbol{y})}{q(\boldsymbol{\theta}^{\dagger}\mid\boldsymbol{y})}\right\}$$

当 $\boldsymbol{\theta}$ 的维数比较高时，在一个分块里面抽样的效率不理想，这时有必要将 $\boldsymbol{\theta}$ 分割成一些小的区块轮次抽取。为了解释这个思想，我们假设 $\boldsymbol{\theta}$ 被分割成两块：$(\boldsymbol{\theta}_1, \boldsymbol{\theta}_2)$（在很多问题中要根据问题本身来分割），令 $q_1(\boldsymbol{\theta}_1, \boldsymbol{\theta}_1^{\dagger} \mid \boldsymbol{y}, \boldsymbol{\theta}_2)$，$q_2(\boldsymbol{\theta}_2, \boldsymbol{\theta}_2^{\dagger} \mid \boldsymbol{y}, \boldsymbol{\theta}_1)$ 表示建议密度。同样定义

$$\alpha_1(\boldsymbol{\theta}_1,\boldsymbol{\theta}_1^{\dagger}\mid\boldsymbol{y},\boldsymbol{\theta}_2)=\min\left\{1,\frac{\pi(\boldsymbol{\theta}_1^{\dagger}\mid\boldsymbol{y},\boldsymbol{\theta}_2)}{\pi(\boldsymbol{\theta}_1\mid\boldsymbol{y},\boldsymbol{\theta}_2)}\frac{q_1(\boldsymbol{\theta}_1^{\dagger},\boldsymbol{\theta}_1\mid\boldsymbol{y},\boldsymbol{\theta}_2)}{q_1(\boldsymbol{\theta}_1,\boldsymbol{\theta}_1^{\dagger}\mid\boldsymbol{y},\boldsymbol{\theta}_2)}\right\} \tag{11.5.5}$$

$$\alpha_2(\boldsymbol{\theta}_2,\boldsymbol{\theta}_2^{\dagger}\mid\boldsymbol{y},\boldsymbol{\theta}_1)=\min\left\{1,\frac{\pi(\boldsymbol{\theta}_2^{\dagger}\mid\boldsymbol{y},\boldsymbol{\theta}_1)}{\pi(\boldsymbol{\theta}_2\mid\boldsymbol{y},\boldsymbol{\theta}_1)}\frac{q_2(\boldsymbol{\theta}_2^{\dagger},\boldsymbol{\theta}_2\mid\boldsymbol{y},\boldsymbol{\theta}_1)}{q_2(\boldsymbol{\theta}_2,\boldsymbol{\theta}_2^{\dagger}\mid\boldsymbol{y},\boldsymbol{\theta}_1)}\right\} \tag{11.5.6}$$

条件后验密度 $\pi(\boldsymbol{\theta}_1 \mid \boldsymbol{y}, \boldsymbol{\theta}_2)$，$\pi(\boldsymbol{\theta}_2 \mid \boldsymbol{y}, \boldsymbol{\theta}_1)$ 称为满条件分布，由 Bayes 定理可知其与联合后验分布成比例，比如 $\pi(\boldsymbol{\theta}_1 \mid \boldsymbol{y}, \boldsymbol{\theta}_2) \propto \pi(\boldsymbol{\theta}_1, \boldsymbol{\theta}_2 \mid \boldsymbol{y})$，因此式（11.5.5）和式（11.5.6）中的转移概率可以用联合后验密度的核 $\pi(\boldsymbol{\theta}_1, \boldsymbol{\theta}_2 \mid \boldsymbol{y})$ 表示，因为满条件分布的正则化常数被约去。下面是多分块 M-H 算法。

3）多分块 M-H 算法：

第 1 步：生成 $\boldsymbol{\theta}_1^{\dagger}\sim q_1(\boldsymbol{\theta}_1^{(g)}, \boldsymbol{\theta}_1^{\dagger} \mid \boldsymbol{y}, \boldsymbol{\theta}_2^{(g)})$ 以概率 $\alpha_1(\boldsymbol{\theta}_1^{(g)}, \boldsymbol{\theta}_1^{\dagger} \mid \boldsymbol{y}, \boldsymbol{\theta}_2^{(g)})$ 更新 $\boldsymbol{\theta}_1^{(g+1)}$。

第 2 步：更新第一块的值，生成 $\boldsymbol{\theta}_2^{\dagger}\sim q_2(\boldsymbol{\theta}_2^{(g+1)}, \boldsymbol{\theta}_2^{\dagger} \mid \boldsymbol{y}, \boldsymbol{\theta}_1^{(g+1)})$ 以概率 $\alpha_2(\boldsymbol{\theta}_2^{(g)}, \boldsymbol{\theta}_2^{\dagger} \mid \boldsymbol{y}, \boldsymbol{\theta}_1^{(g+1)})$ 更新 $\boldsymbol{\theta}_2^{(g+1)}$。

（2）Gibbs 抽样方法。在很多情形下每一个满条件分布都具有已知的形式并可以直接抽样，我们可以直接用它作为建议分布：

$$q_1(\boldsymbol{\theta}_1^{(g)},\boldsymbol{\theta}_1^{\dagger}\mid\boldsymbol{y},\boldsymbol{\theta}_2^{(g)})=\pi(\boldsymbol{\theta}_1^{\dagger}\mid\boldsymbol{y},\boldsymbol{\theta}_2^{(g)})$$

$$q_2(\boldsymbol{\theta}_2^{(g+1)},\boldsymbol{\theta}_2^{\dagger}\mid \boldsymbol{y},\boldsymbol{\theta}_1^{(g+1)})=\pi(\boldsymbol{\theta}_2^{\dagger}\mid \boldsymbol{y},\boldsymbol{\theta}_1^{(g+1)})$$

并且容易得到更新概率 $\alpha_1(\boldsymbol{\theta}_1^{(g)},\ \boldsymbol{\theta}_1^{\dagger}\mid \boldsymbol{y},\ \boldsymbol{\theta}_2^{(g)})=1$，这种特殊的分块 M-H 算法称为 Gibbs 抽样算法。

Gibbs 抽样算法：每一次迭代 g（$g=1,\ 2,\ \cdots,\ n_0+G$）：

- 从 $\pi(\boldsymbol{\theta}_1\mid \boldsymbol{y},\ \boldsymbol{\theta}_2^{(g)})$ 生成 $\boldsymbol{\theta}_1^{(g+1)}$；
- 从 $\pi(\boldsymbol{\theta}_2\mid \boldsymbol{y},\ \boldsymbol{\theta}_1^{(g+1)})$ 生成 $\theta_2^{(g+1)}$，

返回 $\{\boldsymbol{\theta}^{(n_0+1)},\ \boldsymbol{\theta}^{(n_0+2)},\ \cdots,\ \boldsymbol{\theta}^{(n_0+G)}\}$，计算估计量 $\hat{h}_G=G^{-1}\sum_{g=1}^{G}h(\boldsymbol{\theta}^{(n_0+g)})$。

（3）混合抽样。在一些问题中，会遇到一个或多个满条件分布不能直接抽样的情况，这时需要采用将 M-H 和 Gibbs 混合起来的抽样方法，对于具有可识别形式的满条件分布直接抽样，对于不可识别的满条件分布采取 M-H 方法。

11.5.2 MCMC 算法的收敛性质

使用 MCMC 算法进行推断依赖于 MCMC 算法的收敛性质，下面的两个重要结果来自 Tierney（1994）。

定理 11.5.1 遍历性大数律

假设马氏链 $\{\boldsymbol{\theta}^{(g)}\}$ 是不可约的并具有不变分布 $\pi(\boldsymbol{\theta}\mid \boldsymbol{y})$，则 $\pi(\boldsymbol{\theta}\mid \boldsymbol{y})$ 是唯一的不变分布；如果马氏链是不可约、非周期的，则对任给的可测集 $\mathscr{A}$:

$$\|\boldsymbol{P}(\boldsymbol{\theta}^{(g)}\in\mathscr{A}\mid \boldsymbol{y},\boldsymbol{\theta}^{(0)})-\int_{\mathscr{A}}\pi(\boldsymbol{\theta}\mid \boldsymbol{y})\mathrm{d}\boldsymbol{\theta}\|\to 0\quad \text{a.s.，当 } G\to\infty \tag{11.5.7}$$

如果马氏链是遍历的，则对所有满足 $\int_{\boldsymbol{\Theta}}|h(\boldsymbol{\theta})|\pi(\boldsymbol{\theta}\mid \boldsymbol{y})\mathrm{d}\theta<\infty$ 的函数 $h(\boldsymbol{\theta})$ 和初始分布，都有

$$\hat{h}_G\to\int_{\boldsymbol{\Theta}}h(\boldsymbol{\theta})\pi(\boldsymbol{\theta}\mid \boldsymbol{y})\mathrm{d}\boldsymbol{\theta}\quad \text{a.s.，当 } G\to\infty \tag{11.5.8}$$

这里估计量 $\hat{h}_G:=G^{-1}\sum_{g=1}^{G}h(\boldsymbol{\theta}^{(g)})$。

定理 11.5.1 为我们提供了进行 MCMC 推断的基本方法，使我们利用转移核的模拟样本路径来得到后验矩、后验概率以及其他量的相合估计。注意到定理的条件是比较弱的，所以具有非常广泛的应用。

定理 11.5.2 遍历性中心极限定理

假设马氏链 $\{\boldsymbol{\theta}^{(g)}\}$ 一致遍历并具有不变分布 $\pi(\boldsymbol{\theta}\mid \boldsymbol{y})$，则对所有满足

$$\int_{\boldsymbol{\Theta}}h(\boldsymbol{\theta})^2\pi(\boldsymbol{\theta}\mid \boldsymbol{y})\mathrm{d}\boldsymbol{\theta}<\infty$$

的函数 $h(\boldsymbol{\theta})$ 和初始分布，都有

$$\sqrt{G}(\hat{h}_G-E_\pi h)\xrightarrow{\mathrm{d}}N(0,\sigma_h^2) \tag{11.5.9}$$

式中

$$E_\pi h=\int_{\boldsymbol{\Theta}}h(\boldsymbol{\theta})\pi(\boldsymbol{\theta}\mid \boldsymbol{y})\mathrm{d}\boldsymbol{\theta}$$

$$\sigma_h^2 = Var_\pi(h(\boldsymbol{\theta}_1^{(1)})) + 2\sum_{j=2}^{\infty} Cov_\pi(h(\boldsymbol{\theta}_1^{(1)}), h(\boldsymbol{\theta}_1^{(j)}))$$

定理 11.5.2 为我们提供了计算 $E_\pi h$ 的 MCMC 参数估计估计量 $\hat{h}_G$ 的估计精度的思路，我们需要计算 $Var(\hat{h}_G)=\sigma_h^2/G$。$Var(\hat{h}_G)$ 的平方根称为数值标准误（numerical standard error）或者蒙特卡罗标准误（Monte Carlo standard error，MCSE）。它可以通过 Ripley（1987）的批量均值（batch means）法得到。

令 $Z_g=h(\boldsymbol{\theta}^{(g)})$（$g=1，2，\cdots，G$），把数据 $\{Z_1，Z_2，\cdots，Z_G\}$ 划分成互不重叠的长度为 m 的 k 个区间，均值为：

$$B_i=m^{-1}(Z_{(i-1)m+1}+\cdots+Z_{im}),\ i=1,2,\cdots,k$$

式中，m 的选取需要保证批量均值的一阶自相关系数小于 0.05。记 $\bar{B}:=\frac{1}{k}\sum_{i=1}^{k}B_i=\hat{h}_G$，$\bar{B}$ 的样本方差 $Var(\bar{B})=\frac{1}{k(k-1)}\sum_{i=1}^{k}(B_i-\bar{B})^2$，当 k 和 m 都随 G 增加时，它是 σ_h^2/G 的相合估计。

一旦得到了估计量 $Var(\hat{h}_G)$，我们就可以计算一个重要的统计量——非有效因子（inefficiency factor，Ineff）：

$$\text{Ineff}(\hat{h}_G)=\frac{Var(\hat{h}_G)}{s^2/G}=\frac{\sigma_h^2/G}{s^2/G}$$

式中，s^2 是 $\{Z_g\}$ 的样本方差。我们也可以用有效样本数（effective sample size，ESS）来解释 Ineff 的意义：

$$\text{ESS}(\hat{h}_G)=\frac{G}{\text{Ineff}(\hat{h}_G)}$$

关于 Ineff 的另外一个等价表示为：

$$\text{Ineff}(\hat{h}_G)=\sum_{g=-\infty}^{\infty}\rho_g=1+2\sum_{g=1}^{\infty}\rho_g \tag{11.5.10}$$

式中，ρ_g 是马氏链 $h(\boldsymbol{\theta})$ 的 g 阶自相关函数。

习题

11.1　利用随机投点法计算积分 $\int_0^1 e^{-x^2}dx$，使用 R 软件来实现这个试验过程。

11.2　假设 X_1，…，X_5 为相互独立的服从指数分布的随机变量，且其均值分别为 1，2，3，4，5，请用模拟方法估计

$$P\left\{\prod_{i=1}^{5}X_i>120 \,\middle|\, \sum_{i=1}^{5}X_i=15\right\}$$

习题参考答案

第1章

1.1 解：(1) 由定义可得 X 的特征函数为：

$$\psi_X(t)=\sum_{k=0}^{n}e^{itk}\cdot P\{X=k\}=\sum_{k=0}^{n}e^{itk}\,C_n^kP^k\,(1-p)^{n-k}$$
$$=(pe^{it}+q)^n,\text{其中 } q=1-pV$$

(2) 同理可求得 Y 的特征函数为 $\psi_Y(t)=(pe^{it}+q)^m$

故 $X+Y$ 的特征函数为 $\psi_{X+Y}(t)=\psi_X(t)\cdot\psi_Y(t)=(pe^{it}+q)^{m+n}$

由特征函数与分布函数相互唯一决定可知 $X+Y$ 服从二项分布 $B(m+n,\ p)$。

1.2 解：(1) X 的特征函数为：

$$\psi_X(t)=E[e^{itx}]=\sum_{k=0}^{+\infty}e^{itk}\cdot P\{X=k\}=\sum_{k=0}^{+\infty}e^{itk}\cdot\frac{2^k}{3^{k+1}}$$
$$=\frac{1}{3}\sum_{k=0}^{+\infty}\frac{(2e^{it})^k}{3^k}=\frac{1}{3\quad 2c^{it}}$$

(2) 由特征函数与矩的关系可知：

$$E(X)=-i\psi'(0)=(-i)\cdot\frac{2e^{it}\cdot i}{(3-2e^{it})^2}\Big|_{t=0}=2$$

$$E(X^2)=(-i)^2\cdot\psi''(0)$$
$$=(-i)^2\cdot\frac{-2e^{it}(3-2e^{it})^2+2ie^{it}\cdot 2(3-2e^{it})2ie^{it}}{(3-2e^{it})^4}\Big|_{t=0}$$
$$=(-i)^2\cdot(-10)=10$$

故 $Var(X)=E(X^2)-[E(X)]^2=10-4=6$

1.3 解：设 Y 表示首次摸到的球的情况，易知 Y 的分布律为：

$$P\{Y=1\}=P\{Y=2\}=P\{Y=3\}=P\{Y=4\}=P\{Y=5\}=\frac{1}{5}$$

由重期望公式有

$$\begin{aligned}E(X) &= E[E(X \mid Y)] = \sum_{y=1}^{5} E(X \mid Y=y) \cdot P\{Y=y\} \\ &= \frac{1}{5}\sum_{y=1}^{5} E(X \mid Y=y) \\ &= \frac{1}{5}\{5+[1+E(X)]+[2+E(X)]+[3+E(X)]+[4+E(X)]\}\end{aligned}$$

故得　　$E(X)=15$

第2章

2.1　证明：由题设 $\{X(t),t\in T\}$ 的所有二阶矩存在，由于

(1) 均值函数 $E[X(s)]$ 不依赖于 s 等价于 $E[X(s)]$ 为常数 μ_x。

(2) 自相关函数 $R_X(s,s+t)=E[X(s)X(s+t)]$ 不依赖于 s 等价于 $R_X(s,s+t)$ 仅与时间间隔 t 有关。结合 (1)，这等价于协方差函数 $\gamma(s,s+t)=R_X(s,s+t)-(\mu_X)^2$ 仅与时间间隔 t 有关。根据宽平稳过程的定义知命题成立。

2.2　解：因 $X(t)=Z_1\cos\lambda t+Z_2\sin\lambda t$，$Z_1$，$Z_2$ 是独立同分布的随机变量，服从 $N(0,\sigma^2)$，故 $E(Z_1)=E(Z_2)=0$，$E(Z_1^2)=E(Z_2^2)=\sigma^2$，$E(Z_1Z_2)=E(Z_1)E(Z_2)=0$，且 $E[X(t)^2]<\infty$，从而均值函数

$$\mu_X(t)=\cos\lambda tE(Z_1)+\sin\lambda tE(Z_2)=0$$

协方差函数

$$\begin{aligned}\gamma_X(s,t) &= E[(Z_1\cos\lambda s+Z_2\sin\lambda s)(Z_1\cos\lambda t+Z_2\sin\lambda t)] \\ &= \cos\lambda s\cos\lambda tE(Z_1^2)+\sin\lambda s\sin\lambda tE(Z_2^2) \\ &\quad +(\cos\lambda s\sin\lambda t+\sin\lambda s\cos\lambda t)E(Z_1Z_2) \\ &= \sigma^2\cos[\lambda(t-s)]\end{aligned}$$

方差函数 $Var[X(t)]=\gamma(t,t)=\sigma^2$。因为均值函数 $\mu_X(t)$ 为常数，协方差函数 $\gamma_X(s,t)$ 仅与时间间隔 $t-s$ 有关，所以 $\{X(t),\ t\in T\}$ 是宽平稳过程。

2.3　证明：(1) 先证对任意给定的 k 个时刻 $0\leqslant n_1<n_2<\cdots<n_k$，随机变量 $X_{n_2}-X_{n_1}$，$X_{n_3}-X_{n_2}$，…，$X_{n_k}-X_{n_{k-1}}$ 相互独立。

事实上，由于 Z_0，Z_1，…是相互独立的随机变量，所以

$$X(n_{i+1})-X(n_i)=\sum_{l=n_i+1}^{n_{i+1}} Z_l,\quad i=1,2,\cdots$$

也相互独立。

(2) 再证$\{X_n, n=0,1,\cdots\}$有平稳增量，即证明对任意给定的两个时刻$0\leqslant n_1<n_2$及整数$l>0$，随机变量$X_{n_1+l}-X_{n_1}$与$X_{n_2+l}-X_{n_2}$有相同分布。由Z_0，Z_1，…同分布知它们有相同的特征函数，记为$\psi_{Z_1}(u)$。再由Z_0，Z_1，…的独立性，有

$$X_{n_1+l}-X_{n_1}=\sum_{l=n_1+1}^{n_1+l}Z_l \text{ 与 } X_{n_2+l}-X_{n_2}=\sum_{l=n_2+1}^{n_2+l}Z_l$$

有相同的特征函数$[\psi_{Z_1}(u)]^l$，利用特征函数对分布函数的唯一确定性质知$X_{n_1+l}-X_{n_1}$与$X_{n_2+l}-X_{n_2}$有相同的分布。综上所述，$\{X_n, n=0,1,\cdots\}$是平稳独立增量过程。

2.4 证明：(1) 由$Y(t)$的定义，过程$\{Y(t), t\in T\}$的均值函数为$E[Y(t)]=P\{X(t)\leqslant x\}$，它是$\{X(t), t\in T\}$的一维分布函数。

(2)

$$Y(s)Y(t)=\begin{cases}1, & X(s)\leqslant x, X(t)\leqslant x\\ 0, & \text{否则}\end{cases}$$

从而过程$\{Y(t)\}$的自相关函数为$E[Y(s)Y(t)]=P\{X(s)\leqslant x, X(t)\leqslant x\}$，恰为$\{X(t), t\in T\}$的二维分布函数。

2.5 解：过程$\{Y(t), t\in T\}$的均值函数为：

$$E[Y(t)]=E[X(t)+\phi(t)]=\mu_X(t)+\phi(t)$$

协方差函数为：

$$\begin{aligned}\gamma_Y(t,s)&=Cov[Y(t),Y(s)]\\&=E[Y(t)Y(s)]-E[Y(t)]E[Y(s)]\\&=E\{[X(t)+\phi(t)][X(s)+\phi(s)]\}-[\mu_X(t)+\phi(t)][\mu_X(s)+\phi(s)]\\&=E[X(t)X(s)]-\mu_X(t)\mu_X(s)\\&=Cov[X(t),X(s)]=\gamma_X(t,s)\end{aligned}$$

2.6 证明：(1) 因$E[X(t)]=E(\sin Ut)=\int_0^{2\pi}\frac{1}{2\pi}\sin Ut\,dU=0$

$$\begin{aligned}\gamma_X(t,s)&=E(\sin Ut\sin Us)\\&=\int_0^{2\pi}\frac{1}{2\pi}\sin Ut\sin Us\,dU\\&=\frac{1}{2\pi}\int_0^{2\pi}\left\{-\frac{1}{2}[\cos U(t+s)-\cos U(t-s)]\right\}dU\\&=\begin{cases}\frac{1}{2}, & t=s\\ 0, & t\neq s\end{cases}\quad t,s\in N\end{aligned}$$

因为均值函数$\mu_X(t)$为常数0，协方差函数$\gamma_X(s,t)$仅与时间间隔$t-s$有关，所以$\{X(t), t=1,2,\cdots\}$是宽平稳过程。

(2) 因为均值函数

$$E[X(t)]=\begin{cases}0, & t=0\\ \dfrac{1-\cos(2\pi t)}{2\pi t}, & t\neq 0\end{cases}$$

当 $t\neq 0$ 时与 t 有关，所以 $\{X(t),t\geqslant 0\}$ 不再是宽平稳过程。

2.7　解：(1) $X(t)=\begin{cases}0，当时刻\dfrac{1}{2}掷出正面\\ 1，当时刻\dfrac{1}{2}掷出反面\end{cases}$

由于硬币均匀，故 $X\left(\dfrac{1}{2}\right)$的分布律为 $P\left\{X\left(\dfrac{1}{2}\right)=0\right\}=P\left\{X\left(\dfrac{1}{2}\right)=1\right\}=\dfrac{1}{2}$

故 $F\left(\dfrac{1}{2};\ x_1\right)=P\left\{X\left(\dfrac{1}{2}\right)\leqslant x_1\right\}=\begin{cases}0，x_1<0\\ \dfrac{1}{2}，0\leqslant x_1<1\\ 1，x\geqslant 1\end{cases}$

同理 $F(t;\ x_1)=P\{X(t)\leqslant x_1\}=\begin{cases}0，x_1<\cos\pi t\\ \dfrac{1}{2}，\cos\pi t\leqslant x_1<2t\\ 1，x\geqslant 2t\end{cases}$

(2) $F\left(\dfrac{1}{2}，1;\ x_1，x_2\right)=P\left\{X\left(\dfrac{1}{2}\right)\leqslant x_1，X(1)\leqslant x_2\right\}$

由于掷硬币的试验是独立的，故 $X\left(\dfrac{1}{2}\right)$与 $X(1)$ 的联合分布律为：

$X\left(\frac{1}{2}\right)$ \ $X(1)$	0	1
0	$\frac{1}{4}$	$\frac{1}{4}$
1	$\frac{1}{4}$	$\frac{1}{4}$

故 $F\left(\dfrac{1}{2}，1;\ x_1，x_2\right)=\begin{cases}\dfrac{1}{4}，0\leqslant x_1<1，-1\leqslant x_2<2\\ \dfrac{1}{2}，0\leqslant x_1<1，x_2\geqslant 2 或 x_1\geqslant 2，-1\leqslant x_2<2\\ 1，x_1\geqslant 1，x_2\geqslant 2\\ 0，其他\end{cases}$

2.8　解：$X(t)$ 的分布律为：

$$P\{X(t)=\frac{t}{3}\}=P\{t 时刻取到红球\}=\frac{2}{3}$$

$$P\{X(t)=e^t\}=P\{t 时刻取到白球\}=\frac{1}{3}$$

故一维分布函数为 $F(t;x_1)=P\{X(t)\leqslant x_1\}=\begin{cases}0, x_1<\frac{t}{3}\\ \frac{2}{3}, \frac{t}{3}\leqslant x_1<e^t\\ 1, x_1\geqslant e^t\end{cases}$

第3章

3.1 解：由题设条件，若以 $N(t)$ 表示到时刻 t 为止接受体检的学生人数，则 $\{N(t),t\geqslant 0\}$ 是一个参数为 $\lambda=30$ 人/小时的 Poisson 过程，所以 1 小时内平均有 $E[N(1)]=30$ 位学生接受过体检，在这 1 小时内最多有 40 名学生接受过体检的概率为：

$$P\{N(1)\leqslant 40\}=\sum_{i=0}^{40}\frac{30^i}{i!}e^{-30}$$

3.2 （1）**解**：以 X_{i1}（$i=1,2,\cdots,n$）记第 i 个过程中第一次事件发生的时刻，则 $T=\min\{X_{i1}\}$（$i=1,2,\cdots,n$）。由 Poisson 过程的定义，X_{i1} 服从参数分别为 λ_i 的指数分布，即

$$P\{X_{i1}>t\}=e^{-\lambda_i t},\quad t>0;i=1,2,\cdots,n$$

又由于 n 个过程相互独立，所以

$$\begin{aligned}P\{T>t\}&=P\{X_{i1}>t,i=1,2,\cdots,n\}\\&=\prod_{i=1}^{n}P\{X_{i1}>t\}=\prod_{i=1}^{n}e^{-\lambda_i t}\\&=e^{-\sum_{i=1}^{n}\lambda_i t},\quad t>0\end{aligned}$$

（2）**证明**：首先，$N(0)=\sum_{i=1}^{n}N_i(0)=0$。

其次，$\{N(t),t\geqslant 0\}$ 是独立增量计数过程，且具有平稳增量。

事实上，由 $\{N_i(t)\}(i=1,2,\cdots,n)$ 是相互独立的 Poisson 过程知，对 $\forall s$，$t>0$，有

$$N(t+s)-N(t)=\sum_{i=1}^{n}[N_i(t+s)-N_i(t)]$$

与 t 无关，且增量独立平稳。

最后证明 $\forall t$，$s>0$，增量 $N(t+s)-N(t)$ 服从 Poisson 分布。

因为 $N_i(t+s)-N_i(t)$（$i=1,2,\cdots,n$）服从参数为 $s\lambda_i$ 的 Poisson 分布，且相互独立，由泊松分布的独立可加性质，$N(t+s)-N(t)$ 服从参数为 $s\sum_{i=1}^{n}\lambda_i$ 的 Poisson 分布，所以 $\{N(t)=\sum_{i=1}^{n}N_i(t),t\geqslant 0\}$ 是参数为 $\lambda=\sum_{i=1}^{n}\lambda_i$ 的 Poisson 过程。

（3）**解**：

$$\begin{aligned}
&P\{N_1(t)=1 \mid N(t)=1\}\\
&=\frac{P\{N_1(t)=1,N(t)=1\}}{P\{N(t)=1\}}\\
&=\frac{P\{N_1(t)=1,N_i(t)=0,i=2,3,\cdots\}}{P\{N(t)=1\}}\\
&=\frac{\lambda_1 t\mathrm{e}^{-\lambda_1 t}\prod\limits_{i=2}^{n}\mathrm{e}^{-\lambda_i t}}{\sum\limits_{i=1}^{n}\lambda_i t\,\mathrm{e}^{-\sum\limits_{i=1}^{n}\lambda_i t}}\\
&=\frac{\lambda_1}{\sum\limits_{i=1}^{n}\lambda_i}
\end{aligned}$$

3.3 证明：只证 $r=2$ 的情形，r 个的情形可用数学归纳法推得。即只证 $N(t)=N_1(t)+N_2(t)$，$\{N_1(t),t\geqslant 0\}$和$\{N_2(t),t\geqslant 0\}$分别是强度为 λp_1，λp_2 的 Poisson 过程，且二者独立，其中 $0<p_i<1$ $(i=1,2)$，$p_1+p_2=1$。易见$N_1(0)=0$，且 $\{N_1(t),t\geqslant 0\}$ 具有平稳独立增量，接下来只需验证 $N_1(t)$ 服从均值为 $\lambda p_1 t$ 的 Poisson 分布，即验证对任意 $t>0$，有

$$P\{N_1(t)=m\}=\frac{(\lambda p_1 t)^m}{m!}\mathrm{e}^{-\lambda p_1 t},\quad m=0,1,\cdots$$

事实上，有

$$\begin{aligned}
P\{N_1(t)=m\}&=\sum_{n=0}^{\infty}P\{N_1(t)=m \mid N(t)=m+n\}P\{N(t)=m+n\}\\
&=\sum_{n=0}^{\infty}\binom{n+m}{m}p_1^m p_2^n\frac{(\lambda t)^{m+n}}{(m+n)!}\mathrm{e}^{-\lambda t}\\
&=\sum_{n=0}^{\infty}\frac{(\lambda p_2 t)^n}{n!}\left[\frac{(\lambda p_1 t)^m}{m!}\mathrm{e}^{-\lambda t}\right]\\
&=\mathrm{e}^{\lambda p_2 t}\frac{(\lambda p_1 t)^m}{m!}\mathrm{e}^{-\lambda t}\\
&=\frac{(\lambda p_1 t)^m}{m!}\mathrm{e}^{-\lambda p_1 t}
\end{aligned}$$

所以 $\{N_1(t),t\geqslant 0\}$ 是强度为 $\lambda p_1 t$ 的 Poisson 过程，同理可证 $\{N_2(t),t\geqslant 0\}$ 是强度为 $\lambda p_2 t$ 的 Poisson 过程。

再证过程$\{N_1(t),t\geqslant 0\}$和$\{N_2(t),t\geqslant 0\}$的独立性。

由于$\forall m$，$n=0$，1，…，有

$$\begin{aligned}
P\{N_1(t)=m,N_2(t)=n\}&=P\{N_1(t)=m,N(t)=m+n\}\\
&=P\{N_1(t)=m|N(t)=m+n\}P\{N(t)=m+n\}\\
&=\binom{n+m}{m}p_1^m\ p_2^n\frac{(\lambda t)^{m+n}}{(m+n)!}\mathrm{e}^{-\lambda t}
\end{aligned}$$

$$=\frac{(\lambda p_1 t)^m}{m!}e^{-\lambda p_1 t}\frac{(\lambda p_2 t)^n}{n!}e^{-\lambda p_2 t}$$
$$=P\{N_1(t)=m\}P\{N_2(t)=n\}$$

下面采用数学归纳法证明独立性。记时间 $0\leqslant t_1<k_2<k_3<\cdots<k_n<k_{n+1}$，任意正整数，$a_1\leqslant a_2\leqslant\cdots\leqslant a_{n+1}$，$b_1\leqslant b_2\leqslant\cdots\leqslant b_{n+1}$。记：

$$\Delta N_1(k_k)=N_1(k_k)-N_1(k_{k-1}),\ \Delta N_2(k_k)=N_2(k_k)-N_2(k_{k-1})$$

根据上面证明，同理可得，对任意的 k_k，m，n 有：

$$P(\Delta N_1(k_k)=m,\Delta N_2(k_k)=n)=P(\Delta N_1(k_k)=m)\cdot P(\Delta N_2(k_k)=n)$$

假设独立性对 n 维分布成立，即

$$P(N_1(k_1)=a_1,N_1(k_2)=a_2,\cdots,N_1(k_n)=a_n;N_2(k_1)=b_1,N_2(k_2)=b_2,\cdots,N_2(k_n)=b_n)$$
$$=P(N_1(k_1)=a_1,N_1(k_2)=a_2,\cdots,N_1(k_n)=a_n)\cdot P(N_2(k_1)=b_1,N_2(k_2)=b_2,\cdots,N_2(k_n)=b_n)$$

下面证明对 $n+1$ 也成立：

$$P(N_1(k_1)=a_1,N_1(k_2)=a_2,\cdots,N_1(k_{n+1})=a_{n+1};N_2(k_1)=b_1,$$
$$N_2(k_2)=b_2,\cdots,N_2(k_{n+1})=b_{n+1})$$
$$=P(N_1(k_1)=a_1,\cdots,N_1(k_n)=a_n,\Delta N_1(k_{n+1})=a_{n+1}-a_n;N_2(k_1)=b_1,\cdots,$$
$$N_2(k_n)=b_n,\Delta N_2(k_{n+1})=b_{n+1}-b_n)$$
$$=P[\{N_1(k_1)=a_1,\cdots,N_1(k_n)=a_n;N_2(k_1)=b_1,\cdots,N_2(k_n)=b_n\mid\Delta N_1(k_{n+1})=a_{n+1}-a_n,$$
$$\Delta N_2(k_{n+1})=b_{n+1}-b_n\}]\cdot P[\Delta N_1(k_{n+1})=a_{n+1}-a_n,\Delta N_2(k_{n+1})=b_{n+1}-b_n]$$
$$=P[N_1(k_1)=a_1,\cdots,N_1(k_n)=a_n;N_2(k_1)=b_1,\cdots,N_2(k_n)=b_n]\cdot$$
$$P[\Delta N_1(k_{n+1})=a_{n+1}-a_n,\Delta N_2(k_{n+1})-b_{n+1}\quad b_n]$$

由假设 n 维独立成立可知上式等于

$$P[N_1(k_1)=a_1,\cdots,N_1(k_n)=a_n]\cdot P[N_2(k_1)=b_1,\cdots,N_2(k_n)=b_n]\cdot$$
$$P[\Delta N_1(k_{n+1})=a_{n+1}-a_n]\cdot P[\Delta N_2(k_{n+1})=b_{n+1}-b_n]$$
$$=P[N_1(k_1)=a_1,\cdots,N_1(k_n)=a_n,N_1(k_{n+1})=a_{n+1}]\cdot$$
$$P[N_2(k_1)=b_1,\cdots,N_2(k_n)=b_n,N_2(k_{n+1})=b_{n+1}]$$

由此证明 $n+1$ 维独立。即证明了 N_1，N_2 独立。

3.4　解：(1) $P\{N(1)\leqslant 3\}=\sum_{i=0}^{3}\frac{3^i}{i!}e^{-3}=13e^{-3}$

(2) $P\{N(1)=1,N(3)=2\}=P\{N(1)=1\}P\{N(3)-N(1)=1\}$

$$=\frac{3^1}{1!}e^{-3}\frac{6^1}{1!}e^{-6}=18e^{-9}$$

(3) $P\{N(1)\geqslant 2\mid N(1)\geqslant 1\}=\frac{P\{N(1)\geqslant 2\}}{P\{N(1)\geqslant 1\}}=\frac{1-4e^{-3}}{1-e^{-3}}$

3.5　证明：当 $s<t$ 时，有

$$P\{N(s)=k|N(t)=n\}=\frac{P\{N(s)=k,N(t)=n\}}{P\{N(t)=n\}}$$
$$=\frac{P\{N(s)=k,N(t)-N(s)=n-k\}}{P\{N(t)=n\}}$$
$$=\frac{\frac{(\lambda s)^k}{k!}e^{-\lambda s}\frac{[\lambda(t-s)]^{n-k}}{(n-k)!}e^{-\lambda(t-s)}}{\frac{(\lambda t)^n}{n!}e^{-\lambda t}}$$
$$=\frac{n!}{k!(n-k)!}\frac{s^k(t-s)^{n-k}}{t^n}$$
$$=\binom{n}{k}\left(\frac{s}{t}\right)^k\left(1-\frac{s}{t}\right)^{n-k},\quad k=0,1,\cdots,n$$

3.6 解：因为 X_1，X_2，X_3 独立同分布于均值为 $1/\lambda$ 的指数分布，即

$$F_{X_i}(t)=P\{X_i\leqslant t\}=1-e^{-\lambda t},\quad t>0$$

所以 X_1，X_2，X_3 的联合分布函数为：

$$F_X(x_1,x_2,x_3)=P\{X_1\leqslant x_1,X_2\leqslant x_2,X_3\leqslant x_3\}$$
$$=\prod_{i=1}^{3}(1-e^{-\lambda x_i}),\quad x_i>0;i=1,2,3$$

联合密度为：

$$f_X(x_1,x_2,x_3)=\lambda^3\,e^{-\lambda(x_1+x_2+x_3)},\quad x_i>0;i=1,2,3$$

令

$$\begin{cases}x_1=t_1\\x_2=t_2-t_1\\x_3=t_3-t_2\end{cases}$$

则 $|J|=1$。因而 T_1,T_2,T_3 的联合分布密度为：

$$f_T(t_1,t_2,t_3)=f_X(t_1,t_2-t_1,t_3-t_2)|J|$$
$$=\begin{cases}\lambda^3e^{-\lambda t_3}, & 0<t_1<t_2<t_3\\0, & \text{其他}\end{cases}$$

3.7 解：对 $s>0$，有

$$E[N(t)N(t+s)]=E\{N(t)[N(t+s)-N(t)+N(t)]\}$$
$$=E\{N(t)[N(t+s)-N(t)]\}+E[N^2(t)]$$
$$=E[N(t)]E[N(t+s)-N(t)]+E[N^2(t)]$$
$$=\lambda t\lambda s+\lambda t+(\lambda t)^2$$
$$=(\lambda t)^2+\lambda t(\lambda s+1)$$

3.8 解：设早上 8：00 为 0 时刻，以 $N(t)$ 表示到时刻 t 为止接受过治疗的患者人数，则 $\{N(t),t\geqslant 0\}$ 是一个参数为 $\lambda=3$ 人/小时的 Poisson 过程，所以8：00～12：00 门诊结束时接受过治疗的患者的平均人数为 $E[N(4)]=12$（人）。设 T_i 为第 i 位患者在医院的停留时间，则8：00～12：00 接受过治疗的患者的停留时间之和为 $\sum\limits_{i=1}^{N(4)} T_i$ ，其平均值为：

$$E[\sum_{i=1}^{N(4)} T_i] = E\{E[\sum_{i=1}^{N(4)} T_i \mid N(4)]\} = \frac{4}{2}E[N(4)] = 24(\text{小时})$$

这些患者的平均停留时间为 $\dfrac{E[\sum\limits_{i=1}^{N(4)} T_i]}{E[N(4)]} = 2(\text{小时})$。即接受过治疗的患者平均在医院停留了 2 小时。

3.9 解：记 $m(t) = \int_0^t \lambda(s)\mathrm{d}s$，则 $\forall\, t_1, t_2 > 0$，有

（1）由于

$$\begin{aligned} P\{X_2 > t_2 \mid X_1 = t_1\} &= P\{N(t_1+t_2) - N(t_1) = 0 \mid X_1 = t_1\} \\ &= P\{N(t_1+t_2) - N(t_1) = 0\} = \mathrm{e}^{-\int_{t_1}^{t_1+t_2}\lambda(s)\mathrm{d}s} \\ &= \mathrm{e}^{-[m(t_1+t_2)-m(t_1)]} \end{aligned}$$

与 X_1 的取值 t_1 有关，所以 X_2 与 X_1 不独立，从而 $\{X_i, i=1,2,\cdots\}$ 不独立。

（2）因为 $P\{X_1>t_1\} = \mathrm{e}^{-m(t_1)}$，而

$$\begin{aligned} P\{X_2 > t_2\} &= \int_0^\infty P\{X_2 > t_2 \mid X_1 = t_1\} f_{X_1}(t_1)\mathrm{d}t_1 \\ &= \int_0^\infty \mathrm{e}^{-[m(t_1+t_2)-m(t_1)]} m(t_1)\mathrm{e}^{\ m(t_1)}\mathrm{d}t_1 \\ &= \int_0^\infty \mathrm{e}^{-m(t_1+t_2)} m(t_1)\mathrm{d}t_1 \end{aligned}$$

所以 X_2 与 X_1 不同分布。（虽然都服从指数分布，但分布的参数不同。）

3.10 解：设早上 7：00 为 0 时刻，以 $N(t)$ 表示到时刻 t 为止经过该路口的车辆数，则 $\{N(t),t\geqslant 0\}$ 是一个非齐次 Poisson 过程，强度函数为：

$$\lambda(t)=\begin{cases} 120, & 0<t\leqslant 1 \\ 60, & 1<t\leqslant 4 \\ 120, & 4<t\leqslant 5 \end{cases}$$

则 $m(t) = \int_{\frac{1}{2}}^{4\frac{1}{3}} \lambda(t)\mathrm{d}t = 280$ 。即从早上 7：30 到中午 11：20 平均有 280 辆汽车经过此路口，且在这段时间经过此路口的车辆数超过 500 辆的概率为：

$$P\left\{N\left(4\frac{1}{3}\right)-N\left(\frac{1}{2}\right)> 500\right\}=1-\sum_{n=0}^{500}\frac{280^n}{n!}\mathrm{e}^{-280}$$

3.11 **解**：记 $X(t)=\sum_{i=1}^{N(t)}Y_i$，它表示到时刻 t 为止系统受到的总损害，则

$$\begin{aligned}P\{T>t\}&=P\{X(t)<A\}\\&=P\{\sum_{i=1}^{N(t)}Y_i<A\}\\&=\sum_{n=0}^{\infty}P\{\sum_{i=1}^{N(t)}Y_i<A\mid N(t)=n\}P\{N(t)=n\}\\&=\sum_{n=0}^{\infty}P\{\sum_{i=1}^{n}Y_i<A\}P\{N(t)=n\}\\&=\mathrm{e}^{-\lambda t}+\sum_{n=1}^{\infty}\int_0^A\frac{\mu^{-n}}{\Gamma(n)}x^{n-1}\mathrm{e}^{-\mu^{-1}x}\mathrm{d}x\frac{(\lambda t)^n}{n!}\mathrm{e}^{-\lambda t}\end{aligned}$$

上面最后一个等号成立是因为 $Y_i\sim\Gamma(1,\mu^{-1})$，由 Γ 分布的独立可加性质，$\sum_{i=1}^{n}Y_i\sim\Gamma(n,\mu^{-1})$，从而

$$P\{\sum_{i=1}^{n}Y_i<A\}=\int_0^A\frac{\mu^{-n}}{\Gamma(n)}x^{n-1}\mathrm{e}^{-\mu^{-1}x}\mathrm{d}x$$

$$\begin{aligned}E(T)&=\int_0^{\infty}P\{T>t\}\mathrm{d}t\\&=\int_0^{\infty}\mathrm{e}^{-\lambda t}\mathrm{d}t+\int_0^A\sum_{n=1}^{\infty}\frac{\mu^{-n}}{\Gamma(n)}x^{n-1}\mathrm{e}^{-\mu^{-1}x}\mathrm{d}x\int_0^{\infty}\frac{(\lambda t)^n}{n!}\mathrm{e}^{-\lambda t}\mathrm{d}t\\&=\frac{1}{\lambda}+\frac{1}{\lambda}\frac{A}{\mu}\\&=\frac{\mu+A}{\lambda\mu}\end{aligned}$$

上式用到了 $\Gamma(n)=(n-1)!$

$$\sum_{n=1}^{\infty}\frac{\mu^{-n}}{\Gamma(n)}x^{n-1}\mathrm{e}^{-\mu^{-1}x}=\mu^{-1}\sum_{n=1}^{\infty}\frac{(\mu^{-1}x)^{n-1}}{(n-1)!}\mathrm{e}^{-\mu^{-1}x}=\mu^{-1}$$

以及 $\int_0^{\infty}\frac{(\lambda t)^n}{n!}\mathrm{e}^{-\lambda t}\mathrm{d}t=\frac{1}{\lambda}\frac{\Gamma(n+1)}{n!}=\frac{1}{\lambda}$。故系统的平均寿命为 $\frac{\mu+A}{\lambda\mu}$。

3.12 **解**：(1) 显然 $Y(0)=N_1(0)+N_2(0)=0$

$\{Y(t)\}$ 具有独立增量，且 $\forall s\geqslant0$，$t>0$，有

$$\begin{aligned}&P\{Y(t+s)-Y(s)=n\}\\&=P\{N_1(t+s)+N_2(t+s)-N_1(s)-N_2(s)=n\}\\&=P\{[N_1(t+s)-N_1(s)]+[N_2(t+s)-N_2(s)]=n\}\\&=\sum_{k=0}^{n}P\{N_1(t+s)-N_1(s)=k,N_2(t+s)-N_2(s)=n-k\}\\&=\sum_{k=0}^{n}P\{N_1(t+s)-N_1(s)=k\}\cdot P\{N_2(t+s)-N_2(s)=n-k\}\end{aligned}$$

$$= \sum_{k=0}^{n} \frac{(\lambda_1 t)^k}{k!} e^{-\lambda_1 t} \cdot \frac{(\lambda_2 t)^{n-k}}{(n-k)!} e^{-\lambda_2 t}$$

$$= \frac{e^{-(\lambda_1+\lambda_2)t}}{n!} \sum_{k=0}^{n} C_n^k (\lambda_1 t)^k (\lambda_2 t)^{n-k}$$

$$= \frac{[(\lambda_1+\lambda_2)t]^n}{n!} e^{-(\lambda_1+\lambda_2)t}$$

故 $\{Y(t), t\geqslant 0\}$ 是参数为 $\lambda_1+\lambda_2$ 的 Poisson 过程。

(2) $\{Z(t)\}$ 不是 Poisson 过程，Z 可能取负数。

$$E[Z(t)]=E[N_1(t)-N_2(t)]=(\lambda_1-\lambda_2)t$$

$$Var[Z(t)]=Var[N_1(t)-N_2(t)]=(\lambda_1+\lambda_2)t$$

由于 $E[Z(t)] \neq Var[Z(t)]$，故 $\{Z(t)\}$ 不是 Poisson 过程。

3.13 解：设 $N(t)$ 表示在 $[0, t]$ 内到达机场的客机数，Y_i 表示第 i 架客机承载的乘客数，则在 $[0, t]$ 内到达的乘客数 $X(t)=\sum_{i=1}^{N(t)} Y_i$ 是一个复合 Poisson 过程。

Y_i 是独立同分布的随机变量，其分布律为：

$$P\{Y_i=200\}=P\{Y_i=150\}=P\{Y_i=100\}=\frac{1}{3}$$

由此易求得

$$E(Y_i)=\frac{1}{3}(200+150+100)=150$$

$$E(Y_i^2)=\frac{1}{3}(200^2+150^2+100^2)=\frac{72\ 500}{3}$$

已知 $\{N(t), t\geqslant 0\}$ 是强度为 10 的 Poisson 过程，故由定理 3.3.2 复合 Poisson 过程的期望和方差公式有

$$E[X(5)]=10\times 5\times E(Y_i)=7\ 500$$

$$Var[X(5)]=10\times 5\times E(Y_i{}^2)=\frac{3\ 625\ 000}{3}$$

3.14 解：设 $N(t)$ 表示在 $[0, t]$ 内移民的户数，Y_i 表示第 i 户的人口数，则在 $[0, t]$ 内移民的人口数 $X(t)=\sum_{i=1}^{N(t)} Y_i$ 是一个复合 Poisson 过程，Y_i 是独立同分布的随机变量，其分布律为：

$$P\{Y_i=1\}=\frac{1}{8}, P\{Y_i=2\}=\frac{1}{8}, P\{Y_i=3\}=\frac{1}{2}, P\{Y_i=4\}=\frac{1}{4}$$

由此易求得

$$E(Y_i)=1\times\frac{1}{8}+2\times\frac{1}{8}+3\times\frac{1}{2}+4\times\frac{1}{4}=\frac{23}{8}$$

$$E(Y_i{}^2)=1^2\times\frac{1}{8}+2^2\times\frac{1}{8}+3^2\times\frac{1}{2}+4^2\times\frac{1}{4}=\frac{73}{8}$$

已知 $\{N(t),\ t\geqslant0\}$ 是强度为 3 的 Poisson 过程，故由定理 3.3.2 复合 Poisson 过程的期望和方差公式有

$$E[X(10)]=3\times10\times E(Y_i)=\frac{345}{4}$$

$$Var[X(10)]=3\times10\times E(^2Y_i)=\frac{1\,095}{4}$$

第4章

4.1 （1）√；（2）×；（3）×。

4.2 （1）**解**：由 Γ 分布的独立可加性，$X_i\sim\Gamma(n,\lambda)(i=1,2,\cdots)$，则 $T_k=\sum\limits_{i=1}^{k}X_i\sim\Gamma(nk,\lambda)(k=1,2,\cdots)$。由定理 3.2.2 的证明知

$$\begin{aligned}P\{N(t)=k\}&=P\{N(t)\geqslant k\}-P\{N(t)\geqslant k+1\}\\&=P\{T_k\leqslant t\}-P\{T_{k+1}\leqslant t\}\\&=P\Big\{\sum_{i=1}^{k}X_i\leqslant t\Big\}-P\Big\{\sum_{i=1}^{k+1}X_i\leqslant t\Big\}\\&=\sum_{i=nk}^{\infty}\frac{(\lambda t)^i}{i\,!}\mathrm{e}^{-\lambda t}-\sum_{i=n(k+1)}^{\infty}\frac{(\lambda t)^i}{i\,!}\mathrm{e}^{-\lambda t}\\&=\sum_{i=nk}^{n(k+1)-1}\frac{(\lambda t)^i}{i\,!}\mathrm{e}^{-\lambda t},\quad k=0,1,\cdots\end{aligned}$$

（2）**证明**：对任意 t，由 $T_{N(t)}\leqslant t<T_{N(t)+1}$ 知

$$\frac{T_{N(t)}}{N(t)}\leqslant\frac{t}{N(t)}<\frac{T_{N(t)+1}}{N(t)}$$

由强大数定律，当 $n\to\infty$ 时，有

$$\frac{T_n}{n}=\frac{1}{n}\sum_{i=1}^{n}X_i\to\mu,\quad \text{a. s.}$$

又当 $t\to\infty$ 时，$N(t)\to\infty$，所以

$$\frac{T_{N(t)}}{N(t)}\to\mu,\quad \text{a. s.}$$

同理，有

$$\frac{T_{N(t)+1}}{N(t)}=\frac{T_{N(t)+1}}{N(t)+1}\frac{N(t)+1}{N(t)}\to\mu,\quad \text{a. s.}$$

故当 $t\to\infty$ 时，有

$$\frac{N(t)}{t}\to\frac{1}{\mu},\quad \text{a. s.}$$

（3）**证明**：由已知，X_1 的概率密度为：

$$f_{X_1}(t)=\lambda e^{-\lambda t}\frac{(\lambda t)^{n-1}}{(n-1)!},\ t>0$$

$$\begin{aligned}\mu=E(X_1)&=\int_0^\infty tf_{X_1}(t)\mathrm{d}t\\&=\int_0^\infty t\lambda e^{-\lambda t}\frac{(\lambda t)^{n-1}}{(n-1)!}\mathrm{d}t\\&=\frac{1}{(n-1)!}\int_0^\infty e^{-\lambda t}(\lambda t)^n\mathrm{d}t\\&=\frac{1}{(n-1)!}\frac{\Gamma(n+1)}{\lambda}\\&=\frac{n}{\lambda}\end{aligned}$$

利用（2）的结论知（3）的结论成立。

4.3　证明：设 $\{N(t),t\geqslant0\}$ 是参数为 λ 的 Poisson 过程，则

$$M(t)=E[N(t)]=\lambda t$$

$$\begin{aligned}\sum_{n=1}^\infty F_n(t)&=\sum_{n=1}^\infty P\{T_n\leqslant t\}\\&=\sum_{n=1}^\infty\int_0^t\frac{\lambda^n}{\Gamma(n)}x^{n-1}e^{-\lambda x}\mathrm{d}x\\&=\lambda\int_0^t\sum_{n=1}^\infty\frac{(\lambda x)^{n-1}}{(n-1)!}e^{-\lambda x}\mathrm{d}x\\&=\lambda t\end{aligned}$$

4.4　解：注意到

$$\begin{aligned}\{N(t)=k\}&=\{N(t)\geqslant k\}-\{N(t)\geqslant k+1\}\\&=\{T_k\leqslant t\}-\{T_{k+1}\leqslant t\}\\&=\{\sum_{i=1}^k X_i\leqslant t\}-\{\sum_{i=1}^{k+1}X_i\leqslant t\}\end{aligned}$$

以及

X_i 的分布列为 $\begin{pmatrix}1 & 2\\ \frac{1}{3} & \frac{2}{3}\end{pmatrix}$ $(i=1,2,\cdots)$，且相互独立

$$P\{N(1)=s\}=\begin{cases}1-\frac{1}{3}=\frac{2}{3}, & s=0\\ \frac{1}{3}-0=\frac{1}{3}, & s=1\\ 0, & s\geqslant2\end{cases}$$

$$P\{N(2)=s\}=\begin{cases}\dfrac{1}{3}+\dfrac{2}{3}-\dfrac{1}{3}\times\dfrac{1}{3}=\dfrac{8}{9}, & s=1\\ \dfrac{1}{3}\times\dfrac{1}{3}=\dfrac{1}{9}, & s=2\\ 0, & s=0\text{ 或 }s\geqslant 3\end{cases}$$

$$P\{N(3)=s\}=\begin{cases}1-\dfrac{1}{3}\times\dfrac{1}{3}-\dfrac{1}{3}\times\dfrac{2}{3}-\dfrac{1}{3}\times\dfrac{2}{3}=\dfrac{4}{9}, & s=1\\ \dfrac{5}{9}-\dfrac{1}{3}\times\dfrac{1}{3}\times\dfrac{1}{3}=\dfrac{14}{27}, & s=2\\ \dfrac{1}{27}, & s=3\\ 0, & s=0\text{ 或 }s\geqslant 4\end{cases}$$

4.5 解：记 $X_i^{(k)}(i=1,2,\cdots,n)$ 为过程第 k 次在状态 i 停留的时间。对给定的状态 i，过程每回到状态 i 称为一次“开”，不在状态 i 称为一次“闭”，则过程第 k 次处于“开”的时间为 $X_i^{(k)}$，处于“闭”的时间为 $Y^{(k)}=\sum\limits_{j\neq i}X_j^{(k)}$。由已知 $X_i^{(k)}(i=1,2,\cdots,n)$ 相互独立，从而 $X_i^{(k)}$ 与 $Y^{(k)}$ 相互独立。

由假设 $E[X_i^{(k)}+Y^{(k)}]=E(X_1+X_2+\cdots+X_n)<\infty$，且 $X_1+X_2+\cdots+X_n$ 的分布是非格点的，由交替更新过程的更新定理（定理 4.4.2）得

$$\lim_{t\to\infty}P\{\text{时刻 }t\text{ 系统处于状态 }i\}=\frac{E[X_i^{(1)}]}{E[X_i^{(1)}+Y^{(1)}]}=\frac{E(X_i)}{\sum\limits_{j=1}^{n}E(X_j)}$$

4.6 解：以 $s(t)=t-T_{N(t)}$ 表示时刻 t 的年龄，以 $r(t)=T_{N(t)+1}-t$ 表示从时刻 t 开始到下次更新的剩余寿命。记相邻两次更新之间的时间间隔为 X，F_X 为 X 的分布函数。定义事件“系统在时刻 t 的年龄不超过 y”为“系统在时刻 t 是开着的”（否则称为“关着的”）。

令 $Y=\begin{cases}x, & X\leqslant y\\ y, & X>y\end{cases}$，则 Y 为更新区间中开着的时间。

$$\begin{aligned}E(Y)&=\int_0^y x\mathrm{d}F_X(x)+\int_y^\infty y\mathrm{d}F_X(x)\\&=\int_0^y[1-F_X(x)]\mathrm{d}x\end{aligned}$$

从而

$$\begin{aligned}\lim_{t\to\infty}P\{s(t)\leqslant y\}&=\lim_{t\to\infty}P\{\text{在时刻 }t\text{ 系统是开着的}\}\\&=\frac{E(Y)}{E(X)}=\frac{1}{\mu}\int_0^y[1-F_X(x)]\mathrm{d}x\end{aligned}$$

同理可证

$$\lim_{t\to\infty}P\{r(t)\leqslant x\}=\lim_{t\to\infty}P\{\text{在时刻 } t \text{ 系统是关着的}\}$$
$$=\frac{1}{\mu}\int_0^y[1-F_X(x)]\mathrm{d}x$$

4.7 解：设 H 是$\{Z_n\}$的分布，G 是$\{Y_n\}$的分布，F 是$\{Z_n+Y_n\}$的分布，并记$P(t)=P\{t \text{ 时刻系统是开的}\}$。又设 $E(Y_n+Z_n)<\infty$，且 F 不是格点分布。每当系统打开时就记为一次更新。对 t 之前（或 t 时）最后一次更新发生的时刻取条件，得

$$P\{\text{在时刻 } t \text{ 系统开着}\mid T_{N(t)}=x\}$$
$$=\begin{cases}P\{Z_1>t\mid Z_1+Y_1>t\}, & x=0\\ P\{Z>t-x\mid Z+Y>t-x\}, & 0<x<t\\ 0, & x\geqslant t\end{cases}$$

所以

$$\begin{aligned}P(t)&=P\{\text{在时刻 } t \text{ 系统开着}\mid T_{N(t)}=0\}P\{T_{N(t)}=0\}\\&\quad+\int_0^\infty P\{\text{在时刻 } t \text{ 系统开着}\mid T_{N(t)}=x\}\mathrm{d}F_{T_{N(t)}}(x)\\&=P\{Z_1>t\mid Z_1+Y_1>t\}P\{T_{N(t)}=0\}\\&\quad+\int_0^t P\{Z>t-x\mid Z+Y>t-x\}\ \mathrm{d}F_{T_{N(t)}}(x)\\&=\frac{\overline{H}(t)}{\overline{F}(t)}\overline{F}(t)+\int_0^t\frac{\overline{H}(t-x)}{\overline{F}(t-x)}\overline{F}(t-x)\mathrm{d}M(x)\\&=\overline{H}(t)+\int_0^t\overline{H}(t-x)\mathrm{d}M(x)\end{aligned}$$

式中，$M(x)=\sum_{n=1}^{\infty}F_n(x)$，$\overline{H}(t)$ 非负不增，且 $\int_0^\infty\overline{H}(t)\mathrm{d}t=E(Z)<\infty$，因而也有 $\lim_{t\to\infty}\overline{H}(t)=0$。利用关键更新定理，得

$$\begin{aligned}\lim_{t\to\infty}P(t)&=\frac{1}{\mu_F}\int_0^\infty\overline{H}(t)\mathrm{d}t\\&=\frac{E(Z_n)}{E(Z_n)+E(Y_n)}\end{aligned}$$

令 $Q(t)=P\{\text{在时刻 } t \text{ 系统关着}\}$，则有

$$\lim_{t\to\infty}Q(t)=\frac{E(Y_n)}{E(Z_n)+E(Y_n)}$$

4.8 解：设 $\{X_n,n=1,2,\cdots\}$ 是一列相互独立的非负随机变量，X_1 的分布函数为 G，$X_n(n=2,3,\cdots)$ 的分布函数为 F，F_n 为 F 的 n 重卷积。令 $T_0=0$，$T_n=\sum_{i=1}^{n}X_i(n=1,2,\cdots)$。定义

$$N_D(t)=\sup\{n:T_n\leqslant t\}$$

则

$$
\begin{aligned}
P\{N_D(t)=n\}&=P\{T_n\leqslant t\}-P\{T_{n+1}\leqslant t\}\\
&=G*F_{n-1}(t)-G*F_n(t)
\end{aligned}
$$

记 $M(t)=E[N_D(t)]$，则

$$
\begin{aligned}
M(t)&=\sum_{n=1}^{\infty}G*F_{n-1}(t)\\
&=G*\sum_{n=1}^{\infty}F_{n-1}(t)\\
&=\left(G+G*\sum_{n=1}^{\infty}F_n\right)(t)\\
&=\left(G+F*\sum_{n=1}^{\infty}G*F_{n-1}\right)(t)\\
&=(G+F*M)(t)
\end{aligned}
$$

即 $$M(t)=G(t)+\int_0^t M(t-s)\mathrm{d}F(s)$$

4.9 证明： $\forall t\geqslant s\geqslant 0$，设 $T_{N(t)}$ 表示 t 时刻之前（或在 t 时刻）最后一次更新的时刻，则

$$
\begin{aligned}
P\{T_{N(t)}\leqslant s\}&=\sum_{n=0}^{\infty}P\{T_{N(t)}\leqslant s\mid N(t)=n\}P\{N(t)=n\}\\
&=\sum_{n=0}^{\infty}P\{T_n\leqslant s,N(t)=n\}\\
&=\sum_{n=0}^{\infty}P\{T_n\leqslant s,T_{n+1}>t\}\\
&=P\{T_0\leqslant s,T_1>t\}+\sum_{n=1}^{\infty}P\{T_n\leqslant s,T_{n+1}>t\}\\
&=P\{T_1>t\}+\sum_{n=1}^{\infty}\int_0^{\infty}P\{T_n\leqslant s,T_{n+1}>t\mid T_n=y\}\mathrm{d}F_n(y)\\
&=\overline{F}(t)+\sum_{n=1}^{\infty}\int_0^{s}P\{T_{n+1}-T_n>t-y\mid T_n=y\}\mathrm{d}F_n(y)\\
&=\overline{F}(t)+\sum_{n=1}^{\infty}\int_0^{s}P\{X_n>t-y\}\mathrm{d}F_n(y)\\
&=\overline{F}(t)+\sum_{n=1}^{\infty}\int_0^{s}\overline{F}(t-y)\mathrm{d}F_n(y)\\
&=\overline{F}(t)+\int_0^{s}\overline{F}(t-y)\mathrm{d}\left(\sum_{n=1}^{\infty}F_n(y)\right)\\
&=\overline{F}(t)+\int_0^{s}\overline{F}(t-y)\mathrm{d}M(y)
\end{aligned}
$$

式中，$\overline{F}(t)=1-F(t)$。

第5章

5.1　解：记有雨为状态 0，无雨为状态 1。以 X_n 表示第 n 天的降雨情况，则 $\{X_n, n=0,1,\cdots\}$ 构成时齐 Markov 链。由题意，其一步转移概率矩阵为：

$$P=\begin{pmatrix}0.7 & 0.3\\ 0.6 & 0.4\end{pmatrix}$$

表示从星期一过渡到星期二的天气变化情况。两步转移概率矩阵为：

$$P^{(2)}=P^2=\begin{pmatrix}0.64 & 0.36\\ 0.4 & 0.6\end{pmatrix}$$

表示从星期一过渡到星期三的天气变化情况。

于是星期一有雨，星期三也有雨的概率为 $p_{00}^{(2)}=0.64$。

5.2　解：(1) 以 X_n 表示第 n 天此人身边的雨伞数，则 $\{X_n, n=0,1,\cdots\}$ 构成一个状态空间为 $\{0,1,2,\cdots,r\}$ 的时齐 Markov 链，一步转移概率为 $p_{0,r}=1$，$p_{i,r-i}=q$，$p_{i,r-i+1}=p$，$i=1$，2，$\cdots$，r。

(2) 平稳方程组

$$\begin{cases}\pi_0=\pi_r q\\ \pi_j=\pi_{r-j}q+\pi_{r-j+1}p, \quad j=1,2,\cdots,r-1\\ \pi_r=\pi_0+\pi_1 p\end{cases}$$

规范性条件 $\pi_0+\pi_1+\cdots+\pi_r=1$。

注意到状态 $j=1,2,\cdots,r$ 的转移规律相同，故其极限概率 $\pi_j(j-1,2,\cdots,r)$ 应该相等，所以有 $\pi_0=\pi_r q$，$\pi_0+r\pi_r=1$。

解上式得

$$\pi_0=\frac{q}{r+q}$$

$$\pi_j=\frac{1}{r+q}, \quad j=1,2,\cdots,r$$

(3) 此人被淋湿的平均次数所占比例为：

$$p\pi_0=\frac{pq}{r+q}$$

5.3　解：6 个状态互通，所以整个状态空间是一个最小闭集，各个状态有相同的常返性和周期性。因为只有有限个状态，所以它们都是正常返的，又由于从状态 1 出发经过两步和三步都可返回 1，所以它还是非周期的。

5.4　解：(1) 因为 $f_{jj}<1$，所以 $\sum\limits_{n=0}^{\infty}p_{jj}^{(n)}=\dfrac{1}{1-f_{jj}}<+\infty$，从而

$$\sum_{n=1}^{\infty} p_{ij}^{(n)} = f_{ij} \sum_{k=0}^{\infty} p_{jj}^{(k)} \leqslant \sum_{n=0}^{\infty} p_{jj}^{(n)} < +\infty$$

（2）由于

$$\begin{aligned}\sum_{n=1}^{\infty} p_{ij}^{(n)} &= \sum_{n=1}^{\infty} \sum_{l=1}^{n} f_{ij}^{(l)} p_{jj}^{(n-l)} \\ &= \sum_{l=1}^{\infty} f_{ij}^{(l)} \Big[\sum_{n=l}^{\infty} p_{jj}^{(n-l)} \Big] \\ &= f_{ij} \sum_{n=0}^{\infty} p_{jj}^{(n)} \\ &= f_{ij} + f_{ij} \sum_{n=1}^{\infty} p_{jj}^{(n)}\end{aligned}$$

所以

$$f_{ij} = \frac{\sum_{n=1}^{\infty} p_{ij}^{(n)}}{1 + \sum_{n=1}^{\infty} p_{jj}^{(n)}}$$

5.5 解：以 X_n 表示蚂蚁在时刻 n 所处的位置，则 $\{X_n, n=0,1,\cdots,N\}$ 是状态空间为 $\{0,1,\cdots,N\}$ 的时齐 Markov 链，其转移概率矩阵为：

$$\boldsymbol{P} = \begin{pmatrix} 1 & 0 & 0 & \cdots & 0 & 0 & 0 \\ p & 0 & q & \cdots & 0 & 0 & 0 \\ 0 & p & 0 & \cdots & 0 & 0 & 0 \\ \vdots & \vdots & \vdots & & \vdots & \vdots & \vdots \\ 0 & 0 & 0 & \cdots & 0 & q & 0 \\ 0 & 0 & 0 & \cdots & p & 0 & q \\ 0 & 0 & 0 & \cdots & 0 & 1 & 0 \end{pmatrix}_{(N+1)\times(N+1)}$$

易见，此 Markov 链分为两类：$\{0\}$，$\{1,2,\cdots,N\}$，且 0 是吸收态，所以

$$\mu_0 = 1, \ \lim_{n\to\infty} p_{i0}^{(n)} = \frac{1}{\mu_0} = 1$$

即蚂蚁被吃掉的概率为 1。

5.6 解：（1）以 X_n，Y_n 分别表示时刻 n 蜘蛛和蚂蚁所处的位置，则 $\{X_n, n=0, 1,\cdots\}$，$\{Y_n, n=0,1,\cdots\}$ 都是状态空间为 $\{0,1\}$ 的时齐 Markov 链。

由题意，$P\{X_0=0\}=1$，$P\{Y_0=1\}=1$。

记 $p_n = P\{X_n=0, Y_n=1\}$，$q_n = P\{X_n=1, Y_n=0\}$，则有初值：

$$\begin{aligned} p_1 &= P\{X_1=0, Y_1=1\} = P\{X_1=0\}P\{Y_1=1\} \\ &= P\{X_0=0\}P\{X_1=0 \mid X_0=0\}P\{Y_0=1\}P\{Y_1=1 \mid Y_0=1\} \\ &= 0.7 \times 0.7 = 0.49 \end{aligned}$$

$$\begin{aligned} q_1 &= P\{X_1=1, Y_1=0\} = P\{X_1=1\}P\{Y_1=0\} \\ &= P\{X_0=0\}P\{X_1=1 \mid X_0=0\}P\{Y_0=1\}P\{Y_1=0 \mid Y_0=1\} \\ &= 0.3\times 0.3 = 0.09 \end{aligned}$$

以及递推关系：

$$\begin{aligned} p_n &= P\{X_n=0, Y_n=1\} \\ &= P\{X_n=0, Y_n=1 \mid X_{n-1}=0, Y_{n-1}=1\}\ p_{n-1} \\ &\quad + P\{X_n=0, Y_n=1 \mid X_{n-1}=1, Y_{n-1}=0\}\ q_{n-1} \\ &= 0.49p_{n-1} + 0.09q_{n-1} \end{aligned}$$

类似地　$q_n = 0.09p_{n-1} + 0.49q_{n-1}$

从而　　$p_n + q_n = 0.58(p_{n-1} + q_{n-1}) = 0.58^n$

即时刻 n 蜘蛛和蚂蚁分别处于 0 和 1 的概率为 0.58^n。

（2）由（1）知，在一次转移中蚂蚁被吃掉的概率为 $1-(p_1+q_1)=0.42$，所以蚂蚁被吃掉的平均时间为 $\frac{1}{0.42}\approx 2.381$。

5.7　解：（1）设 X_n 为 n 次交换后甲盒中的红球数，则易见 $\{X_n, n=0,1,\cdots\}$ 是状态空间为 $S=\{0,1,2\}$ 的 Markov 链，一步转移概率矩阵为：

$$\boldsymbol{P}=\begin{pmatrix} \frac{1}{2} & \frac{1}{2} & 0 \\ \frac{3}{8} & \frac{1}{2} & \frac{1}{8} \\ 0 & 1 & 0 \end{pmatrix}$$

（2）由于状态空间 S 有限，且状态互通，故 $\{X_n, n=0,1,\cdots\}$ 不可约，从而正常返，又状态 1 为非周期的，故 $\{X_n, n=0,1,\cdots\}$ 还是遍历链。

（3）由平稳方程组

$$\begin{cases} \pi_0 = \frac{1}{2}\pi_0 + \frac{3}{8}\pi_1 \\ \pi_1 = \frac{1}{2}\pi_0 + \frac{1}{2}\pi_1 + \pi_2 \\ \pi_2 = \frac{1}{8}\pi_1 \end{cases}$$

及规范性条件 $\pi_0+\pi_1+\pi_2=1$，得平稳分布 $\pi_0=\frac{2}{5}$，$\pi_1=\frac{8}{15}$，$\pi_2=\frac{1}{15}$。故极限分布为 $\left(\frac{2}{5}, \frac{8}{15}, \frac{1}{15}\right)$。

5.8　解：以 X_n 表示第 n 次取球后甲盒中的红球数，则 $\{X_n, n=0,1,\cdots\}$ 是状态空间为 $I_1=\{0,1,\cdots,100\}$ 的非时齐 Markov 链，其一步转移概率为：

$$P\{X_{n+1}=k-1 \mid X_n=k\} = \frac{k}{100}$$

$$P\{X_{n+1}=k+1|X_n=k\}=\frac{100-k}{100}$$

以 Y_n 表示第 n 次取球后乙盒中的红球数，则 $\{Y_n,n=0,1,\cdots\}$ 是状态空间为 $I_2=\{50\}$ 的时齐 Markov 链，其一步转移概率为：

$$P\{X_{n+1}=50|X_n=50\}=1$$

以 Z_n 表示第 n 次取球后丙盒中的红球数，则 $\{Z_n,n=0,1,\cdots\}$ 是状态空间为 $I_3=\{0,1,\cdots,40\}$ 的非时齐 Markov 链，其一步转移概率为：

$$P\{X_{n+1}=k-1|\ X_n=k\}=\frac{k}{100-n}$$

$$P\{X_{n+1}=k|X_n=k\}=\frac{100-n-k}{100-n}$$

分别计算三种情况下，抽取到记录（红，红，红，红，白）的概率，得到

$$p_{甲}=\frac{90}{100}\times\frac{89}{100}\times\frac{88}{100}\times\frac{87}{100}\times\frac{14}{100}=0.085\,9$$

$$p_{乙}=(\frac{50}{100})^5=0.031\,3$$

$$p_{丙}=\frac{40}{100}\times\frac{39}{99}\times\frac{38}{98}\times\frac{37}{97}\times\frac{60}{96}=0.014\,6$$

可见 $p_{甲}>p_{乙}>p_{丙}$，故最可能选甲盒。

5.9　解：设 $\{X_n,n=0,1,\cdots\}$ 是一个具有双随机转移阵的 Markov 链，有 n 个状态 $\{1,2,\cdots,n\}$，且是遍历的，则其极限分布是唯一的平稳分布，满足

$$\begin{cases}\pi_1+\pi_2+\cdots+\pi_n=1\\ \pi_j=\sum\limits_{i=1}^{n}\pi_i p_{ij},\quad j=1,2,\cdots,n\end{cases}$$

解得

$$\pi_1=\pi_2=\cdots=\pi_n=\frac{1}{n}$$

故极限分布为 $\left(\frac{1}{n},\frac{1}{n},\cdots,\frac{1}{n}\right)$。

5.10　解：设在时刻 0，群体中只有一个个体，则群体将有的可能个数是 $\{1,2,\cdots\}$。以 T_i 记群体数目从 i 个（$i=1,2,\cdots$）增加到 $i+1$ 个所需的时间，假设在任意长度为 h 的时间区间 $[t,t+h]$ 内，任意一个个体以概率 $\lambda h+o(h)$ 独立繁殖，并且群体中没有死亡。记 $X(t)$ 为时刻 t 群体的总量，则 $\{X(t),t\geqslant0\}$ 是 Yule 过程。又设 T 为群体从 1 个增加到 N 个所需的时间，则 $T=\sum\limits_{i=1}^{N-1}T_i$。由于 $T_i(i=1,2,\cdots,N-1)$ 是相互独立的参数为 $i\lambda$ 的指数变量，故

$$E(T)=\sum_{i=1}^{N-1}E(T_i)=\sum_{i=1}^{N-1}\frac{1}{\lambda i}=\frac{1}{\lambda}\sum_{i=1}^{N-1}\frac{1}{i}$$

5.11 解：设 $X(t)$ 表示时刻 t 群体中的个体数，则 $\{X(t),t\geqslant 0\}$ 构成一生灭过程。其 $\boldsymbol{Q}$-矩阵中的元素为：

$$q_{i,i+1}=i\lambda+\theta,\quad i=0,1,\cdots$$
$$q_{i,i-1}=i\mu,\quad i=1,2,\cdots$$

又设 T_i 为群体数目从 i 增加到 $i+1$ 的时间，则 T_i 服从参数为 $i(\lambda+\mu)+\theta$ 的指数分布。

5.12 解：由习题 5.11 知，$\boldsymbol{Q}$-矩阵中的元素为：

$$q_{i,i+1}=i\lambda+\theta,\quad i=1,2,\cdots,N-1$$
$$q_{i,i+1}=i\lambda,\quad i=N,N+1,\cdots$$
$$q_{i,i-1}=i\mu,\quad i=1,2,\cdots$$

5.13 解：以 $X(t)$表示时刻 t Markov 链的状态，则$\{X(t),t\geqslant 0\}$ 是一个时齐 Markov 过程，转移概率为：

$$\begin{cases}p_{01}(h)=\lambda h+o(h)\\ p_{10}(h)=\mu h+o(h)\end{cases}$$

$\boldsymbol{Q}$-矩阵中的元素为：

$$q_{00}=q_{01}=\lambda,\quad q_{11}=q_{10}=\mu$$

由 Kolmogorov 向前方程，得

$$\begin{aligned}p_{00}'(t)&=-q_{00}p_{00}(t)+q_{10}p_{01}(t)\\&=-\lambda p_{00}(t)+\mu p_{01}(t)\\&=-\lambda p_{00}(t)+\mu[1-p_{00}(t)]\\&=-(\lambda+\mu)p_{00}(t)+\mu\end{aligned}$$

又 $p_{00}(0)=1$，解得

$$p_{00}(t)=\frac{\mu}{\lambda+\mu}+\frac{\lambda}{\lambda+\mu}\mathrm{e}^{-(\lambda+\mu)t}$$

$$p_{01}(t)=1-p_{00}(t)=\frac{\lambda}{\lambda+\mu}-\frac{\lambda}{\lambda+\mu}\mathrm{e}^{-(\lambda+\mu)t}$$

由对称性，有

$$p_{11}(t)=\frac{\lambda}{\lambda+\mu}+\frac{\mu}{\lambda+\mu}\mathrm{e}^{-(\lambda+\mu)t}$$

$$p_{10}(t)=\frac{\mu}{\lambda+\mu}-\frac{\mu}{\lambda+\mu}\mathrm{e}^{-(\lambda+\mu)t}$$

5.14 解：先考察 $i=2$ 的情形，转移概率为：

$$\begin{cases} p_{23}(h)=\frac{1}{2}h+o(h) \\ p_{21}(h)=\frac{1}{2}h+o(h) \\ p_{22}(h)=1-h+o(h) \end{cases}$$

$\boldsymbol{Q}$-矩阵中的元素为 $q_{23}=q_{21}=\frac{1}{2}$，$q_{22}=1$。

同理，有 $q_{12}=q_{13}=\frac{1}{2}$，$q_{11}=1$；$q_{31}=q_{32}=\frac{1}{2}$，$q_{33}=1$。

Kolmogorov 向前方程为：

$$\begin{aligned} p'_{21}(t) &= -q_{11}p_{21}(t)+q_{21}p_{22}(t)+q_{31}p_{23}(t) \\ &= -p_{21}(t)+\frac{1}{2}[p_{22}(t)+p_{23}(t)] \end{aligned}$$

规范性条件为：

$$\sum_{j=1}^{3} p_{2j} = 1$$

故 $$p'_{21}(t)=-\frac{3}{2}p_{21}(t)+\frac{1}{2}$$

再利用初始条件为 $p_{21}(0)=0$，解得

$$p_{21}(t)=\frac{1}{3}(1-\mathrm{e}^{-\frac{3}{2}t})$$

同理，有

$$p_{23}(t)=\frac{1}{3}(1-\mathrm{e}^{-\frac{3}{2}t})$$

$$p_{22}(t)=1-p_{21}(t)-p_{23}(t)=\frac{1}{3}+\frac{2}{3}\mathrm{e}^{-\frac{3}{2}t}$$

类似可解得，$p_{ij}(t)(i=1,3;\ j=1,2,3)$。

总之，$\forall i$，$j=1,2,3$，有

$$p_{ij}(t)=\begin{cases} \frac{1}{3}+\frac{2}{3}\mathrm{e}^{-\frac{3}{2}t}, & i=j \\ \frac{1}{3}-\frac{1}{3}\mathrm{e}^{-\frac{3}{2}t}, & i\neq j \end{cases}$$

5.15　解：设顾客的来到是参数为 λ 的 Poisson 过程，服务员人数为 s，每个顾客接受服务的时间服从参数为 μ 的指数分布。遵循先来先服务，若服务员没有空闲就排队的原则。以 $X(t)$ 记 t 时刻系统中的总人数，则 $\{X(t),t\geqslant 0\}$ 是一个生灭过程，来到率是参数为 λ 的 Poisson 过程，离去过程的参数会发生变化，以 μ_i 记系统中有 i 个顾客时的离去率，则

$$\mu_i=\begin{cases} i\mu, & i=1,2,\cdots,s \\ s\mu, & i=s+1,s+2,\cdots \end{cases}$$

转移概率满足的 Kolmogorov 向前方程为：

$$\begin{cases} p'_{i,0}(t)=-\lambda p_{i,0}(t)+\mu p_{i,1}(t), \quad i=0,1,\cdots \\ p'_{i,j}(t)=\lambda p_{i,j-1}(t)-[\lambda+(j-1)\mu]p_{i,j}(t)+j\mu p_{i,j+1}(t), \\ \qquad i=0,1,\cdots,s-1;j=1,2,\cdots \\ p'_{i,j}(t)=\lambda p_{i,j-1}(t)-(\lambda+s\mu)p_{i,j}(t)+s\mu p_{i,j+1}(t), \\ \qquad i=s,s+1,\cdots;j=1,2,\cdots \end{cases}$$

规范性条件为：

$$\sum_{j=0}^{\infty} p_{ij} = 1$$

5.16 解：

(1)对$\{H_n,n\geqslant 1\}$，当 $H_n=k$，即前几次抛掷中出现 k 次正面时，

$$\text{则有 } H_{n+1}=\begin{cases} k,\text{第 } n+1 \text{ 次抛出反面} \\ k+1,\text{第 } n+1 \text{ 次抛出正面} \end{cases}$$

且 $P\{H_{n+1}=k\mid H_n=k\}=P\{H_{n+1}=k+1\mid H_n=k\}=\dfrac{1}{2}$，即 H_{n+1} 取所有可能值的概率由 H_n 的取值唯一决定，而与时间 n 之前的状态无关，所以该过程是 Markov 链。

其一步转移概率为：

$$P_{i,i+1}=\frac{1}{2},P_{i,i}=\frac{1}{2},P_{i,j}=0(j\neq i \text{ 且 } j\neq i+1 \text{ 时})$$

(2) 对$\{Y_n, n\geqslant 1\}$，$Y_n=k$，即前几次抛掷中正面出现的次数比反面出现的次数多 k 次时，则有

$$Y_{n+1}=\begin{cases} k-1,\text{第 } n+1 \text{ 次抛出反面} \\ k+1,\text{第 } n+1 \text{ 次抛出正面} \end{cases}$$

并且 $P\{Y_{n+1}=k-1\mid Y_n=k\}=P\{Y_{n+1}=k+1\mid Y_n=k\}=\dfrac{1}{2}$，即 Y_{n+1} 取所有可能值的概率可由 Y_n 的取值唯一决定，而与时刻 n 之前的状态无关，所以该过程是 Markov 链。其一步转移概率为 $P_{i,i+1}=\dfrac{1}{2}$，$P_{i,i}=\dfrac{1}{2}$，$P_{i,j}=0(j\neq i\pm 1$ 时)。

5.17 解：

(1) 从一步转移概率矩阵可以看出，$P_{23}=0$，即从第二个状态经一步不能到达第三个状态；而 $P_{21}=\dfrac{1}{2}>0$，$P_{13}=\dfrac{1}{3}>0$，由 C-K 方程知 $P_{23}^{(2)}\geqslant P_{21}\cdot P_{13}=\dfrac{1}{6}>0$。

即从第二个状态至少要经过两步才能转移到第三个状态 。

(2) 由 C-K 方程知，两步转移概率矩阵为：

$$P^{(2)}=P^2=\begin{pmatrix}\frac{1}{3}&\frac{1}{3}&\frac{1}{3}&0\\\frac{1}{2}&\frac{1}{2}&0&0\\\frac{1}{4}&\frac{1}{4}&0&\frac{1}{2}\\0&\frac{1}{2}&0&\frac{1}{2}\end{pmatrix}\begin{pmatrix}\frac{1}{3}&\frac{1}{3}&\frac{1}{3}&0\\\frac{1}{2}&\frac{1}{2}&0&0\\\frac{1}{4}&\frac{1}{4}&0&\frac{1}{2}\\0&\frac{1}{2}&0&\frac{1}{2}\end{pmatrix}=\begin{pmatrix}\frac{13}{36}&\frac{13}{36}&\frac{1}{9}&\frac{1}{6}\\\frac{5}{12}&\frac{5}{12}&\frac{1}{6}&0\\\frac{5}{24}&\frac{11}{24}&\frac{1}{12}&\frac{1}{4}\\\frac{1}{4}&\frac{1}{2}&0&\frac{1}{4}\end{pmatrix}$$

5.18　解：

$$f_{11}^{(1)}=\frac{1}{2},f_{11}^{(2)}=\frac{1}{2}\times\frac{1}{3}=\frac{1}{6},f_{11}^{(3)}=\frac{1}{2}\times\frac{2}{3}\times\frac{1}{3}=\frac{1}{9}$$

$$f_{12}^{(1)}=\frac{1}{2},f_{12}^{(2)}=\frac{1}{2}\times\frac{1}{2}=\frac{1}{4},f_{12}^{(3)}=\frac{1}{2}\times\frac{1}{2}\times\frac{1}{2}=\frac{1}{8}$$

5.19　解：由一步转移概率可知，1→3，3→2，2→1，而状态 1，2，3 相通，所以它们属于同一类。

$$f_{33}^{(1)}=\frac{1}{2},f_{33}^{(2)}=0,f_{33}^{(3)}=\frac{1}{2}\times1\times1=\frac{1}{2},\cdots,f_{33}^{(k)}=0(k=4,5,\cdots)$$

所以　$$\mathrm{f}_{33}=\sum_{n=1}^{+\infty}\mathrm{f}_{33}^{(n)}=\frac{1}{2}+\frac{1}{2}=1$$

故状态 3 常返，从而状态 1，2，也常返，由于

$$f_{44}^{(1)}=\frac{2}{3},f_{44}^{(k)}=0(k=2,3,\cdots)$$

所以　$$f_{44}=\sum_{n=1}^{+\infty}f_{44}^{(n)}=\frac{2}{3}<1$$

故状态 4 非常返。

常返态的平均返回时间分别为

$$H_1=\sum_{n=1}^{+\infty}n\times f_{11}^{(n)}=3\times\frac{1}{2}+4\times\left(\frac{1}{2}\right)^2+\cdots+k\times\left(\frac{1}{2}\right)^{k-2}+\cdots=4$$

$$H_2=\sum_{n=1}^{+\infty}n\times f_{22}^{(n)}=3\times\frac{1}{2}+4\times\left(\frac{1}{2}\right)^2+\cdots+k\times\left(\frac{1}{2}\right)^{k-2}+\cdots=4$$

$$H_3=\sum_{n=1}^{+\infty}n\times f_{33}^{(n)}=1\times\frac{1}{2}+3\times\frac{1}{2}=2$$

由于 $P_{33}=\frac{1}{2}>0$，所以状态 3 非周期；因此状态 1，2 也非周期；又 $P_{44}=\frac{2}{3}>0$，所以状态 4 非周期。

该 Markov 链的状态空间分解为{1，2，3}和{4}。

5.20 解： 状态空间 $I=\{0, 1, 2, \cdots, 2N\}$，且

$P_{00}=P\{X_{n+1}=0 \mid X_n=0\}=0$，$P_{01}=P\{X_{n+1}=1 \mid X_n=0\}=1$

$P_{0j}=P\{X_{n+1}=j \mid X_n=0\}=0(j=2, 3, \cdots, 2N)$

$P_{10}=P\{X_{n+1}=0 \mid X_n=1\}=P\{$抽到的球是甲容器中的$\}=\frac{1}{2N}$

$P_{11}=P\{X_{n+1}=1 \mid X_n=1\}=0$

$P_{12}=P\{X_{n+1}=2 \mid X_n=1\}=P\{$抽到的球是乙容器中的$\}=\frac{2N-1}{2N}$

$P_{1j}=P\{X_{n+1}=j \mid X_n=1\}=0(j=3, 4, \cdots, 2N)$

$P_{20}=P\{X_{n+1}=0 \mid X_n=2\}=0$

$P_{21}=P\{X_{n+1}=1 \mid X_n=2\}=P\{$抽到的球是甲容器中的$\}=\frac{2}{2N}$

$P_{22}=P\{X_{n+1}=2 \mid X_n=2\}=0$

$P_{23}=P\{X_{n+1}=3 \mid X_n=2\}=P\{$抽到的球是乙容器中的$\}=\frac{2N-2}{2N}$

$P_{2j}=P\{X_{n+1}=j \mid X_n=2\}=0(j=4, 5, \cdots, 2N)$

…

$P_{2N-1,j}=P\{X_{n+1}=j \mid X_n=2N-1\}=0(j=1, 2, \cdots, 2N-3)$

$P_{2N-1,2N-2}=P\{X_{n+1}=2N-2 \mid X_n=2N-1\}=P\{$抽到的球是甲容器中的$\}=\frac{2N-1}{2N}$

$P_{2N-1,2N-1}=P\{X_{n+1}=2N-1 \mid X_n=2N-1\}=0$

$P_{2N-1,2N}=P\{X_{n+1}=2N \mid X_n=2N-1\}=P\{$抽到的球是乙容器中的$\}=\frac{1}{2N}$

$P_{2N,j}=P\{X_{n+1}=j \mid X_n=2N\}=0(j=1, 2, \cdots, 2N-2)$

$P_{2N,2N-1}=P\{X_{n+1}=2N-1 \mid X_n=2N\}=P\{$抽到的球是甲容器中的$\}=1$

$P_{2N,2N}=P\{X_{n+1}=2N \mid X_n=2N\}=0$

即一步转移概率矩阵为：

$$P=\begin{pmatrix} 0 & 1 & 0 & 0 & \cdots & 0 & 0 \\ \frac{1}{2N} & 0 & \frac{2N-1}{2N} & 0 & \cdots & 0 & 0 \\ 0 & \frac{2}{2N} & 0 & \frac{2N-2}{2N} & \cdots & 0 & 0 \\ \vdots & \vdots & \vdots & \vdots & & \vdots & \vdots \\ 0 & 0 & 0 & 0 & \cdots & 0 & \frac{1}{2N} \\ 0 & 0 & 0 & 0 & \cdots & 1 & 0 \end{pmatrix}$$

由 $\begin{cases} \pi = \pi p, \\ \sum\limits_{i=0}^{2N} \pi_i = 1 \end{cases}$ 得到平稳分布 $\pi_0 = 2^{\frac{1}{N}}, \pi_1 = C_{2N}^{i}\pi_0 (i = 1,2,\cdots,2N)$。

第6章

6.1 解：X 的可能取值为 $1,2,\cdots,6$，Y 的可能取值为 $2,3,\cdots,12$，且 $Y-X=1,2,\cdots,6$。

$$P\{Y=y\}=\sum_{x=1}^{y-1}P\{X=x,Y-X=y-x\}$$
$$=\begin{cases}\dfrac{1}{36}, & y=2,12\\ \dfrac{2}{36}, & y=3,11\\ \dfrac{3}{36}, & y=4,10\\ \dfrac{4}{36}, & y=5,9\\ \dfrac{5}{36}, & y=6,8\\ \dfrac{6}{36}, & y=7\end{cases}$$

故

$$P\{X=x|Y=y\}=\frac{P\{X=x,Y-X=y-x\}}{P\{Y=y\}}=\frac{\frac{1}{36}}{P\{Y=y\}}$$
$$=\begin{cases}1, & y=2,12\\ \dfrac{1}{2}, & y=3,11\\ \dfrac{1}{3}, & y=4,10\\ \dfrac{1}{4}, & y=5,9\\ \dfrac{1}{5}, & y=6,8\\ \dfrac{1}{6}, & y=7\end{cases}$$

式中，$x=1,2,\cdots,y-1$。因而

$$E(X\mid Y=y)=\sum_{x=1}^{y-1}P\{X=x\mid Y=y\}x$$
$$=\frac{y}{2},\quad y=2,3,\cdots,12$$

6.2 证明：易见 M_n 关于 $\sigma(X_1,X_2,\cdots,X_n)$ 可测。

$$E(|M_n|)=E(|[m(t)]^{-n}e^{tS_n}|)$$

$$
\begin{aligned}
&=[m(t)]^{-n}E[e^{t(X_1+X_2+\cdots+X_n)}]\\
&=[m(t)]^{-n}\prod_{i=1}^{n}E(e^{tX_i})\\
&=1<\infty \quad (X_1,X_2,\cdots \text{独立同分布})
\end{aligned}
$$

并且

$$
\begin{aligned}
E(M_{n+1}\mid X_1,X_2,\cdots,X_n)&=E\{[m(t)]^{-n-1}e^{tS_{n+1}}\mid X_1,X_2,\cdots,X_n\}\\
&=E\{[m(t)]^{-n-1}e^{tS_n}\cdot e^{tX_{n+1}}\mid X_1,X_2,\cdots,X_n\}\\
&=[m(t)]^{-n-1}e^{tS_n}m(t)\\
&=[m(t)]^{-n}e^{tS_n}\\
&=M_n
\end{aligned}
$$

由鞅的定义，知 $\{M_n\}$ 是关于 X_1，X_2，…，X_n 的鞅。

6.3　证明：易见 $M_n=\mu^{-n}X_n$ 关于 $\sigma(X_0,X_1,\cdots,X_n)$ 可测。

$$
\begin{aligned}
E(X_n)&=E[E(X_n\mid X_{n-1})]=E\Big[E\Big(\sum_{i=1}^{X_{n-1}}Z_i\mid X_{n-1}\Big)\Big]\\
&=E(X_{n-1})E(Z_i)=\mu E(X_{n-1})\\
&=\cdots\cdots=\mu^n\\
E(|M_n|)&=E(|\mu^{-n}X_n|)=\mu^{-n}E(|X_n|)\\
&=1<\infty
\end{aligned}
$$

于是

$$
\begin{aligned}
E(M_{n+1}\mid X_0,X_1,\cdots,X_n)&=E(\mu^{-n-1}X_{n+1}\mid X_0,X_1,\cdots,X_n)\\
&=\mu^{-n-1}E(X_{n+1}\mid X_0,X_1,\cdots,X_n)\\
&=\mu^{-n-1}E(X_{n+1}\mid X_n)\\
&=\mu^{-n-1}X_n\mu\\
&=\mu^{-n}X_n\\
&=M_n
\end{aligned}
$$

故 $\{M_n\}$ 是关于 $\sigma(X_0,X_1,\cdots,X_n)$ 的鞅。

6.4　证明：(1) 设 S_n 表示时刻 n 质点所处的位置，则 $S_n=S_0+\sum\limits_{i=1}^{n}X_i$，其中 $X_i=1$（概率 p）或 -1（概率 $1-p$），于是

$$
\begin{aligned}
E(M_{n+1}\mid S_0,S_1,\cdots,S_n)&=E\Big[\Big(\frac{1-p}{p}\Big)^{S_{n+1}}\Big| S_0,S_1,\cdots,S_n\Big]\\
&=E\Big[\Big(\frac{1-p}{p}\Big)^{S_n+X_{n+1}}\Big| S_0,S_1,\cdots,S_n\Big]\\
&=\Big(\frac{1-p}{p}\Big)^{S_n}E\Big[\Big(\frac{1-p}{p}\Big)^{X_{n+1}}\Big| S_0,S_1,\cdots,S_n\Big]\\
&=\Big(\frac{1-p}{p}\Big)^{S_n}E\Big[\Big(\frac{1-p}{p}\Big)^{X_{n+1}}\Big]
\end{aligned}
$$

$$
\begin{aligned}
&=\left(\frac{1-p}{p}\right)^{S_n}\left[p\cdot\frac{1-p}{p}+(1-p)\cdot\left(\frac{1-p}{p}\right)^{-1}\right]\\
&=\left(\frac{1-p}{p}\right)^{S_n}\\
&=M_n
\end{aligned}
$$

易见 M_n 关于 $\sigma(S_0,S_1,\cdots,S_n)$ 可测，并且

$$E(|M_n|)\leqslant\max\left\{\frac{1-p}{p},\frac{p}{1-p}\right\}^{a+n}<\infty$$

这里 $a=S_0$，故 $\{M_n\}$ 是关于 $\sigma(S_0,S_1,\cdots,S_n)$ 的鞅。

(2) 由题设可知，$T=\min\{n: S_n=0$ 或 $N\}$ 是停时。由 (1) 知 $\left\{M_n=\left(\frac{1-p}{p}\right)^{S_n}\right\}$ 是鞅，若 $P\{T<\infty\}=1$，则由停时定理

$$E(M_T)=E(M_0)=\left(\frac{1-p}{p}\right)^a$$

由于 S_T 只取两个值（0 和 N），从而 M_T 只取两个值（1 和 $\left(\frac{1-p}{p}\right)^N$），因此

$$E(M_T)=1\times P\{M_T=1\}+\left(\frac{1-p}{p}\right)^N P\left\{M_T=\left(\frac{1-p}{p}\right)^N\right\}$$

从而

$$\left(\frac{1-p}{p}\right)^a=1\times P\{S_T=0\}+\left(\frac{1-p}{p}\right)^N\times P\{S_T=N\}$$

又

$$P\{S_T=0\}+P\{S_T=N\}=1$$

解上述两个方程，得

$$
\begin{aligned}
P\{S_T=0\}&=\frac{\left(\frac{1-p}{p}\right)^a-\left(\frac{1-p}{p}\right)^N}{1-\left(\frac{1-p}{p}\right)^N}\\
&=\frac{p^N(1-p)^a-p^a(1-p)^N}{p^{N+a}-p^a(1-p)^N}
\end{aligned}
$$

6.5 证明：(1) 易见 $M_n=S_n+(1-2p)n$ 关于 $\sigma(S_0,S_1,\cdots,S_n)$ 可测，并且 $E(|M_n|)\leqslant E(|S_n|)+(1-2p)n<\infty$。因为 $E(X_{n+1})=p-(1-p)=2p-1=-(1-2p)$，所以有

$$
\begin{aligned}
E(M_{n+1}|S_0,S_1,\cdots,S_n)&=E[S_{n+1}+(1-2p)(n+1)|S_0,S_1,\cdots,S_n]\\
&=S_n-(1-2p)+(1-2p)(n+1)\\
&=S_n+(1-2p)n\\
&=M_n
\end{aligned}
$$

故 $\{M_n\}$ 是关于 $\sigma(S_0,S_1,\cdots,S_n)$ 的鞅。

（2）因为 $T=\min\{n: S_n=0 或 N\}$是停时，由停时定理，有 $E(M_T)=E(M_0)=a$。又因为

$$E(M_T)=E(S_T)+(1-2p)E(T)$$

$$E(S_T)=0\cdot P\{S_T=0\}+N\cdot P\{S_T=N\}=N\cdot\frac{\left(\frac{1-p}{p}\right)^a-1}{\left(\frac{1-p}{p}\right)^N-1}$$

所以

$$E(T)=\frac{1}{1-2p}\left\{a-N\cdot\left[\left(\frac{1-p}{p}\right)^a-1\right]\Big/\left[\left(\frac{1-p}{p}\right)^N-1\right]\right\}$$

6.6　证明：（1）因为 $\mathscr{F}_n=\sigma(X_0,X_1,\cdots,X_n)$，$E(Z_i)=\mu$，$Var(Z_i)=\sigma^2$，所以

$$\begin{aligned}E(X_{n+1}^2\mid\mathscr{F}_n)&=E\left[\left(\sum_{i=1}^{X_n}Z_i\right)^2\middle|\mathscr{F}_n\right]\\&=X_nE(Z_1^2)+X_n(X_n-1)E(Z_1Z_2)\\&=X_n(\sigma^2+\mu^2)+(X_n^2-X_n)\mu^2=\mu^2X_n^2+\sigma^2X_n\end{aligned}$$

（2）由（1）的结论，有

$$\begin{aligned}E(M_n^2)&=E[E(\mu^{-2n}X_n^2\mid\mathscr{F}_{n-1})]\\&=\mu^{-2n}E(\mu^2X_{n-1}^2+\sigma^2X_{n-1})\\&=\mu^{-2n}\left[\mu^{2n}+\sigma^2\sum_{i=1}^{n}\mu^{2(i-1)}E(X_{n-i})\right]\\&=1+\sigma^2\sum_{i=1}^{n}\frac{\mu^{-(n-i)}E(X_{n-i})}{\mu^{n-i+2}}\end{aligned}$$

由于$\{M_n=\mu^{-n}X_n\}$是鞅，因此 $E(M_n)=E(M_0)=E(X_0)=\mu$，从而

$$\begin{aligned}E(M_n^2)&=1+\sigma^2\sum_{i=1}^{n}\frac{E[\mu^{-(n-i)}X_{n-i}]}{\mu^{n-i+2}}\\&=1+\sigma^2\sum_{i=1}^{n}\frac{1}{\mu^{n-i+1}}\end{aligned}$$

如果 $\mu>1$，则上式中级数收敛，故存在常数 $C>0$，使得 $E(M_n^2)\leqslant C$。

（3）如果 $\mu\leqslant 1$，则前面的级数不收敛，因此上式不成立。

6.7　证明：设 X_n 表示第 n 次摸球后红球的数目，因为 $M_n=\frac{X_n}{n+2}$，所以

$$P\left\{M_n=\frac{k}{n+2}\right\}=P\{X_n=k\}$$

故只需证明

$$P\{X_n=k\}=\frac{1}{n+1},\quad k=1,2,\cdots,n+1$$

利用数学归纳法：当 $n=1$ 时，$P\{X_1=1\}=\frac{1}{2}$，结论成立；假定取自然数 n 时结论成立，即

$$P\{X_n=k\}=\frac{1}{n+1},\quad k=1,2,\cdots,n+1$$

下面证明结论在 $n+1$ 时成立。由于

$$\begin{aligned}P\{X_{n+1}=k\}&=P\{X_{n+1}=k\mid X_n=k\}P\{X_n=k\}\\&\quad+P\{X_{n+1}=k\mid X_n=k-1\}P\{X_n=k-1\}\\&=\frac{n+2-k}{n+2}\cdot\frac{1}{n+1}+\frac{k-1}{n+2}\cdot\frac{1}{n+1}\\&=\frac{1}{n+2},\quad k=1,2,\cdots,n+2\end{aligned}$$

说明结论在 $n+1$ 时也成立，所以结论成立。

6.8 证明：设 (1) $Y_m=\sum\limits_{n=1}^{m}|X_n|I_{\{T\geqslant n\}}$，则 $Y_m\uparrow Y$，$\forall m$，有

$$E(Y_m)=\sum_{n=1}^{m}E(|X_n|I_{\{T\geqslant n\}})<\mu m<\infty$$
$$E(Y_1)=E(|X_1|)>-\infty$$

由单调收敛定理知，Y 的积分存在，且 $E(Y_m)\uparrow E(Y)$，所以 $E(Y)<\infty$。

(2) 因为对任意 n，有

$$\begin{aligned}M_n&=X_1-\mu+X_2-\mu+\cdots+X_{T_n}-\mu\\&=(X_1-\mu)I_{\{T\geqslant 1\}}+(X_2-\mu)I_{\{T\geqslant 2\}}+\cdots+(X_n-\mu)I_{\{T\geqslant n\}}\end{aligned}$$

又

$$\begin{aligned}E(M_{n+1}\mid\mathscr{F}_n)&=E(M_{n+1}I_{\{T\leqslant n\}}+M_{n+1}I_{\{T>n\}}\mid\mathscr{F}_n)\\&=E(M_{n+1}I_{\{T\leqslant n\}}\mid\mathscr{F}_n)+E(M_{n+1}I_{\{T>n\}}\mid\mathscr{F}_n)\\&=M_nI_{\{T\leqslant n\}}+M_nI_{\{T>n\}}\\&=M_n\end{aligned}$$

即 $\{M_n\}$ 是鞅。又因为存在非负随机变量 $\bar{Y}=T(|X|+|\mu|)$ 使得 $E(\bar{Y})=E[T(|X|+|\mu|)]<\infty$ 且 $|M_n|<\bar{Y}$，$\forall n$，故 $\{M_n\}$ 一致可积。

(3) 因为 $E(T)<\infty$，所以 $E(T)=\sum\limits_{n=1}^{\infty}P\{T\geqslant n\}<\infty$，所以 $\lim\limits_{n\to\infty}P\{T\geqslant n\}=0$，从而 $P\{T<\infty\}=1$。又

$$E(|M_T|)\leqslant E[T(|X|+|\mu|)]<\infty$$

利用 (2)，根据鞅停时定理，有

$$E(M_T)=E\Big[\sum_{n=1}^{T}(X_n-\mu)\Big]$$

$$
\begin{aligned}
&= E(\sum_{n=1}^{T} X_n) - \mu E(T) \\
&= E(M_1) \\
&= 0
\end{aligned}
$$

所以

$$E(\sum_{n=1}^{T} X_n) = \mu E(T)$$

6.9 证明：考虑 $M_n = S_n - n\mu$，则

$$
\begin{aligned}
E(|M_n|) &= E(|1 + X_1 + \cdots + X_n - n\mu|) \\
&\leqslant 1 + n(E|X_1| - \mu) \\
&< 1 + n(2 - \mu) < \infty
\end{aligned}
$$

事实上，由

$$E(X_i) = \sum_k kP\{X_i = k\} = (-1) \cdot P\{X_i = -1\} + \sum_{k=1}^{\infty} kP\{X_i = k\} = \mu < 0$$

可得

$$\sum_{k=1}^{\infty} kP\{X_i = k\} < P\{X_i = -1\} < 1$$

故

$$E(|X_i|) = \sum_{k-1}^{\infty} kP\{X_i = k\} + P\{X_i = -1\} < 2$$

注意到

$$
\begin{aligned}
E(M_{n+1} | \mathscr{F}_n) &= E[S_{n+1} - (n+1)\mu | \mathscr{F}_n] \\
&= E(S_n - n\mu + X_{n+1} - \mu | \mathscr{F}_n) \\
&= S_n - n\mu = M_n
\end{aligned}
$$

所以$\{M_n\}$是关于$\sigma(X_1, X_2, \cdots, X_n)$的鞅。令 $T - \min\{n: S_n = 0\}$，$T_n = \min\{T, n\}$。考虑 M_{T_n}，类似于习题 6.8，由停时定理得，$E(M_{T_n}) = E(M_0) = 1$，而

$$E(M_{T_n}) = E(S_{T_n}) - \mu E(T_n)$$

所以

$$E(T_n) = \frac{E(S_{T_n}) - 1}{\mu} \leqslant \left| \frac{E(S_{T_n}) - 1}{\mu} \right| \leqslant \frac{1}{|\mu|}, \quad \forall n$$

又由于 $P\{T < \infty\} = 1$，故

$$E(T) \leqslant \frac{1}{|\mu|}$$

第7章

7.1　解：考虑随机向量 $\boldsymbol{X}=(B(1),B(2),\cdots,B(n))'$，由于 $\{B(t)\}$ 是标准 Brown 运动，所以 $\boldsymbol{X}$ 服从多元正态分布，具有零均值，其协方差矩阵为：

$$\boldsymbol{\Sigma}=\begin{pmatrix} 1 & 1 & 1 & 1 & \cdots & 1 & 1 & 1 \\ 1 & 2 & 2 & 2 & \cdots & 2 & 2 & 2 \\ 1 & 2 & 3 & 3 & \cdots & 3 & 3 & 3 \\ \vdots & \vdots & \vdots & \vdots & & \vdots & \vdots & \vdots \\ 1 & 2 & 3 & 4 & \cdots & n-2 & n-1 & n-1 \\ 1 & 2 & 3 & 4 & \cdots & n-2 & n-1 & n \end{pmatrix}_{n\times n}$$

令 $\boldsymbol{A}=(1,1,\cdots,1)$，则 $\boldsymbol{AX}=B(1)+B(2)+\cdots+B(n)$ 是具有零均值的随机变量，方差为：

$$\boldsymbol{A\Sigma A}'=\frac{n(n+1)(2n+1)}{6}$$

又因为 $X(t)=tB\left(\frac{1}{t}\right)$，所以 $X(0)=0$，于是

$$\begin{aligned} X(t)-X(s)&=tB\left(\frac{1}{t}\right)-sB\left(\frac{1}{s}\right) \\ &=tB\left(\frac{1}{t}\right)-tB\left(\frac{1}{s}\right)+tB\left(\frac{1}{s}\right)-sB\left(\frac{1}{s}\right) \\ &=t\left[B\left(\frac{1}{t}\right)-B\left(\frac{1}{s}\right)\right]+(t-s)B\left(\frac{1}{s}\right)\sim N(0,|t-s|) \end{aligned}$$

所以 $X(t)$ 是平稳独立增量过程，又 $X(t)=tB\left(\frac{1}{t}\right)\sim N(0,t)$，所以$\{X(t),t\geqslant 0\}$是 Brown 运动。

7.2　解：

$$E[X(t)]=(1-t)E[B(\frac{t}{1-t})]=0$$

$$\begin{aligned} E[X(s)X(t)]&=E[(1-t)B\left(\frac{t}{1-t}\right)(1-s)B\left(\frac{s}{1-s}\right)] \\ &=(1-t)(1-s)\min\left\{\frac{t}{1-t},\frac{s}{1-s}\right\}=s(1-t),\quad 0\leqslant s\leqslant t\leqslant 1 \end{aligned}$$

所以 $\{X(t)\}$ 是 Gauss 过程，均值为零，协方差为 $s(1-t)$，即为 Brown 桥。

7.3　解：因为

$$\begin{aligned} P\{B(2)>0\mid B(1)>0\}&=\frac{P\{B(2)>0,B(1)>0\}}{P\{B(1)>0\}} \\ &=2P\{B(2)>0,B(1)>0\} \end{aligned}$$

$$
\begin{aligned}
&= 2P\{B(2)-B(1)>-B(1),B(1)>0\} \\
&= 2\int_0^{\infty} P\{B(2)-B(1)>-x\}\varphi(x)\mathrm{d}x \\
&= 2\int_0^{\infty} [1-\Phi(-x)]\mathrm{d}\Phi(x) \\
&= 2\int_0^{\infty} \Phi(x)\mathrm{d}\Phi(x) \\
&= 2\int_{\frac{1}{2}}^{1} y\mathrm{d}y \\
&= \frac{3}{4}
\end{aligned}
$$

又$P\{B(2)>0\}=\frac{1}{2}$，所以事件 $\{B(2)>0\}$ 与事件 $\{B(1)>0\}$ 不独立。

7.4 证明：因为 $\{B_1(t),t\geqslant 0\}$ 与 $\{B_2(t),t\geqslant 0\}$ 为相互独立的标准 Brown 运动，所以 $X(0)=B_1(0)-B_2(0)=0$，并且 $X(t)-X(s)=[B_1(t)-B_1(s)]-[B_2(t)-B_2(s)]$，由 $B_1(t)$，$B_2(t)$的独立平稳增量性可知 $\{X(t),\ t\geqslant 0\}$ 也具有独立平稳增量。又 $E[X(t)]=E[B_1(t)]-E[B_2(t)]=0$，$Var[X(t)]=Var[B_1(t)]+Var[B_2(t)]=2t$，故 $X(t)\sim N(0,2t)$，$\{X(t)\}$ 是 Brown 运动。

7.5 证明：已知对任意 $x>0$，$M(t)$ 的分布为：

$$
P\{M(t)\geqslant x\}=\frac{2}{\sqrt{2\pi}}\int_{x/\sqrt{t}}^{\infty}\mathrm{e}^{-\frac{y^2}{2}}\mathrm{d}y
$$

对任意 $x>0$，$|B(t)|$的分布为：

$$
\begin{aligned}
P\{|B(t)|\geqslant x\} &= P\{B(t)\geqslant x \text{ 或 } B(t)\leqslant -x\} \\
&= \frac{1}{\sqrt{2\pi}}\int_{x/\sqrt{t}}^{\infty}\mathrm{e}^{-\frac{y^2}{2}}\mathrm{d}y+\frac{1}{\sqrt{2\pi}}\int_{-\infty}^{-x/\sqrt{t}}\mathrm{e}^{-\frac{y^2}{2}}\mathrm{d}y \\
&= \frac{2}{\sqrt{2\pi}}\int_{x/\sqrt{t}}^{\infty}\mathrm{e}^{-\frac{y^2}{2}}\mathrm{d}y
\end{aligned}
$$

$$
P\{M(t)-B(t)\geqslant x\}=P\{\max_{0\leqslant s\leqslant t}\{B(s)-B(t)\}\geqslant x\}
$$

注意到 $B(s)-B(t)$的分布与 $B(t-s)$的分布相同，可知

$$
P\{M(t)-B(t)\geqslant x\}=P\{\max_{0\leqslant s\leqslant t}B(s)\geqslant x\}
$$

对于 $x\leqslant 0$，显然二者相同。

$m(t)=\min\limits_{0\leqslant s\leqslant t}B(s)$的分布可如下计算，对 $x<0$，有

$$
P\{\min_{0\leqslant s\leqslant t}B(s)\leqslant x\}=P\{T_x\leqslant t\}=\frac{2}{\sqrt{2\pi}}\int_{|x|/\sqrt{t}}^{\infty}\mathrm{e}^{-\frac{y^2}{2}}\mathrm{d}y
$$

第 8 章

8.1 解：由 Itô 积分定义可知，只要 $\forall\, t\geqslant 0$，$\int_0^t (t-s)^{-2\alpha}\mathrm{d}s<\infty$ 成立，即有积分存

在，故有 $\alpha<\frac{1}{2}$。$Y(t)$ 的协方差函数为：

$$Cov[Y(t),Y(t+u)]=\int_0^t (t-s)^{-\alpha}(t+u-s)^{-\alpha}\mathrm{d}s$$

8.2 证明：易知 $\{Y(t),0\leqslant t\leqslant T\}$ 是零均值的 Gauss 过程，且协方差函数为：

$$\begin{aligned}Cov[Y(t),Y(t+u)]&=E\left[\int_0^t X(t,s)\mathrm{d}B(s)\int_0^{t+u}X(t+u,s)\mathrm{d}B(s)\right]\\&=E\left[\int_0^t X(t,s)\mathrm{d}B(s)\int_0^t X(t+u,s)\mathrm{d}B(s)\right.\\&\quad\left.+\int_0^t X(t,s)\mathrm{d}B(s)\int_t^{t+u}X(t+u,s)\mathrm{d}B(s)\right]\end{aligned}$$

由 Itô 等距公式即得。

8.3 解：由 Itô 公式得

$$\mathrm{d}Y(t)=\left[\frac{b}{2}Y(t)+\frac{c-1}{2Y(t)}\right]\mathrm{d}t+\mathrm{d}B(t)$$

8.4 证明：对$\frac{1}{3}B^3(t)$应用 Itô 公式，可得

$$\mathrm{d}\left[\frac{1}{3}B^3(t)\right]=B^2(t)\mathrm{d}B(t)+B(t)\mathrm{d}t$$

即

$$\frac{1}{3}B^3(t)=\int_0^t B^2(s)\mathrm{d}B(s)+\int_0^t B(s)\mathrm{d}s$$

8.5 证明：对 $X(t)Y(t)$应用 Itô 公式即得结论。分部积分公式显然。

8.6 证明：$E[B^6(t)]=15t^3$

8.7 证明：

(1) $X(t)=X(0)-\int_0^t \mathrm{e}^{\frac{s}{2}}\sin B(s)\mathrm{d}B(s)$

(2) $X(t)=X(0)+\int_0^t \mathrm{e}^{\frac{s}{2}}\cos B(s)\mathrm{d}B(s)$

(3) $X(t)=X(0)+\int_0^t \exp\left\{-B(s)-\frac{s}{2}\right\}(1-B(s)-s)\mathrm{d}B(s)$

第9章

9.1 证明：由 $\mathrm{d}S_t=\mu S_t\mathrm{d}t+\sigma S_t\mathrm{d}B_t$ 有

$$\frac{\mathrm{d}S_t}{S_t}=\mu\mathrm{d}t+\sigma\mathrm{d}B_t$$

两边同时积分得

$$\int_0^t \frac{\mathrm{d}S_u}{S_u} = \mu t + \sigma B_t, \quad B_0 = 0$$

对 $g(t,x)=\ln x$ （$x>0$），使用 Itô 公式得

$$\begin{aligned}\mathrm{d}(\ln S_t) &= \frac{1}{S_t}\mathrm{d}S_t + \frac{1}{2}\left(-\frac{1}{S_t^2}\right)(\mathrm{d}S_t)^2 \\ &= \frac{\mathrm{d}S_t}{S_t} - \frac{\sigma^2 S_t^2}{2S_t^2}\mathrm{d}t \\ &= \frac{\mathrm{d}S_t}{S_t} - \frac{\sigma^2}{2}\mathrm{d}t\end{aligned}$$

故

$$\frac{\mathrm{d}S_t}{S_t} = \mathrm{d}(\ln S_t) + \frac{\sigma^2}{2}\mathrm{d}t$$

从而

$$\ln\frac{S_t}{S_0} = \left(\mu - \frac{\sigma^2}{2}\right)t + \sigma B_t$$

即

$$S_t = S_0 \exp\left\{\left(\mu - \frac{\sigma^2}{2}\right)t + \sigma B_t\right\}$$

9.2　解：方程 $\mathrm{d}\beta_t = r\beta_t \mathrm{d}t$ 可变为：

$$\frac{\mathrm{d}\beta_t}{\beta_t} = r\mathrm{d}t$$

积分得

$$\ln\beta_t - \ln\beta_0 = rt$$

即

$$\beta_t = \beta_0 \mathrm{e}^{rt}$$

说明方程表示无风险资产的价格变化过程。

9.3　证明：t 时刻投资组合的财富值为：

$$V_t = a_t S_t + b_t \beta_t$$

投资组合是自融资的表示

$$\mathrm{d}V_t = a_t \mathrm{d}S_t + b_t \mathrm{d}\beta_t$$

即

$$V_t = V_0 + \int_0^t a_u \mathrm{d}S_u + \int_0^t b_u \mathrm{d}\beta_u$$

假设 b_t 是 Itô 过程，令 $Y_t=b_t\beta_t$，可知

$$\mathrm{d}Y_t=rY_t\mathrm{d}t+\mathrm{d}A_t$$

式中，$A_t=\int_0^t a_u\mathrm{d}S_u-a_tS_t$。此方程的解为：

$$\frac{Y_t}{\beta_t}=b_0+\int_0^t\frac{1}{\beta_u}\mathrm{d}A_u$$

即

$$b_t=b_0+\int_0^t\frac{1}{\beta_u}\mathrm{d}A_u$$

由分部积分公式可知

$$b_t=b_0+\frac{A_t}{\beta_t}-A_0-\int_0^t A_u\mathrm{d}\frac{1}{\beta_u}$$

只要按此式定义 b_t，就能保证投资组合是自融资的。

9.4　解：由看涨期权和看跌期权的平价公式有

$$P=C-S+K\mathrm{e}^{-rT}$$

欧式看涨期权在 t 时刻的价格为：

$$f(t,x)=x\Phi(z_1)-K\mathrm{e}^{-r\theta}\Phi(z_2)$$

故欧式看跌期权在 t 时刻的价格为：

$$\begin{aligned}&x\Phi(z_1)-K\mathrm{e}^{-r\theta}\Phi(z_2)-x+K\mathrm{e}^{-r(T-t)}\\=&[K\mathrm{e}^{-r(T-t)}-K\mathrm{e}^{-r\theta}\Phi(z_2)]-x[1-\Phi(z_1)]\\=&K\mathrm{e}^{-r\theta}\Phi(-z_2)-x\Phi(-z_1)\end{aligned}$$

9.5　证明：$z_1=\dfrac{\ln\left(\dfrac{S_0}{K}\right)+\left(r+\dfrac{1}{2}\sigma^2\right)T}{\sigma\sqrt{T}}$，　$z_2=z_1-\sigma\sqrt{T}$

而

$$F_T=S_0\mathrm{e}^{rT}$$

故有

$$\begin{aligned}z_1&=\frac{\ln\left(\dfrac{F_T}{K\mathrm{e}^{rT}}\right)+\left(r+\dfrac{1}{2}\sigma^2\right)T}{\sigma\sqrt{T}}\\&=\frac{\ln\left(\dfrac{F_T}{K}\right)-\ln(\mathrm{e}^{rT})+\left(r+\dfrac{1}{2}\sigma^2\right)T}{\sigma\sqrt{T}}\\&=\frac{\ln\left(\dfrac{F_T}{K}\right)}{\sigma\sqrt{T}}+\frac{\sigma\sqrt{T}}{2}\end{aligned}$$

$$z_2=z_1-\sigma\sqrt{T}=\frac{\ln\left(\frac{F_T}{K}\right)}{\sigma\sqrt{T}}-\frac{\sigma\sqrt{T}}{2}$$

9.6 证明：

$$\frac{\partial V(t,x)}{\partial t}=re^{rt}G(t,x)+e^{rt}\frac{\partial G}{\partial t}$$

$$\frac{\partial V(t,x)}{\partial x}=e^{rt}\frac{\partial G}{\partial x},\quad \frac{\partial^2 V(t,x)}{\partial x^2}=e^{rt}\frac{\partial^2 G}{\partial x^2}$$

故有

$$\frac{\partial V(t,x)}{\partial t}+rx\frac{\partial V(t,x)}{\partial x}+\frac{1}{2}\sigma^2x^2\frac{\partial^2 V(t,x)}{\partial x^2}-rV(t,x)$$

$$=re^{rt}G(t,x)+e^{rt}\frac{\partial G}{\partial t}+rxe^{rt}\frac{\partial G}{\partial x}+\frac{1}{2}\sigma^2x^2e^{rt}\frac{\partial^2 G}{\partial x^2}-re^{rt}G(t,x)$$

$$=0$$

第10章

10.1 解：假设 i 表示实际利率，$i^{(m)}$ 表示一年结算 m 次的名义利率；d 表示实际贴现率，$d^{(m)}$ 表示一年结算 m 次的名义贴现率。

由

$$1-d=\left[1-\frac{d^{(m)}}{m}\right]^m,\quad 1+i=\left[1+\frac{i^{(m)}}{m}\right]^m,\quad 1-d=\frac{1}{1+i}$$

可得

$$1-\frac{d^{(m)}}{m}=\frac{1}{1+\frac{i^{(m)}}{m}}$$

即有

$$\frac{1}{d^{(m)}}-\frac{1}{m}+\frac{1}{i^{(m)}}$$

10.2 证明：有调节系数的定义知：

$$\begin{aligned}1+(1+\theta)\mu R&=E(e^{RX})\\&=E\left(1+RX+\frac{1}{2}R^2X^2+\cdots\right)\\&>E\left(1+RX+\frac{1}{2}R^2X^2\right)\\&=1+R\mu+\frac{1}{2}R^2E(X^2)\end{aligned}$$

整理即得

$$R<\frac{2\theta\mu}{E(X^2)}$$

10.3　解：对于复合 Poisson 分布 $S(t)=\sum_{k=1}^{N(t)}X_k$ ，设 Poisson 过程$\{N(t),t\geqslant 0\}$的强度为 λ，则

$$E[S(t)]=\lambda tE(X_i),\quad D[S(t)]=\lambda tE(X_i^2)$$

而由题意可知

$$D[S(t)]=3E[S(t)]$$

故有

$$E(X_i^2)=3E(X_i)=3\mu$$（其中 μ 为单次索赔额的均值）

由习题 10.2 的结论知：

$$R<\frac{2\theta\mu}{E(X_i^2)}$$

即有

$$R<\frac{2\theta}{3}$$

10.4　证明：采用证明定理 10.2.1 中 Lundberg 不等式的方法即可证明。

10.5　解：由于盈余过程具有平稳独立增量，故 $G(0,y)$ 也表示盈余低于初始水平的概率，且最大下降水平位为 y。由定理 10.2.3 有

$$G(0,y)=\frac{\lambda}{c}\int_0^y[1-F(x)]\mathrm{d}x,\quad y\geqslant 0$$

故 Y 的分布函数为：

$$\begin{aligned}F_Y(y)=P(Y\leqslant y)&=\frac{G(0,y)}{\Psi(0)}\\&=\frac{\lambda}{c\Psi(0)}\int_0^y[1-F(x)]\mathrm{d}x\\&=\frac{1}{\mu}\int_0^y[1-F(x)]\mathrm{d}x\end{aligned}$$

则 Y 的概率密度函数为：

$$f_Y(y)=F'_Y(y)=\frac{1-F(y)}{\mu}$$

第 11 章

11.1　解：使用 R 软件来实现这个试验过程，计算当试验次数为 10 000 次时的结果：

```
>mc1 <- function(n)
+ {
+   k <- 0; x <- runif(n); y <- runif(n)
+   for (i in 1:n)
+   {
+       if (y[i] <exp( - x[i]^2)
+          k <- k+1
+   }
+   k/n
+ }
>mc1(10000) #试验次数为 10 000 次
```

11.2　解：使用 Gibbs 抽样。随机选择 X_i，X_j，参数分别为 $\mu=\frac{1}{i}$，$\lambda=\frac{1}{j}$（其中 $i>j$，即 $\mu<\lambda$），求在 $X_i+X_j=a$ 的情况下 X_i 的条件分布

$$f_{X_i \mid X_i+X_j}(x \mid a)=c\mathrm{e}^{-(\lambda-\mu)x}，0<x<a$$

令初始状态（x_1，…，x_5）是和等于 15 的任意 5 个正数。从 1，2，3，4，5 中随机取出两个数，不妨设为 1 和 4，则在给定其他值下 X_1 和 X_4 的条件分布为在其和等于 $15-x_2-x_3-x_5$ 下均值分别为 1 和 4 的两个独立指数分布随机变量的条件分布。

要获得 X_1 和 X_4 的值，首先产生一个小于 $15-x_2-x_3-x_5$ 且参数为 $1-\frac{1}{4}=\frac{3}{4}$ 的指数分布的值，令 x_1 等于这个值，且重设 x_5 使得 $\sum_{i=1}^{5} x_i=15$。重复上述过程即可得题目中要求的概率值的估计。

参考文献

[1] W. J. Anderson. *Continuous-Time Markov Chains*. New York: Spring Series in Statistics, 1991.

[2] K. K. Aase. Contingent claims valuation when the security price is a combination of an Itô process and a random point process. *Stochastic Processes and Applications*, 1988 (28), 185−200.

[3] P. Billingsley. *Probability and Measure*. 3rd Edition. New York: Wiley, 1995.

[4] R. N. Bhattacharya and E. G. Waymire. *Stochastic Processes with Applications*. John Wiley & Sons, 1990.

[5] Kai Lai Chung. *A Course on Probability Theory*. 2nd edition. New York: Academic Press, 1974.

[6] Kai Lai Chung. *Markov Chains with Stationary Transition Probabilities*. 2nd edition. New York: Academic Press, 1974.

[7] Daniel Revuz and Marc Yor. *Continuous Martingales and Brownian Motion*. 3rd edition. Berlin: Springer-Verlag, 2004.

[8] R. J. Elliott. *Stochastic Calculus and Applications*. New York: Springer, 1982.

[9] W. Feller. *An Introduction to Probability Theory and its Applications*. Vol Ⅱ. 2nd edition. John Wiley & Sons, 1971.

[10] I. I. Gihman and A. V. Skorohod. *Stochastic Differential Equations*. Berlin: Springer-Verlag, 1972.

[11] Jean Bertoin. *Levy Processes*. Cambridge University Press, 1996.

[12] John C. Hull. *Options, Futures, and Other Derivatives*. Prentice-Hall Inc. 1997, 1993, 1989 .

[13] N. Iketa and S. Watanabe. *Stochastic Differential Equations and Diffusion Processes*. 2nd edition. North-Holland and Kodansha, Amsterdam and Tokyo, 1989.

[14] Ø. Kallenberg. *Foundations of Modern Probability*. Berlin: Springer.

(1997). Beijing, 2001.

[15] D. Kannan. *Introduction to Stochastic Processes*. New York: Elsevier North Holland, Inc. 1979.

[16] S. Karlin and H. M. Taylor. *A First* (*second*) *Course in Stochastic Processes*. Academic Press, 1975 (1981).

[17] F. C. Klebaner. *Introduction to Stochastic Calculus with Applications*. London: Imperial College Press, 1998.

[18] D. Lamberton and B. Lapeyre. *Introduction to Stochastic Calculus Applied to Finance*. London: Chapman & Hall, 1996.

[19] R. S. Liptser and A. N. Shiryayev. *Theory of Martingales*. Kluwer, 1989..

[20] S. N. Neftci. *An Introduction to the Mathematics of Financial Derivatives*. San Diego: Academic Press, 1996.

[21] L. C. G. Rogers and D. Williams. *Diffusions, Markov Processes, and Martingales*. Vol. 1. Foundations. Wiley, 1994.

[22] B. Øksendal. *Stochastic Differential Equations: An Introduction with Applications*. 6th edition. Berlin: Springer-Verlag, 2003.

[23] K. Sato. *Levy Processes and Infinitely Divisible Distributions*. KEN-ITI, 1999.

[24] N. Abramson. *Information Theory and Coding*. New York: McGraw-Hill, 1963.

[25] K. Sobczyk. *Stochastic Differential Equations*. Dordrecht, Boston: Kluwer Academic Publishers, 1990.

[26] Soren Asmussen. *Ruin Probabilities*. World Scientific, 2000.

[27] Stuart A. Klugman and Harry H. Panjer, Gordon E. Willmot. *Loss Model: From Data to Decisions*. Second edition. Wiley-Interscience, 2004.

[28] A. V. Svishchuk and A. V. Kalemanova. The stochastic stability of interest rates with jump changes. *Theoretical Probability and Mathematical Statistics*, No. 61 (1999).

[29] C. M. Carlo. Markov Chain Monte Carlo and Gibbs Sampling. Notes (2004).

[30] J. Geweke, G. Koop, H. van Dijk. *The Oxford Handbook of Bayesian Econometrics*. Oxford University Press, 2011.

[31] N. Metropolis, A. W. Rosenbluth, M. N. Rosenbluth, A. Teller, and H. Teller. Equations of state calculations by fast computing machines. *Journal of Chemical Physics*, 1953 (21), 1087-1091.

[32] L. Tierney. Markov chains for exploring posterior distributions (with discussion). *Ann. Statist.* 1994 (22), 1701-1762.

[33] 陈木法，毛永华. 随机过程导论. 北京：高等教育出版社，2007.

[34] 成世学. 破产论研究综述. 中国人民大学信息学院保险数学研讨班综述报告，2000.

[35] 邓永录，梁之舜. 随机点过程及其应用. 北京：科学出版社，1992.

[36] 方兆本，缪柏其. 随机过程. 合肥：中国科学技术大学出版社，1993.

[37] 伏见正则. 概率论和随机过程. 北京：世界图书出版公司，1997.
[38] 复旦大学. 概率论（第三册 随机过程）. 北京：人民教育出版社，1981.
[39] 龚光鲁. 随机微分方程引论. 2版. 北京：北京大学出版社，1995.
[40] 龚光鲁，钱敏平. 应用随机过程教程. 北京：清华大学出版社，2004.
[41] 何声武. 随机过程引论. 北京：高等教育出版社，1999.
[42] 胡迪鹤. 随机过程论. 武汉：武汉大学出版社，2000.
[43] 黄志远. 随机分析学基础. 2版. 北京：科学出版社，2001.
[44] 李漳南，吴荣. 随机过程教程. 北京：高等教育出版社，1987.
[45] 刘次华. 随机过程. 武汉：华中理工大学出版社，2000.
[46] 林元烈. 应用随机过程. 北京：清华大学出版社，2002.
[47] 钱敏平，龚光鲁. 应用随机过程. 北京：北京大学出版社，1998.
[48] 钱敏平，龚光鲁. 随机过程论. 北京：北京大学出版社，1997.
[49] S. M. 劳斯. 随机过程. 北京：中国统计出版社，1997.
[50] 申鼎煊. 随机过程. 武汉：华中理工大学出版社，1990.
[51] 史及民. 离散鞅及其应用. 北京：科学出版社，1999.
[52] 汪仁官. 概率论引论. 北京：北京大学出版社，1994.
[53] 王寿仁编著. 概率论基础和随机过程. 北京：科学出版社，1986.
[54] 王梓坤. 随机过程通论. 北京：北京师范大学出版社，1996.
[55] 严士健，刘秀芳. 测度与概率. 2版. 北京：北京师范大学出版社，2003.
[56] 严颖，成世学，程侃. 运筹学随机模型. 北京：中国人民大学出版社，1995.
[57] 严加安，彭实戈，方诗赞，吴黎明. 随机分析选讲. 北京：科学出版社，1997.
[58] 张尧庭. 金融市场的统计分析. 桂林：广西师范大学出版社，1998.
[59] 茆诗松，汤银才. 贝叶斯统计. 2版. 北京：中国统计出版社，2012.

中国人民大学出版社　理工出版分社

教师教学服务说明

中国人民大学出版社理工出版分社以出版经典、高品质的统计学、数学、心理学、物理学、化学、计算机、电子信息、人工智能、环境科学与工程、生物工程、智能制造等领域的各层次教材为宗旨。

为了更好地为一线教师服务，理工出版分社着力建设了一批数字化、立体化的网络教学资源。教师可以通过以下方式获得免费下载教学资源的权限：

- 在中国人民大学出版社网站 www.crup.com.cn 进行注册，注册后进入“会员中心”，在左侧点击“我的教师认证”，填写相关信息，提交后等待审核。我们将在一个工作日内为您开通相关资源的下载权限。

- 如您急需教学资源或需要其他帮助，请加入教师 QQ 群或在工作时间与我们联络。

中国人民大学出版社　理工出版分社

教师 QQ 群：229223561(统计2组) 982483700(数据科学) 361267775(统计1组)
教师群仅限教师加入，入群请备注（学校+姓名）

联系电话：010-62511967，62511076

电子邮箱：lgcbfs@crup.com.cn

通讯地址：北京市海淀区中关村大街 31 号中国人民大学出版社 507 室（100080）